石油和化工行业"十四五"规划教材

化妆品
配方与制备技术

杨承鸿　刘纲勇　主编

化学工业出版社

·北京·

内容简介

《化妆品配方与制备技术》以化妆品配方师助理的工作任务与职业能力要求为设计依据，借鉴化妆品配方师（国家职业资格三级）培训要求，结合化妆品行业特点，以具体情景为内容载体，校企联合撰写而成。

本书主要内容为化妆品配方师助理岗位介绍，以及护肤化妆品、洁肤化妆品、洗发护发产品、头发造型及功效产品、面部彩妆产品、其他类型产品的典型配制案例及相关理论。全书理论实际一体化，配套实践操作工作页（活页式）和在企业拍摄的样品配制视频。

本书可作为高等职业教育化妆品技术及相关专业的教材，也可作为化妆品企业化妆品配方师助理技能培训教材，还可供相关企业人员参考。

图书在版编目（CIP）数据

化妆品配方与制备技术 / 杨承鸿，刘纲勇主编.
北京 ：化学工业出版社，2025. 5. --（高等职业教育教材）. -- ISBN 978-7-122-48277-8

Ⅰ. TQ658

中国国家版本馆CIP数据核字第20256Z4P40号

责任编辑：提 岩 王淑燕　　　　　文字编辑：丁海蓉 朱 婧
责任校对：宋 玮　　　　　　　　　装帧设计：王晓宇

出版发行：化学工业出版社
　　　　　（北京市东城区青年湖南街13号　邮政编码100011）
印　　装：中煤（北京）印务有限公司
787mm×1092mm　1/16　印张22¼　字数559千字
2025年7月北京第1版第1次印刷

购书咨询：010-64518888　　　　售后服务：010-64518899
网　　址：http://www.cip.com.cn
凡购买本书，如有缺损质量问题，本社销售中心负责调换。

定　　价：49.80元　　　　　　　　　　　　版权所有　违者必究

本书编审人员名单

主编

杨承鸿　刘纲勇

副主编

王睿颖　付永山

主审

李奠础

编写人员

杨承鸿　广东科贸职业学院

刘纲勇　广东食品药品职业学院

王睿颖　河南应用技术职业学院

付永山　四川工商职业技术学院

李维锋　广东三好科技有限公司

彭　琦　顺德职业技术大学

许莹莹　山东药品食品职业学院

童湘颖　广东科贸职业学院

林　洵　漳州职业技术学院

黄景仪　广东职业技术学院

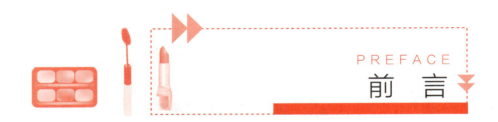

PREFACE
前 言

　　根据《中华人民共和国国民经济和社会发展第十四个五年规划和2035年远景目标纲要》，当今职业教育备受关注。教育部《关于职业院校专业人才培养方案制定与实施工作的指导意见》明确指出：职业院校要加强实践性教学。化妆品配方与制备课程是化妆品技术专业及相关专业普遍开设的专业核心课程。按照企业一线岗位需求，熟悉原料特性、配制样品、检验样品质量等技能是化妆品配方师助理的基本技能，操作规范与否直接影响化妆品的品质和生产效率。本书突出化妆品制备技能，为培养快速适应化妆品配方师助理岗位的技能人才提供教学资源，以推动化妆品行业的持续发展和创新。

　　本书融入党的二十大精神，配套国家教学资源库"化妆品配方与制备技术"课程，对接化妆品配方师国家标准。内容中体现课程思政、相关法律法规和国家、行业标准，强化工作安全规范、制度自信、文化自信、工匠精神、创新意识、数智意识等元素，旨在培养学生的综合职业素养。

　　本书按"项目任务式"编排，以学习目标、情景导入、任务实施、知识储备形成架构，配有知识导图、实战演练、巩固练习和拓展阅读，还配有企业工作实况视频。本书打破传统知识体系，将理论知识贯穿于工作任务之中，结合数字技术，打造多维度的资源组合，旨在为学习者提供一个全面、系统的学习平台，满足不同层次学习者的需求。

　　本书由广东科贸职业学院杨承鸿、广东食品药品职业学院刘纲勇担任主编，河南应用技术职业学院王睿颖、四川工商职业技术学院付永山担任副主编。具体编写分工为：绪论由刘纲勇编写；项目一，项目三的任务一，项目四，拓展项目由杨承鸿编写；项目二，项目三的任务四～任务六由王睿颖编写；项目三的任务二、任务三由彭琦编写；项目五的任务一由许莹莹编写；项目五的任务二，项目六的任务一、任务二由李维锋编写；项目五的任务三、任务四由童湘颖编写；项目五的任务五、任务六由付永山编写；项目六的任务三、任务四由林洵编写；项目六的任务五、任务六由黄景仪编写。上述编写者还负责编写对应任务的工作页内容。全书由杨承鸿、刘纲勇统稿，李奠础主审。薇美资实业（广东）股份有限公司陈敏珊、博贤实业（广东）有限公司曾万祥、广东济亦生命科技有限公司谢志辉、深圳海创生物科技有限公司顾葵、广州亿彩生物科技有限公司蔡昌建也参与了审核。

潍坊职业学院刘苏亭、广州城建职业学院何笑薇、浙江药科职业大学王乐健、广东职业技术学院李姣、咸阳职业技术学院高燕、南通职业大学马志军、湖南食品药品职业学院何朝晖、山东药品食品职业学院吕艳羽、中山职业技术学院龙清平、山西药科职业学院王艺芳等对本书的编写给予了大力支持，广东济亦生命科技有限公司、薇美姿实业（广东）股份有限公司、博贤实业（广东）有限公司、清远市立道精细化工有限公司提供了视频资源，广东金丝燕化妆品有限公司、广州锐兴化工科技有限公司协助视频拍摄，广东科贸职业学院的陈嘉涛、梁榕彬、许思婷、朱慧慧同学在教材试用过程中提出了诸多宝贵建议，在此一并致以衷心的感谢！

由于编者水平所限，书中不足之处在所难免，敬请广大读者批评指正。

编者

2025 年 1 月

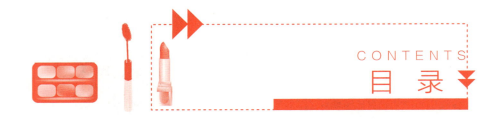

CONTENTS

目 录

文档扫一扫

拓展项目
头发造型及
功效产品

二维码资源目录

序号	资源名称	资源类型	页码
29	洗发水的生产工艺及质量要求思维导图	图片	118
30	透明洗发水的制备	视频	120
31	护发素的制备	视频	125
32	护发素相关知识思维导图	图片	128
33	更多典型配方——护发产品	文档	128
34	发油的制备	视频	132
35	发油相关知识思维导图	图片	134
36	粉底液的制备	视频	139
37	粉底液相关知识思维导图	图片	142
38	更多典型配方——粉底	文档	143
39	粉饼的制备	视频	146
40	腮红相关知识思维导图	图片	149
41	唇膏的制备	视频	152
42	唇膏相关知识思维导图	图片	156
43	更多典型配方——唇膏	文档	156
44	唇釉的制备	视频	162
45	唇釉相关知识思维导图	图片	165
46	更多典型配方——唇釉	文档	165
47	乳化型睫毛膏的制备	视频	168
48	乳化型睫毛膏相关知识思维导图	图片	172
49	更多典型配方——乳化型睫毛膏	文档	172
50	溶剂型眼线液的制备	视频	176
51	溶剂型眼线液相关知识思维导图	图片	178
52	有机溶剂型指甲油相关知识思维导图	图片	188
53	水性型指甲油相关知识思维导图	图片	188
54	更多典型配方——溶剂型指甲油	文档	188
55	更多典型配方——水性型指甲油	文档	193
56	香水相关知识思维导图	图片	202
57	花露水相关知识思维导图	图片	211
58	牙膏的制备	视频	213

序号	资源名称	资源类型	页码
59	牙膏相关知识思维导图	图片	217
60	更多典型配方——牙膏	文档	218
61	漱口水的制备	视频	226
62	漱口水相关知识思维导图	图片	229
63	更多典型配方——漱口水	文档	229
64	其他类型化妆品	文档	234
65	唇膏的制备工艺	文档	工作页 任务十七2
66	不沾杯唇釉的制备工艺	文档	工作页 任务十八2
67	乳化型睫毛膏的制备工艺	文档	工作页 任务十九2
68	拓展项目 头发造型及功效产品	文档	目录

绪论

一、教材编写的背景

（一）化妆品的定义与分类

1. 化妆品的定义

化妆品是满足人们对"美"需求的日用消费品，已然成为生活中不可或缺的日用品。《化妆品监督管理条例》中将化妆品定义为：以涂擦、喷洒或者其他类似方法，施用于皮肤、毛发、指甲、口唇等人体表面，以清洁、保护、美化、修饰为目的的日用化学工业产品。

其中使用方法表述为"涂擦、喷洒或者其他类似方法"以及"施用"，可以理解为日常生活中消费者通过施加适当外力使化妆品得以均匀分布的主要使用方式，如乳液状和膏霜状产品主要以涂、抹、擦为使用方式，水状产品则主要以涂或喷为主要使用方式等。

化妆品的使用部位仅限于皮肤（包括面部、身体皮肤及皮肤附属器官）表面，皮肤表面对应的是皮肤表皮层中的角质层以及附属器官中的毛发、指甲和口唇唇红部位的表层。也就是说，化妆品无论通过何种使用方式，其直接接触的只能是人体表面直接接触外界环境的部位。但牙膏参照《化妆品监督管理条例》有关普通化妆品的规定进行管理。

化妆品的使用目的在广义上可理解为消费者通过使用化妆品能够客观感知到的使用效果。使用目的超出"清洁、保护、美化和修饰"范围的产品均不属于化妆品。

2. 化妆品的分类

化妆品的分类方法有很多种，可以根据使用部位、使用功效、使用人群等分类，每种分类方法有不同的细分。不同分类方法之间又相互交叉。根据不同的使用部位，化妆品可以分为口腔用化妆品，毛发用化妆品，皮肤用化妆品、趾（指）甲用化妆品。其中皮肤用化妆品又可以分为脸部用化妆品、眼部用化妆品、嘴唇用化妆品等。根据使用功效的不同，可以分为清洁化妆品、护理化妆品、美容修饰化妆品、特殊用途化妆品等。根据使用人群，化妆品可分为女士用化妆品、男士用化妆品、婴儿用化妆品、老年人用化妆品等。根据化妆品生产工艺和成品状态，划分为：一般液态单元、膏霜乳液单元、粉单元、气雾剂及有机溶剂单元、蜡基单元、牙膏单元和其他单元，每个单元分若干类别。

（二）化妆品行业的发展历程与现状

1. 古代化妆品的发展

与人类生活密切相关的化妆品是何时产生的？又是在什么情况下产生的？已经无法考证。但不管怎样，化妆品的诞生是人类自身发展过程中一个走向文明的重要信号。

相关研究的实物与资料表明，化妆品产生的最早动因可能并不是为了美化自身，而与宗教礼仪有关。早期的人类在祭祀、拜祖等活动中用白垩等天然矿物涂布身上和脸部，焚烧具有香味的动植物等材料以示神圣与庄严，这种情景在当下非洲等地区的原始部落中还存在。研究表明，由于地域差异、人文状态的不同、科技发展速度的不同、宗教信仰不同、社会形式不同以及生活方式的多样性，各个地区在展示和崇尚美丽形态以及化妆品的发展过程中呈现出不同的特点。

我国先民在远古时代已经懂得将自然界中的物品，通过打磨等加工方式，做成装饰品来美化自己。现代考古学证明，在距今50000多年（旧石器时代晚期）北京周口店"山顶洞人"所遗留下的物品中，发现了许多做工十分精致完美的装饰人体用的饰品，如钻过孔的动物牙齿、经过打磨的石珠、穿孔的海蛤壳等，还用天然氧化铁红等无机矿物把某些装饰品染色，取得更美的视觉效果。在新石器时代出土的先民遗物中，发现了更多数量、更多种类、更为精致美丽的装饰用品，有用于美化头发的骨笄、用于颈项饰美的兽骨链、陶制的手环、玉石制作的耳坠等，无不体现了先民们对美的意识与追求。

考古学家在河南殷墟中发现了刻有与美容、护肤、洁肤等相关字样的甲骨，如"美""妆""浴"等字。其中，"美"字描绘的似乎是一个头上插着长羽毛的女子；"妆"字则犹如一位体态优雅的女子，正对着镜子梳妆打扮；而"浴"字则生动地展现了一个人跨入澡盆或坐在、站在浴盆里正在沐浴冲洗的情景。这些发现显然是我国先民追求美的意识和美容养肤行为的具体例证。

如上所述，在我国化妆品形成并应用的历史可以追溯到史前，且保养人体肌肤的护肤类化妆品也有数千年的历史，考古学家和我国医学史专家一般认为，我国先民有系统、有理论地应用草药美化容颜、护理肌肤，至少可以追溯到2000多年前，而简单利用草药美容、化妆、洁身、香体、美发和护肤等的历史可能更久远。

有证据证明，在大禹时代先民就普遍将白米研成细粉后涂、敷于脸面，以此来追求肌肤的嫩白外观，也有将米粉染成红色涂于颊面形成红妆。出土于东汉古墓的"五十二病方"是我国现存最早的医方著作。书中记载有草药上百味，并记载有抗粉刺、美白等化妆品护肤配方；可能成书于东汉时代的《神农本草经》是我国最早的药学专著，记载中药365味，其中具有美容护肤作用的有160多味，并对白芷、白瓜子、白僵蚕等的美容功效详加论述。

在此值得提出的是，我国古代许多中药化妆品大都既具有美容护肤功能，又有治疗损美性疾病的作用，有些已具备了现代化妆品的雏形。如唐代的王焘所著的《外台秘要》中就记载了一种关于美化、保护并可以治疗口唇部疾患的唇脂以及其详细的制造工艺。

西方的人类学、考古学、人种学方面的学者研究表明，化妆品最早的产生很可能在东方的印度和西半球的某些地方，但是许多西方的历史学家们认为埃及可能是世界上最早制造和使用化妆品的国家。古埃及人对化妆品和化妆术的发展的贡献是巨大的，主要体现在沐浴、脸部化妆、理发、染发、发型和美容美体等方面。

早期的埃及人使用一种名为KOHL（科尔）的化妆品，该化妆品含有方铅矿矿物。他们利用象牙或木枝等工具将KOHL涂抹在眼睛下方，使其呈现绿色，同时也会用它来涂抹眼睑、睫毛和眉毛，使其呈现黑色。这种KOHL或类似的传统化妆品至今在埃及仍然有人出售。此外，早期埃及人还会将指甲花涂布于指甲、手掌和脚掌上，旨在美化自身、提升魅力并强调时尚。同时，他们还会将油性物质涂布于皮肤，以使肌肤舒适。

据考证，约公元4000年前活跃在小亚细亚的Hittites（赫梯人）已经将一种被称为cinnebar（朱砂）的物质作为胭脂涂布于面颊。

古希腊的伽林（Galen about A.D. 130—200），是在西方医学领域中具有重大成就和深远影响力的一代名医，他在化妆品方面的最大贡献是发明了冷冻蜂蜡膏（ceratum refrigerans），可以认为这是现代乳化冷霜的前身。

公元三世纪至五世纪，在古印度的 Gupta 时期，印度女人们就会用各种膏霜、油类、眼影等精心打扮自己，包括染发，男人也类似。

可见古代化妆品多采用天然成分为原料，直接使用或经过简单的蒸煮、发酵、过滤等方法制备而成。

2. 近代化妆品的发展

到了文艺复兴时期及以后，欧洲以法国为代表的国家，在化妆品原料开拓方面有了前所未有的发展，一方面把从东方引入的如矿物粉、香料、氧化锌等物品应用于化妆品制造中；另一方面，化学研究也开始蓬勃兴起，不断地有新的化合物产生或分离出来并应用于化妆品中，这样就显著提升了化妆品的质量并使得新品种不断出现。

天然精油提取方法的改良和创新使得香料的质量大大提高，同时由于酒精蒸馏法的不断改进，能得到浓度更高、纯度更纯的酒精，因此制造出了更高品质的香水。在这期间欧洲的美容化妆品也在大力发展，众多新的材料如染料、氧化锌、石油、油彩等在化妆品方面大量应用。随着美洲大陆的发现，许多原产自美洲的植物原料被应用于化妆品中，如蓖麻油、柯巴脂、胡椒粉、苏合香等。

在欧洲工业革命的早期，英国人在 1641 年首先创新制造出了肥皂，但由于成本高昂，它的发展受到了严重的限制。后来到了 1791 年，法国化学家卢布兰发明用电解食盐水的方法制取烧碱，大大降低了制皂成本，使肥皂实现真正意义上的工业化规模量产，肥皂的使用迅速普及。

17、18 世纪随着石油化学工业的迅速发展，同时为了迎合人们对美的追求和渴望，以矿物油为主要成分的化妆品诞生，化妆品的发展进入以油和水乳化技术为基础的化妆品时期。它是以油和水乳化技术为理论基础，以矿物油锁住角质层的水分、保持皮肤湿润、抵抗外界刺激为主要功能的化妆品。后来，随着表面化学、胶体化学、结晶化学、流变学和乳化理论等原理的深入发展，引进了电解质表面活性剂和采用的 HLB 值（亲水亲油平衡值）的方法，正确地解决了选择乳化剂的关键问题，这导致许多新的原料、设备和技术被应用于化妆品的生产领域，为现代化妆品的产生和应用提供了必要的前提。

这个时期化妆品的发展呈现出多样化、普及化的趋势。

3. 化妆品的现状

随着研究的深入，人们意识到化妆品与普通意义上的日用化学工业有关联，但有很大区别。现代化妆品是一门综合性非常强的产品，到目前为止其研究领域也只能说是"依赖于多学科高度交融"的一个研究领域。一方面与各种化学、生物科学学科有着天然的关系；另一方面化妆品学科的发展越来越受到非自然科学因素的影响，如心理学科、视觉艺术、社会与环境、人类的审美、生活方式的变化等。

同时现代化妆品已不再是单纯的美容工具，它更多地承载了人们对安全、环保等多重标准的追求。"天然成分""零负担"等概念在化妆品中推广。伴随着生物科技领域技术的突飞猛进，基因改造、工程菌、生物活性因子、表皮生长因子、干细胞因子等技术也开始在化妆品领域加以应用。

另外，消费者的需求也在不断变化。从最初的简单护肤，到如今的个性化、定制化产品，消费者对化妆品的期望越来越高。

（三）化妆品行业的未来趋势与挑战

中国化妆品行业的快速发展始于20世纪80年代，并且一直保持着高速发展的态势。这一趋势主要得益于我国人民生活水平的持续提高，以及对美的追求的日益增强。据统计，2011～2022年间，中国化妆品市场的复合年均增长率达到了9.3%。与化妆品市场的蓬勃发展相对应的是化妆品品种数量的急剧增加，这旨在满足不同人群对共性化和个性化需求的追求。

随着消费者对天然、环保和高效化妆品的偏好日益增强，化妆品配方师们面临着如何合法、科学、快速、有效地研发出市场或客户所需的产品配方，以及与之相适应的生产工艺的重要问题。这不仅是对他们专业素养的挑战，而且是我国化妆品行业新质生产力发展的关键所在。

近年来，健康与美丽事业已被纳入国家发展战略，并得到政府的积极提倡。在化妆品行业的发展过程中，随着现代人生活质量的提升，消费者逐渐认识到化妆品不仅能提升外在形象，更能带来精神上的愉悦，成为提高生活质量的重要组成部分。

互联网的广泛普及和多样化的网络平台与资讯传递方式，为化妆品营销渠道的拓展提供了无限可能。这使得物理空间相对缩小，运输、交通、物流更加便捷，化妆品市场得以延伸至世界的每个角落，满足了全球消费者的多样化需求。

数字化和智能化技术成为推动化妆品行业发展的重要力量。通过大数据分析和人工智能应用，企业能够更精准地把握市场脉搏，洞察消费者需求，从而推出更符合市场趋势的产品。

然而，化妆品行业也面临着诸多挑战。监管政策日益严格，对化妆品安全性的要求不断提高，要求企业加大研发投入，确保产品合规。同时，市场竞争的加剧也使得品牌间的差异化竞争变得尤为关键。

展望未来，化妆品行业将步入全新的发展阶段。创新、品质和个性化将成为行业发展的核心。只有大力发展新质生产力，积极应对监管和市场的挑战，中国化妆品行业才能在这个充满机遇与挑战的市场中立于不败之地，实现持续健康发展。

可以说，化妆品产业是永远的朝阳产业，其未来发展充满了无限可能。

（四）化妆品行业的人才需求

化妆品行业作为一个充满活力和创新的领域，对人才的需求日益旺盛。随着消费者对化妆品品质和安全性的要求不断提高，行业对具备专业知识和技能的人才的需求也越来越大。

首先，化妆品研发人才是行业中的核心力量。他们需要具备深厚的化学、生物学和皮肤学知识，能够研究和开发新的化妆品配方，确保产品的安全性和有效性。同时，他们还需要具备创新思维和敏锐的市场洞察力，能够紧跟行业趋势，开发出符合市场需求的新产品。

其次，化妆品生产人才也是行业不可或缺的一部分。他们需要熟练掌握化妆品生产工艺和设备操作，确保产品的质量和生产效率。此外，他们还需要具备严格的质量意识和安全意识，确保生产过程中的卫生和安全。

最后，随着化妆品行业的快速发展，行业对市场营销和品牌建设人才的需求也日益增加。他们需要具备丰富的市场经验和创新思维，能够制定有效的市场推广策略，提升品牌知名度和美誉度。

综上所述，化妆品行业对人才的需求是多方面的，包括研发、生产、市场营销等多个领域。只有培养和吸引更多具备专业知识和技能的人才，才能推动行业的持续健康发展。

二、化妆品技术岗位介绍

在化妆品企业中，跟化妆品技术相关的岗位包括化妆品配方师助理、化妆品配方师、化妆品生产工艺员等。

1. 化妆品配方师助理

化妆品配方师助理在化妆品行业中扮演着至关重要的角色，他们不仅对产品研发至关重要，而且直接关系到化妆品的品质和生产效率。

（1）岗位的重要性　配方师助理协助配方师进行原料筛选、性能测试和配方调整，通过深入了解原料，帮助配方师选择合适的原料，确保产品安全性和有效性。他们参与配方设计和调整，通过试验和优化，为产品成功研发提供保障。

（2）研发中的角色　配方师助理需要具备扎实的化学知识和对化妆品行业的深入了解。他们协助配方师进行数据分析、实验记录和结果汇报，确保研发过程的规范性和科学性。同时，他们需要具备创新思维和市场洞察力，为产品研发提供新思路。

（3）对品质的影响　配方师助理通过协助原料筛选和配方调整，确保原料质量和配方合理性，提升产品品质和安全性。在生产阶段，他们关注质量控制，确保产品稳定性和一致性。

（4）生产过程中的作用　配方师助理与生产部门密切合作，确保生产顺利进行。他们关注生产线运行，解决生产问题，与生产人员沟通协作，确保生产工艺的准确性和规范性。

（5）职业发展　配方师助理有广阔的发展空间。随着消费者对化妆品品质和安全性的关注，他们的角色愈发重要。通过协助产品研发和原料筛选，提升专业技能和知识水平。经验积累后，有机会晋升为配方师、生产工艺员或管理层，参与更复杂的研发项目。化妆品行业的创新为配方师助理提供了更多发展机会。

总之，化妆品配方师助理是配方师研发工作的得力助手，是确保化妆品品质和生产效率的重要因素。企业应重视这一岗位，提供支持和培训，保证其专业性，推动化妆品行业的持续发展和创新。

2. 化妆品配方师

化妆品配方师，即化妆品研发工程师，是化妆品研发过程中的核心角色。他们利用专业知识、技能和智慧，根据市场需求和法规标准，研发化妆品配方并组织试产，确保产品安全有效，满足消费者需求。

（1）工作重要性　化妆品配方师是连接美丽与科技的纽带，通过深入研究，为市场带来安全高效的产品。他们准确把握市场趋势，理解消费者需求，对产品品质、安全性和市场竞争力有直接影响，是化妆品产业链中的关键。

（2）工作内容　配方师须精通原料特性，进行原料筛选和测试，设计优化配方，评估产品稳定性和安全性，确保合规。他们与生产、质量控制等部门紧密合作，确保产品顺利生产上市，要求具备专业知识、市场洞察力和沟通协调能力。

（3）职业发展　随着消费者对化妆品品质和安全性要求的提升，以及市场的扩大，对优秀配方师需求日益增长。科技进步和行业创新为配方师提供了广阔的发展空间。未来，他们不仅可以在化妆品企业中发展，还可以进入研究机构、教育机构等领域，为行业贡献力量。

3. 化妆品生产工艺员

化妆品生产工艺员在确保产品质量、提升生产效率和促进行业创新中发挥着不可或缺的作用。

（1）工作重要性　工艺员监控化妆品生产的每个环节，确保产品达到安全、稳定和有效的标准。他们通过严格把控原料、工艺参数和生产环境，及时处理异常状况，保障生产线稳定，对企业持续发展至关重要。

（2）工作内容　工艺员精通化妆品生产设备操作与维护，确保设备正常运行。他们需要了解原料特性，精准投料和混合，与生产、质量控制等部门紧密合作，解决生产问题，提高效率。

（3）职业发展　随着市场的扩大和消费者对质量要求的提升，对工艺员的需求日益增长。他们通过不断学习和积累经验，可以提升专业技能，晋升为生产主管或技术专家。化妆品行业的创新为工艺员提供了参与新产品研发的机会，促进了个人和企业的共同发展。

化妆品生产工艺员的工作对产品质量和企业竞争力具有直接影响，同时为他们自身的职业成长提供了广阔的平台。通过专业技能的提升和行业创新的参与，工艺员可以为化妆品行业的持续发展做出重要贡献。

三、教材内容简介

《化妆品配方与制备技术》针对高等职业院校化妆品技术专业及相关专业学生编写，旨在为行业培养既具备岗位专业知识，能初步完成岗位工作任务，又具备岗位工作素质的化妆品配方师助理。

为了更好地满足学习者需求，本教材在《化妆品配方设计与生产工艺》的基础上进行了组织体例修改，采用活页式。以能力为基本单位，将原教材的组织体例由过去的学科知识体例"章-节"变为"工作任务-职业能力"。

1.教材的开发思路

本教材结构开发方案以"职业能力清单"为核心，针对化妆品配方师助理岗位，从工作实际出发，分析并形成职业能力清单，以此安排教材内容。该方案具有以下优势：

① 引入企业专家参与教材开发，确保内容贴近实际工作需求。

② 打破传统学科知识编排，以职业能力特点安排教材结构，便于教学组织，提高教材实用性。

③ 职业能力清单条目独立且相互关联，便于教材更新，实现"活页式"编写。

教材重视能力训练部分的精细设计，采用工作页形式，注重技能操作指导。设计原则包括明确训练目标、准备、操作流程、质量标准和自我评价。通过表格和外链资源展示操作过程，促进学习者形成流程性思维。结合技术理论知识，实现"理实一体化"。

教材内容对接化妆品配方师国家标准和高等职业院校教学标准，融入课程思政、法律法规、行业标准等元素，强化工作安全规范、工匠精神、创新意识等，旨在全面提升学生的职业素养。

2.教材内容

本教材设计包含主教材和活页式工作页，以适应不同教学需求。

（1）主教材

① 结构：由7个项目和34个任务构成，每个任务围绕学习目标、情境导入、任务实施和知识储备进行组织。

② 特点：活动内容递进设计，包括实战演练、拓展阅读和巩固练习，旨在逐步提升学生能力。在任务实施环节，特别指出操作过程中的注意事项，帮助学生快速把握关键技术。

③ 辅助工具：部分子任务配备企业实操视频，便于学生直观学习和掌握技术要点。

（2）活页式工作页

① 结构：包含22个任务，与主教材任务相对应，形成完整的学习体系。

② 特点：每个任务通过表格形式清晰展示操作流程，表格设计模仿真实工作场景，帮助学生建立实际工作习惯。

③ 评价体系：每个工作任务配备学生自我评价表和教师评价表，构建多元评价体系，全面、客观地评估学习成果，促进学生全面发展。

这种教材设计让学生既能在主教材中通过案例与理论学习夯实基础，又能在活页式工作页中通过模拟真实工作环境的任务，系统培养实际操作能力与专业素养。

四、教材的学习

《化妆品配方与制备技术》的学习是一个综合理论学习与实践操作、案例分析与小组讨论、自主学习与导师指导的过程。以下是本教材的学习方法和学习建议。

1. 学习方法

（1）理论学习与实践操作结合　深入理解化妆品的配方设计、原料特性和制备工艺等理论知识，并通过实践操作来加深理解。将主教材提供的理论知识与样品制备实操结合，有助于直观感受原料性质和工艺对产品的影响。

（2）案例分析与小组讨论结合　通过分析主教材中的案例，学习者可以了解化妆品制备过程中的问题及解决方案。小组讨论促进了学习者之间的知识分享和团队协作精神的培养。

（3）自主学习与导师指导结合　鼓励学习者根据个人兴趣和进度进行自主学习，同时在遇到问题时积极寻求导师的指导，以确保学习效果。

2. 学习建议

（1）掌握基础知识　深入学习化妆品原料的性质、功效和配方设计原则，通过系统学习掌握化妆品制备的基本流程和操作技巧。

（2）关注行业动态　化妆品行业技术更新迅速，学习者应通过阅读资讯、参加研讨会等方式，了解行业最新动态，保持知识更新。

（3）积极参与实践　通过实验、实训和项目开发等实践活动，提升实际操作和解决问题的能力，同时培养团队协作和创新意识。

五、结语

学习是一个持续的过程，学习者应珍惜教材资源，充分利用其内容和案例，注重理论与实践的结合，关注行业动态，积极参与实践活动。在遇到困难时，不气馁、不放弃，持续探索和学习，相信自己的能力。《化妆品配方与制备技术》教材将成为学习者职业道路上的助手，为未来的发展打下坚实基础。希望学习者通过不断学习和努力，提升综合素质和能力水平，为个人职业发展奠定基础。

化妆品配方师助理

学习目标

知识目标

1. 了解化妆品配方师助理岗位的工作内容。

2. 掌握化妆品配方师助理岗位的基本工作要求。

技能目标

1. 能进行化妆品配方师助理岗位的基本操作。

2. 能利用信息化手段初步检索并整理相关信息。

素质目标

1. 了解培育化妆品高端品牌的重要意义。

2. 培养严谨细致的工作作风。

3. 树立遵守行业法规的自觉意识。

知识导图

```
                        ┌─ 配制产品小样
             ┌─ 工作任务 ─┼─ 跟进产品的放大生产试验
             │          └─ 负责实验资料的整理及归档
化妆品配方师助理 ─┤
             │          ┌─ 在相关网站查找信息
             └─ 信息化手段 ─┤
                        └─ 用软件整理统计原料信息
```

　　化妆品配方师助理是从事化妆品行业的起点，为从业者提供了深入理解产品配方和生产流程的机会。这一岗位不仅培养了专业技能，还为日后的职业发展打下了坚实的基础。

任务一　认识化妆品配方师助理岗位

学习目标

　　了解化妆品配方师助理岗位的工作流程。

小白是化妆品技术专业的应届毕业生，应聘上了A公司的化妆品配方师助理岗位，今天是他第一天到岗，配方师老王作为他的指导老师，对他开展了岗位基本知识和技能培训。

一、设备与工具

配方师助理在任务实施过程中，通常用到以下设备和工具：电子天平（量程500g以上，精度0.01g）、搅拌装置、均质器、电炉或水浴锅、升降台、烧杯、皮带或铁链等固定烧杯的工具、温度计（量程0～100℃）、pH计、黏度计、电导率仪、电热恒温鼓风干燥箱、冰箱、药勺和滴管等量取原料的设备与工具。

二、操作指导

1.认识原料

（1）审核原料　依照《化妆品安全技术规范》和《已使用化妆品原料目录》等相关法规的要求，审核原料。

重点审核：原料中是否有禁用原料和限用原料；限用原料的用量是否超标；其他原料用量是否符合《化妆品备案注册管理规定》的要求。

（2）判别原料特性　判别原料的主要作用、来源、性质、使用条件和注意事项，对于不熟悉的原料通过请教工程师、查找原料商提供的资料或咨询原料商来了解。

2.分析配方结构

分析配方架构和特点，分析工程师所提供配方的组成，判断其是否符合该类产品配方组成的要求。如果有缺漏，及时跟工程师沟通。

估算产品原料成本并记录原料供应商名称。这是非常重要的，由于化妆品原料中很多是混合物，即使是同一名称的原料，如果来源于不同的供应商，也可能导致最终产品的效果出现不一致的现象。因此，在进行成本估算时，务必注意原料的来源，并准确记录原料供应商的名称。

3.配制样品

配方师助理在工作中应如实填写制样工艺及现象，试验后与工程师交流过程。

配方师助理在样品配制过程中通常要进行的操作步骤以及对应的要求见表1-1。

表1-1　配制化妆品样品的通用步骤及操作要求

序号	配制步骤	操作要求
1	称量	① 取样动作规范； ② 及时记录数据，特别要注意记录空烧杯重量； ③ 保持天平清洁，烧杯干净
2	搭建搅拌装置	搅拌装置要求：垂直、不摇晃、烧杯稳且高度恰当
3	搅拌器的使用	① 搅拌器开机前一定要将转速调至最低，否则开机后，搅拌桨速度突然过快将导致机器烧坏，也可能会把烧杯中的原料甩出，烧杯被打破，致人受伤； ② 制备样品时，搅拌的速度不是越快越好，搅拌桨不要碰到烧杯，防止液体被甩出

序号	配制步骤	操作要求
4	均质器的使用	① 均质器开机前一定要将转速调至最低，否则开机后，搅拌桨速度突然过快会导致机器烧坏； ② 均质过程中，均质头要浸泡在物料中，不能空转，否则可能导致机器烧坏
5	记录及计算	如实记录温度、操作步骤、工艺条件、烧杯总重，正确计算净重； 要求最终样品重量不低于投料总量的95%
6	清洁整理	仪器及时清洗干净并摆放整齐，及时切断电源； 原料归位并确认玻璃仪器完好

4. 检验样品质量

（1）按要求检验样品　配方师助理在样品配制完成后，还要对样品进行初步的质量评价。通常要进行的检验项目和对应的操作规范与要求见表1-2。

表1-2　检验样品的项目及操作规范与要求

序号	检验项目	操作规范与要求
1	pH 值	按照GB/T 13531.1—2008《化妆品通用检验方法 pH值的测定》测定产品小样的pH值
2	耐寒、耐热	按产品标准选择盛装测定产品的容器； 注意烘箱和冰箱的温度设置与产品质量标准要求一致

对有需要的产品测黏度，例如乳液、沐浴露、洗发水等。

（2）样品试用　试用样品，评估其使用效果是否符合预期设计目标。

（3）质量问题反馈　如果样品出现质量问题，分析其原因，提出改进办法。特别是在样品制备过程中，发现某些原料对样品质量或功效影响很大，应及时反馈给工程师。

5. 制定生产工艺

配方师助理需要协助制定和跟进放大生产，其步骤和要求见表1-3。

表1-3　跟进放大生产的步骤和要求

序号	生产步骤	操作要求
1	确认原料种类和数量正确	确认原料的代码、名称、规格、批号、外观形状等与小试一致； 确认称量员称样量与计划称样量一致
2	监督乳化操作	确认乳化工严格按工艺要求操作； 如果乳化过程中出现异常及时反馈； 跟进异常状况的处理结果
3	跟进产品检验结果	跟进产品检验结果； 若检验结果异常，分析原因，提出改进办法
4	归档放大生产记录	及时填写放大生产记录，并存档； 注意记录准确、及时、清晰、可追溯

三、安全与环保

化妆品配方师助理在工作时，要遵守实验室安全和生产安全要求，具体为：

① 进入实验室，要穿白大褂。

② 严禁佩戴手链、项链和胸卡；女生长发应扎起，以免物品或头发缠绕或卷入搅拌器，发生危险。

③ 实验涉及高温、玻璃仪器，注意劳动保护，预防烫伤、割伤。

④ 进入车间，要按要求正确更衣、洗手。

知识储备

配方师助理是从事化妆品配方研发的第一个工作岗位，其主要的工作任务和能力要求如下。

一、主要工作任务

① 协助配方师制作产品样板及评价样板质量；

② 跟进产品的放大生产试验；

③ 负责实验资料的整理及归档。

二、能力要求

① 说明常用化妆品原料的特性、使用条件和注意事项，对不熟悉的原料，能利用专业工具查找其特性、使用条件和注意事项。会判断原料的合规性，确保所选原料符合相关法规要求。此外，还应具备进行同类相似原料替换的能力，以便在需要时调整配方。

② 解释产品的作用机理，分析化妆品各原料特性，评估配方完整性，估算配方的原料成本。

③ 解释样品配制工艺步骤和参数的制定原理，配制小样，并依据小样配方和制备工艺条件为放大生产提供技术支持。

④ 能对样品和产品开展质量检验、整体评价、初步功效评估。

⑤ 记录数据真实、规范，归档实验资料及时、有序。

⑥ 在样品的配制过程中，确保安全操作、规范作业，用品、用具和设备消毒卫生，环境整洁。

⑦ 在样品配制过程中，注意细致观察、精益求精，培养良好的沟通协作能力。

巩固练习

一、单选题

配方师在工作时，哪一个着装是正确的？（　　　）

A. 穿白大褂　　　　　B. 戴胸卡　　　　　C. 穿拖鞋　　　　　D. 穿防护服

二、判断题

1. 均质器开机前一定要将转速调至最低。（　　　）

2. 配方师助理在工作时要如实记录温度、烧杯总重，正确计算净重。（　　　）

任务二　检索原料信息

学习目标

1. 能查找化妆品原料相关法规。
2. 能查找化妆品原料标准名称。
3. 能查找化妆品新原料相关信息。
4. 能查找常用化妆品原料的最大允许使用浓度。
5. 能判断原料是否属于化妆品禁用原料。
6. 能从原料信息库中快速提取原料信息。

情景导入

　　老王指派了小白一个任务，那就是整理关于一系列原料的详细信息。这些原料包括甘油、尼泊金丙酯（羟苯丙酯）、尼泊金甲酯（羟苯甲酯）、酵母菌/珍珠发酵溶胞产物滤液以及大麻叶提取物。老王特别要求小白需要找出每种原料的标准中文名称，并尽可能地确定或了解它们的最大允许使用浓度。之后，老王希望小白能将这些信息整理得清晰有序，最终以表格的形式呈现出来。这样一来，无论是查看还是对比原料信息，都会变得既方便又直观。

任务实施

一、准备工具

1. 进入相关网站

进入国家药品监督管理局（简称药监局）网站，选择"化妆品"，见图1-1。

图1-1　国家药监局网站

2. 查找法规

在搜索处输入"化妆品安全技术规范"，见图1-2。

图1-2　国家药监局网站化妆品网页

在结果中可以找到最新的《化妆品安全技术规范》，用同样的方法可以查找并下载《已使用化妆品原料目录》《国际化妆品原料标准中文名称目录》《化妆品禁用原料目录》等资料。

二、查找并整理原料信息

按要求查找甘油、羟苯丙酯、羟苯甲酯、大麻（*Cannabis sativa*）叶提取物、酵母菌/珍珠发酵溶胞产物滤液的原料信息。

1. 利用Excel函数快速查找原料信息

在下载《已使用化妆品原料目录》后，新建一个表格，表头信息与《已使用化妆品原料目录》表头信息一致，并在B列输入需要查找的5个原料，如图1-3所示。

	A	B	C	D	E	F
1	序号	中文名称	INCI名称/英文名称	淋洗类产品最高历史使用量/%	驻留类产品最高历史使用量/%	备注
2		甘油				
3		羟苯甲酯				
4		羟苯丙酯				
5		大麻（*Cannabis sativa*）叶提取物				
6		酵母菌/珍珠发酵溶胞产物滤液				

图1-3　设置Excel表第一步

在A2列输入：=INDEX（Sheet1!$A$5：$B$8989，MATCH（Sheet2!$B2，Sheet1!$B$5：$B$8989，0），1）

在 C2 列输入：=VLOOKUP（$B2，Sheet1!$B$5：$F$8989，COLUMN（B1），0）

其中 sheet1 为《已使用化妆品原料目录》表格，sheet2 为新建表格。

得到结果如图 1-4、图 1-5 所示。

	A	B	C	D	E	F
1	序号	中文名称	INCI名称/英文名称	淋洗类产品最高历史使用量/%	驻留类产品最高历史使用量/%	备注
2	5214	甘油	GLYCERIN			
3		羟苯甲酯				
4		羟苯丙酯				
5		大麻（Cannabis sativa）叶提取物				
6		酵母菌/珍珠发酵溶胞产物滤液				

图 1-4　设置 Excel 表第二步

将上述公式复制后得到的结果如图 1-5 所示。

	A	B	C	D	E	F
1	序号	中文名称	INCI名称/英文名称	淋洗类产品最高历史使用量/%	驻留类产品最高历史使用量/%	备注
2	5214	甘油	GLYCERIN	98.525	62.1	0
3	5205	羟苯甲酯	METHYLPARABEN	—	—	按照《化妆品安全技术规范》要求使用
4	3122	羟苯丙酯	PROPYLPARABEN	—	—	按照《化妆品安全技术规范》要求使用
5	3122	大麻（Cannabis sativa）叶提取物	Cannabis sativa LEAF EXTRACT	0	0	拟调整为《化妆品安全技术规范》禁用成分
6	#N/A	酵母菌/珍珠发酵溶胞产物滤液	#N/A	#N/A	#N/A	#N/A

注：#N/A 表示查询不到结果

图 1-5　设置 Excel 表第三步

2. 修订原料信息

（1）在《化妆品安全技术规范》中查找原料信息　在《化妆品安全技术规范》中查找防腐剂原料信息，结果如图 1-6 所示。

序号	物质名称			化妆品使用时的最大允许浓度	使用范围和限制条件	标签上必须标印的使用条件和注意事项
	中文名称	英文名称	INCI 名称			
				(c) 0.0075%	(e) 除臭产品和抑汗产品，不得用于三岁以下儿童使用的产品中；禁用于唇部用产品	
31	甲基异噻唑啉酮	2-Methylisothiazol-3(2H)-one	Methylisothiazolinone	0.01%		
32	甲基氯异噻唑啉酮和甲基异噻唑啉酮与氯化镁及硝酸镁的混合物(甲基氯异噻唑啉酮:甲基异噻唑啉酮为3:1)	Mixture of 5-chloro-2-methylisothiazol-3(2H)-one and 2-methylisothiazol-3(2H)-one with magnesium chloride and magnesium nitrate(of a mixture in the ratio 3:1 of 5-chloro-2-methylisothiazol 3(2H)-one and 2-methylisothiazol-3 (2H)-one)	Mixture of methylchloroisothiazolinone and methylisothiazolinone with magnesium chloride and magnesium nitrate	0.0015%	淋洗类产品；不能和甲基异噻唑啉酮同时使用。	
33	邻伞花烃-5-醇	4-Isopropyl-m-cresol	o-Cymen-5-ol	0.1%		
34	邻苯基苯酚及其盐类	Biphenyl-2-ol and its salts		总量 0.2%（以苯酚计）		
35	4-羟基苯甲酸及其盐类和酯类[3]	4-Hydroxybenzoic acid and its salts and esters		单一酯 0.4%（以酸计）；混合酯总量 0.8%（以酸计）；且其丙酯及其盐类、丁酯及其盐类之和分别不得超过 0.14%（以酸计）		
36	对氯间甲酚	4-Chloro-m-cresol	p-Chloro-m-cresol	0.2%	禁用于接触粘膜的产品	
37	苯氧乙醇	2-Phenoxyethanol	Phenoxyethanol	1.0%		

图 1-6 《化妆品安全技术规范》防腐剂表截图

（2）在《化妆品禁用原料目录》中查找原料信息　在《国家药品监督管理局2021年第74号公告附件3》中查找大麻（*Cannabis sativa*）叶提取物，结果如图1-7所示。

107	大麻（*Cannabis sativa*）仁果	*Cannabis sativa* FRUIT
108	大麻（*Cannabis sativa*）籽油	*Cannabis sativa* SEED OIL
109	大麻（*Cannabis sativa*）叶提取物	*Cannabis sativa* LEAF EXTRACT

图 1-7 《化妆品禁用原料目录》截图

大麻（*Cannabis sativa*）叶提取物为109号禁用原料。

（3）查找化妆品新原料　进入国家药监局网站，点击"化妆品—化妆品查询"菜单。在化妆品查询栏选择"化妆品新原料备案信息"，输入"酵母菌/珍珠发酵溶胞产物滤液"，如图1-8所示。

图 1-8 化妆品查询网站截图

查询结果如图1-9所示。

图1-9 酵母菌/珍珠发酵溶胞产物滤液查询总表截图

点击"详情"，可以了解原料基本信息，如图1-10所示。

图1-10 酵母菌/珍珠发酵溶胞产物滤液查询详情截图

点击"技术要求—查看"，可以看到原料的详细信息，包括安全使用量。

（4）在国际权威化妆品安全评估机构网站上查找原料安全信息 进入CIR网站，选取"INGREDIENTS"，输入原料甘油的英文名称"GLYCERIN"，如图1-11所示。

图1-11 CIR网站截图

搜索结果如图1-12所示。

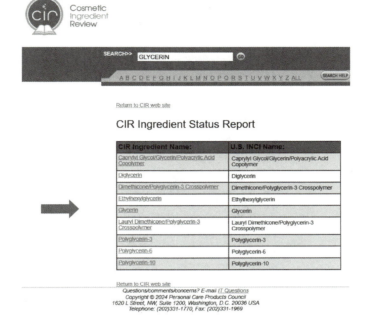

图 1-12　CIR 网站查询结果截图

选择"Glycerin"，结果如图1-13所示。

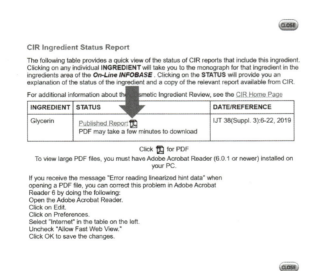

图 1-13　CIR 网站甘油查询结果

点击"Published Report"，打开已发布的报告，报告中可以找到甘油在不同产品中的最大使用浓度，如图1-14所示。

Table 2. Frequency and Concentration of Use According to Duration and Exposure of Glycerin.[a,9,10]

Use type	Uses	Maximum concentration / %
Total/range	15 654	0.0001-99.4
Duration of use		
Leave-on	10 046	0.0001-79.2
Rinse-off	5 441	0.0007-99.4
Diluted for (bath) use	167	0.66-47.9
Exposure type[b]		
Eye area	862	0.025-40.6
Incidental ingestion	353	2-68.6
Incidental inhalation sprays	531	0.006-30[c]
	3 810[d]	0.075-47.3[d]
	2 643[e]	1.1-77.3[e]
Incidental inhalation powders	69	0.003-15
	53[f]	4.5-79.2[f]
	2 643[e]	1.1-77.3[e]
Dermal contact	12 710	0.003-99.4
Deodorant (underarm)	136[c]	0.1-10.4[g]
		0.019-4[h]
Hair noncoloring	1 911	0.015-47.3
Hair coloring	490	0.0007-20
Nail	57	0.0001-45
Mucous membrane	2 597	0.66-68.6
Baby	125	0.23-21

[a] Totals = rinse-off + leave-on + diluted for bath product uses.
[b] Because each ingredient may be used in cosmetics with multiple exposure types, the sum of all exposure type uses may not equal the sum total uses.
[c] Aerosol hair spray 0.11% to 10%; pump hair spray 0.11% to 30%; spray face and neck products 0.5% to 10%; spray body and hand product 0.006% to 5%; spray moisturizers 3.3%; aerosol suntan products 6%; pump spray suntan products 4.1% to 10%.
[d] It is possible these products may be sprays, but it is not specified whether the reported uses are sprays.
[e] Not specified whether a powder or a spray, so this information is captured for both categories of incidental inhalation.
[f] It is possible these products may be powders, but it is not specified whether the reported uses are powders.
[g] Not spray.
[h] Aerosol spray 0.019% to 0.05%; pump spray 2% to 4%.

图 1-14　CIR 网站甘油查询结果

（5）修订原料信息表　根据收集的信息修订原料信息表，结果见表 1-4。

表 1-4　修订后的原料信息表

序号	中文名称	INCI 名称 / 英文名称	淋洗类产品最高历史使用量 / %	驻留类产品最高历史使用量 / %	国际权威化妆品安全评估机构评价查询结果（CIR）
2421	甘油	GLYCERIN	98.525	62.1	① 使用时间 驻留型：79.2%。 冲洗型：99.4%。 稀释后用于沐浴型：47.9%。 ② 暴露类型 眼：40.6%； 偶然摄入：68.2%； 偶然吸入喷雾：30%[①]、47.3%[②]、77.3%[③]； 偶然吸入粉末：15%、79.2%[④]、77.3%[⑤]； 皮肤接触：99.4%； 除臭剂（腋下）10.4%[⑥]、4%[⑦]非染发剂：47.3%； 染发剂：20%； 指甲：45%； 黏膜：68.6%； 婴儿：21%

续表

序号	中文名称	INCI 名称 / 英文名称	淋洗类产品最高历史使用量 / %	驻留类产品最高历史使用量 / %	国际权威化妆品安全评估机构评价查询结果（CIR）
5214	羟苯甲酯	METHYLPARABEN	—	—	① 单一酯 0.4%（以酸计）； ② 混合酯总量 0.8%（以酸计）； ③ 其丙酯及其盐类、丁酯及其盐类之和分别不得超过 0.14%（以酸计）
5205	羟苯丙酯	PROPYLPARABEN	—	—	
3122	大麻（*Cannabis sativa*）叶提取物	*Cannabis sativa* LEAF EXTRACT	0	0	禁用原料
新原料	酵母菌 / 珍珠发酵溶胞产物滤液	—	—	—	不同类别产品中安全使用量不同，面部驻留类产品中精华液 ≤ 8%，乳霜 ≤ 7%，乳液 ≤ 4%，隔离霜 ≤ 22%，粉底（液体类）≤ 25%，粉底（粉末类）≤ 41%，其他面部驻留类产品 ≤ 1.9%；身体驻留类产品中身体霜 / 乳液 ≤ 0.7%，其他身体驻留类产品 ≤ 0.3%；护手霜 ≤ 1.7%；眼部驻留类产品 ≤ 9%；唇部驻留类产品 ≤ 100%；面部淋洗类产品 ≤ 100%

① 毛发气雾剂0.11%～10%；泵式毛发喷剂0.11%～30%；面部和颈部喷雾0.5%～10%，身体和手部喷雾0.006%～5%；保湿喷雾3.3%；防晒气雾剂6%；泵式防晒喷雾4.1%～10%。

② 这些产品可能是喷雾剂，但没有说明报告的用途是否是喷雾剂。

③ 没有具体说明是粉末还是喷雾，因此这类意外吸入信息都被捕获。

④ 没有具体说明是粉末还是喷雾，因此这类意外吸入信息都被捕获。

⑤ 这些产品可能是粉末，但没有说明报告的用途是否是粉末。

⑥ 不是喷雾。

⑦ 空气溶胶喷雾0.019%～0.05%；泵式喷雾2%～4%。

知识储备

作为一名配方师助理，掌握化妆品相关法规是开展工作的基础，而运用软件可以提高工作效率。

一、相关法规

按照法规要求，只有《已使用化妆品原料目录》中的原料或者经过备案注册的新原料才能用在化妆品中，而且在使用的时候，原料的用法、用量和命名要遵守相关法规。因此，配方师必须了解以下法规。

1.《已使用化妆品原料目录》

如果原料在《已使用化妆品原料目录（2021年版）》中，并且用法用量符合国家有关法律法规、强制性国家标准、技术规范的相关要求，该原料不视为新原料，不需要通过新原料注册和备案。

2.《国际化妆品原料标准中文名称目录》

化妆品标签说明书上进行化妆品成分标识时，凡标识《国际化妆品原料标准中文名称目录》（以下简称《目录》）中已有的原料，应当使用《目录》中规定的标准中文名称；在申报化妆品行政许可时，申报材料中涉及的化妆品原料名称属《目录》中已有的原料，应提供《目录》中规定的标准中文名称。

3.《化妆品安全技术规范》及其补充规定

《化妆品安全技术规范（2015年版）》（以下简称《规范》）是我国化妆品生产以及化妆品监管的重要技术标准，是一部非常重要的中国化妆品法规，尤其是在对化妆品原料要求方面。

《化妆品安全技术规范（2015年版）》共分八章，第一章为概述，包括范围、术语和释义、化妆品安全通用要求；第二章为化妆品禁限用组分要求，包括1388项化妆品禁用组分及47项限用组分要求；第三章为化妆品准用组分要求，包括51项准用防腐剂、27项准用防晒剂、157项准用着色剂和75项准用染发剂的要求；第四章为理化检验方法，收载了77个方法；第五章为微生物学检验方法，收载了5个方法；第六章为毒理学试验方法，收载了16个方法；第七章为人体安全性检验方法，收载了2个方法；第八章为人体功效评价检验方法，收载了3个方法。

为保证《规范》的顺利执行，国家食品药品监督管理部门将不定期发布公告，以解决与实施《规范》相关的各种问题。这些公告将涵盖以下内容：更新化妆品中禁止使用的原料清单，增加新的化妆品禁用成分，以及修订化妆品中限制使用成分的限值和使用范围。此外，公告还包括对检验方法的修订和新增。

4. 原料安全信息相关网址

《化妆品安全评估技术导则（2021年版）》在关于原料的安全评估中明确："凡国际权威化妆品安全评估机构已公布评估结论的原料，需对相关评估资料进行分析，在符合我国化妆品相关法规要求的情况下，可采用相关评估结论。"

2024年4月30日中国食品药品检定研究院发布《中检院关于发布〈国际权威化妆品安全评估数据索引〉和〈已上市产品原料使用信息〉的通知》，推进了安全评估制度的实施。

因此，了解常见的国际权威机构，利用已有的评估结论，将成为完整版安全评估的重要评估方式之一，也将成为配方师设计配方用量的重要参考依据。

下面是几个常见的国际权威机构。

（1）美国化妆品成分审查机构（Cosmetic Ingredient Review，CIR）　该机构于1976年由化妆品、护理用品和香料行业贸易协会（现更名为美国个人护理产品委员会，PCPC）创立，受美国食品药品监督管理局（FDA）以及美国消费者联合会（CFA）支持。

CIR有专属的化妆品成分安全专家小组，其审查过程独立于PCPC和化妆品行业，以保证其客观性和全面性。

原料审查方面，CIR进行化妆品原料审查的目的是通过专家的审查和判断，确认化妆品原料的安全使用条件。

安全成分专家小组每年都会制定年度优先清单（Priorities List）。这个清单用于审查目前市场在售的化妆品中使用的原料。专家小组按照年度优先清单，定期（通常为每3个月）举行会议，审查已收集到的化妆品原料的各种数据和信息。这些信息包括原料的理化性质、化学结构、生产工艺，以及由化妆品自愿注册计划（VCRP）或个人护理产品委员会（PCPC）提供的使用浓度信息、原料在动物实验、体外实验和人体实验中的数据，它们的使用条件等。

在这些定期的会议中，专家小组会综合评估所有相关信息，以确认每种原料的安全性，并提出相应的建议。会议结束后，他们会编制一份详细的报告，记录他们的审查结果和建议，以供监管机构和公众参考。

（2）欧洲化学品管理局（European Chemicals Agency，ECHA） 评估化学品的安全性，部分数据可用于化妆品安全评估。

（3）世界卫生组织（World Health Organization，WHO） 世界卫生组织是联合国下属的一个专门机构，总部设置在瑞士日内瓦，只有主权国家才能参加，是国际上最大的政府间卫生组织。

世界卫生组织的宗旨是使全世界人民获得尽可能高水平的健康。世界卫生组织的主要职能包括：促进流行病和地方病的防治；提供和改进公共卫生、疾病医疗和有关事项的教学与训练；推动确定生物制品的国际标准。

二、常用的数据处理函数

函数是Excel定义好的具有特定功能的内置公式。在公式中可以直接调用这些函数，在调用的时候，一般要提供给它一些数据，即参数，函数执行之后一般给出一个结果，这个结果成为函数的返回值。

Excel中提供了大量的可用于不同场合的各类函数，分为财务、日期与时间、数学与三角函数、统计、查找与引用、数据库、文本、逻辑和信息等。这些函数极大地扩展了公式的功能，使得我们应用Excel做数据的计算、处理更为容易，特别适用于执行冗长或复杂计算的公式。

化妆品原料信息很多会以Excel表格的形式体现。为了在表格中快速查到需要的信息，可以用"vlookup""index""match""column"四个函数。

1. vlookup 函数

作用：vlookup函数是Excel中的一个纵向查找函数，它可以用来核对数据，具有多个表格之间快速导入数据等函数功能。功能是按列查找，最终返回该列所需查询序列所对应的值。

vlookup共有4个参数，参数语法如下：

vlookup（查找的值，查找区域，返回值所在列数，[匹配模式]）

这4个参数的解释如下：

① 查找的值：要查找的词或单元格引用。

② 查找区域：包含查找字段和返回字段的单元格区域，查找字段必须在查找区域的第1列。

③ 返回值所在列数：返回值在查找区域中的列数。

④ 匹配模式：0为精确匹配，1为模糊匹配。

2. index 函数

① 作用：返回表格或区域中的值或值的应用。

② 语法：index（array，row_num，[column_num]）。

③ 解释：index（数组或区域，行号，列号）。

3. match 函数

match函数是Excel中使用较为广泛的一个函数。其主要作用是：在"范围"单元格中搜索特定的项，然后返回该项在此区域中的相对位置。

通俗地讲：match函数返回指定值在数组中的位置，如果在数组中没有找到该值则返回#N/A。

4. column函数

column函数是用来得到指定单元格的列号。比如"=COLUMN（B1）"，得到的就是B1的列号为"2"。

巩固练习

一、单选题

1. 化妆品标签说明书上进行化妆品成分标识时，凡标识（　　　）中已有的原料，应当使用《目录》中规定的标准中文名称。

A. 化妆品安全技术规范　　　　　　　　B. 化妆品已使用原料目录

C. 国际化妆品原料标准中文名称目录　　D. 化妆品新原料目录

2. 可以查询在我国备案或者注册的新原料信息的网站是（　　　）。

A. 国家药监局网站

B. 国家卫生健康委网站

C. 国家市场监督管理总局网站

D. 中华人民共和国人力资源和社会保障部网站

二、判断题

1. 只有在《已使用化妆品原料目录》里面的原料才可以使用在化妆品中。（　　　）

2. 只要在《已使用化妆品原料目录》里面的原料，都可以使用在化妆品中。（　　　）

拓展阅读

崛起之梦：国产高端化妆品品牌的辉煌征程

在实现中华民族伟大复兴的中国梦征程中，中国经济的蓬勃发展为国产化妆品行业带来了前所未有的发展机遇。国产高端化妆品品牌的崛起，正是响应"要坚持以人民为中心的发展思想，不断满足人民日益增长的美好生活需要"这一伟大号召，以匠心精神铸就卓越品质，满足人们对美好生活的向往。

一、崛起之梦：国产高端化妆品品牌的发展必要性

国产高端化妆品品牌的发展，不仅是市场的呼唤，更是国家软实力的体现。在消费者品质意识觉醒的今天，国产品牌必须以匠心精神，铸就卓越品质，满足人们对美好生活的向往。这不仅是一场市场的角逐，更是国产品牌自我超越的征程。

二、时代的召唤：国产高端化妆品品牌的发展必然性

随着经济的增长和人均收入的提高，消费者对高端化妆品的需求也在增加。中国已成为世界第三大奢侈品消费国，仅次于美国和日本，这是对国产品牌的信任和期待。国家政策的扶持，民族自信心的提升，都为国产高端化妆品品牌的发展提供了肥沃的土壤。

三、辉煌征程：国产高端化妆品品牌的发展策略

1.品牌定位与文化塑造：以中国悠久的文化为底蕴，塑造独特的品牌故事，让国产品牌成为传递中国文化的使者。

2.技术创新与研发投入：以科研为引擎，以创新为动力，国产品牌应加大研发投入，引领产品向高端化、科技化迈进。

3.市场细分与精准营销：深入洞察消费者需求，细分市场，以精准营销策略，让每一位消费者都能感受到品牌的贴心和专业。

4.渠道拓展与服务升级：构建线上线下融合的全渠道销售网络，提供尊享服务，让消费者在每一次体验中都能感受到品牌的尊贵与温馨。

5.国际视野与本土融合：在全球化的大潮中，国产品牌应以开放的姿态，融合国际视野与本土智慧，打造具有全球竞争力的高端品牌。

6.政策支持与行业协同：积极拥抱国家政策，携手行业伙伴，共同推动国产化妆品行业向高端化、国际化发展。

国产高端化妆品品牌的崛起，是一场关乎梦想与荣耀的征程。让我们以梦为马，不负韶华，共同书写国产品牌的辉煌篇章，让世界见证中国化妆品的璀璨光芒！

项目二

护肤化妆品

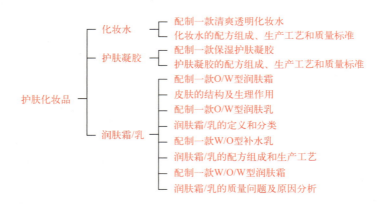

学习目标

知识目标

1. 掌握护肤化妆品的作用原理。
2. 掌握护肤化妆品的配方组成。
3. 掌握护肤化妆品的制备要求。

技能目标

1. 能初步审核护肤化妆品的配方。
2. 能制备并评价护肤化妆品。

素质目标

1. 培养创新思维和创新素质。
2. 培养热爱科学的素质。
3. 培养认真负责的工作态度。

知识导图

化妆水 ── 配制一款清爽透明化妆水
化妆水的配方组成、生产工艺和质量标准

护肤凝胶 ── 配制一款保湿护肤凝胶
护肤凝胶的配方组成、生产工艺和质量标准

护肤化妆品

润肤霜/乳 ── 配制一款O/W型润肤霜
皮肤的结构及生理作用
配制一款O/W型润肤乳
润肤霜/乳的定义和分类
配制一款W/O型补水乳
润肤霜/乳的配方组成和生产工艺
配制一款W/O/W型润肤霜
润肤霜/乳的质量问题及原因分析

　　护肤化妆品是指帮助面部皮肤更加健康美观的化妆品。根据剂型可以分为润肤膏霜、润肤乳、化妆水、护肤凝胶、润肤油等。

　　护肤化妆品在我国有悠久的历史。北魏时期，一种叫作"面脂"的古法润肤露十分受欢迎。这种由牛骨髓、牛油以及温酒混制而成的膏状物，是每年寒冬腊月时，大臣们竞相向皇上进贡的护肤佳品。

"旧时王谢堂前燕，飞入寻常百姓家。"随着社会和科技的进步，护肤化妆品成本降低，品类丰富，品质提升，成了大部分人的日用品。

任务一　配制化妆水

学习目标

能说明透明化妆水制备的关键点。

情景导入

客户寻求一款具有高透明度和清爽肤感的化妆水。老王负责完成了配方设计，具体配方内容见表 2-1。老王指导小白制备产品的小样，并根据小样的制备情况来初步设定产品的内部控制指标。同时，老王提醒小白，虽然化妆水看似简单，但如果不以认真的态度对待，就难以制作出合格的样品。

视频扫一扫

化妆水的制备

表 2-1　清爽化妆水配方

组相	原料名称	用量 / %
A	甘油	1.0
	透明质酸钠	0.05
B	水	加至 100
C	尿囊素	0.1
	EDTA（乙二胺四乙酸）二钠	0.05
	1,2- 己二醇	0.5
D	对羟基苯乙酮	0.5
	1,3- 丙二醇	2.0
E	PEG（聚乙二醇）-40 氢化蓖麻油	0.1
	香精	0.05

任务实施

1. 认识原料

（1）关键原料　透明质酸钠。特性：白色粉末，无特殊异味。有很强的吸湿性，溶于水，不溶于醇、酮、乙醚等有机溶剂。它的水溶液带负电，高浓度时有很高的黏弹性和渗透压。透明质酸钠亲和吸附的水分约为其本身重量的 1000 倍。不同级别分子量透明质酸钠的性质也不一样，高分子量（＞10⁶）的透明质酸钠，能赋予产品很好的润滑性、成膜性和增稠作用。低分子量（＜10000）的透明质酸钠增稠和成膜效果弱。作为比较理想的保湿剂广泛用于各种护肤产品，推荐用量为0.02%～0.5%。

（2）其他原料

① 甘油。别名丙三醇。特性：黏稠液体，易溶于水，沸点290℃，相对密度1.26，无差别的吸水性。建议添加量：＜30%。

② 尿囊素。特性：白色粉末，溶于热水，能促进表皮细胞生长，提高肌肤、毛发最外层组织的吸水能力。若添加量大于0.3%，有结晶析出的风险。

③ EDTA二钠。特性：白色粉末，溶于水。推荐用量：0.05%～0.1%。

④ 1,2-己二醇。特性：无色液体，易溶于水，沸点223～224℃，相对密度0.951。推荐用量：0.5%～2.5%。

⑤ 对羟基苯乙酮。无受限抗菌原料，又名HAP、馨鲜酮。特性：白色晶体，微溶于水，易溶于乙醇。pH值为4～8，80℃以下稳定存在。推荐用量：≤1.0%。

⑥ 1,3-丙二醇。特性：无色液体，易溶于水，沸点211～213℃，相对密度1.052。建议添加量：1.0%～10%。

⑦ PEG-40氢化蓖麻油。特性：白色至黄色浆状物或黏稠液体，HLB值为14～16。建议添加量：0.5%～2%。

（3）可能存在的安全性风险物质　配方中可能存在的安全性风险物质及其限量为：

① 甘油和1,3-丙二醇中的二甘醇，要求二甘醇≤0.1%。

② 注意PEG-40氢化蓖麻油原料中二噁烷、二甘醇的含量（化妆品中要求二噁烷≤30mg/kg）。

2. 分析配方结构

分析清爽化妆水的配方组成，结果见表2-2。

表2-2　清爽化妆水配方组成的分析结果

组分	所用原料	用量/%
保湿剂	甘油、1,2-己二醇、透明质酸钠、1,3-丙二醇	3.55
溶剂	水	加至100
增溶剂	PEG-40氢化蓖麻油	0.1
其他成分	香精、螯合剂（EDTA二钠）、防腐剂（对羟基苯乙酮）、愈合剂（尿囊素）、抗氧化剂（对羟基苯乙酮）	0.7

经过分析，清爽化妆水配方组成符合化妆水类产品的配方组成要求。

3. 配制样品

（1）操作关键点　要获得透明的清爽化妆水，关键是处理好配方中不易溶于水的两个原料——香精和对羟基苯乙酮。

处理方法为将香精和增溶剂充分混合，将对羟基苯乙酮完全溶解在醇中，然后再将上述混合物加入水中。

（2）配制步骤及操作要求　配制清爽化妆水的步骤及操作要求见表2-3。

表2-3　配制清爽化妆水的步骤及操作要求

序号	配制步骤	操作要求
1	处理高分子保湿剂	透明质酸钠等高分子保湿剂，要先用甘油分散
2	加入高分子保湿剂	在中速搅拌下，将上述混合物缓慢加入水中，并搅拌均匀
3	加入螯合剂等其他成分	将尿囊素、乙二胺四乙酸（EDTA）二钠、1,2-己二醇依次加入上述溶液中，搅拌溶解
4	加入防腐剂	将对羟基苯乙酮和1,3-丙二醇混合，搅拌溶解后，加入上述溶液，搅拌均匀
5	处理香精	香料和增溶剂按一定比例混合，混合均匀后加入

4. 检验样品质量

清爽化妆水的质量检测除常规项目外，增加相对密度项目，具体要求见表2-4。

表2-4　检验清爽化妆水质量的相对密度项目及操作规范与要求

检验项目	操作规范与要求
相对密度	按照GB/T 13531.4—2013《化妆品通用检验方法　相对密度的测定》检测产品相对密度

5. 制定生产工艺

根据小试步骤，制定清爽化妆水的生产工艺为：

① 在室温下将A相中透明质酸钠分散于甘油中，开启搅拌，缓慢加入B相中后搅拌均匀；

② 加入C相搅拌至透明，另外把D相混合搅拌至透明后加入上述水剂中混合均匀；

③ 最后加入预混合均匀的E相，搅拌均匀，静置；

④ 过滤后灌装。

实战演练

见本书工作页　任务一　配制化妆水。

知识储备

一、化妆水简介

化妆水类化妆品是指以水、乙醇、多元醇等为基质原料调配而成的液体类产品。化妆水和乳液相比，油分少，有舒爽的使用感，且使用范围广。通常化妆水呈透明液状，但是近年来也衍生出有黏度的水类、不透明含少量油脂的水类，甚至将半固体凝胶状的啫喱也叫水。尽管化妆水外观出现了新的形态，但是其本质没有变化。化妆水通常是在清洁皮肤之后，为了软化皮肤表面干燥的角质而设计的高含水量的，直接为角质提供水分，以使皮肤柔软、收敛、轻度清洁、镇定等，调整皮肤生理作用为目的的水剂类产品。从生理学上讲，化妆水的作用是通过软化角质，在板结的角质层

图片扫一扫

化妆水相关知识
思维导图

建立水渗透管道，为后续产品中保湿、美白、抗衰老等活性成分的吸收创造条件。

二、化妆水的配方组成

化妆水的配方组成见表2-5。

表2-5　化妆水的配方组成

组分	常用原料	用量 / %
保湿剂	甘油、双甘油、丁二醇、海藻糖、透明质酸钠、三甲基甘氨酸、PCA钠（吡咯烷酮羧酸钠）	0.01～10
溶剂	水、乙醇	加至100
润肤剂	植物油脂类	适量
增溶剂	PEG-40氢化蓖麻油、POE（聚氧乙烯）烷基醚类	0.1～1
流变剂	结冷胶、黄原胶、果胶、硅酸铝镁、羟乙基纤维素	0.1～1
其他成分	pH缓冲剂、香精、螯合剂、防腐剂、功能成分等	适量

1. 保湿剂

化妆水配方设计中，保湿剂的选择与复配对实现高效保湿和避免黏腻肤感至关重要。通常采用离子型、多元醇类和高分子类保湿剂进行复配，以提升保湿效果并平衡触感，确保肌肤在保湿的同时保持清爽。然而，保湿剂含量不宜过高，以免在高湿度环境下造成皮肤黏腻，影响吸收速度。在选择保湿剂时，需考虑成本效益和安全性，尤其是天然保湿剂。尽管它们因温和性和亲肤性而受欢迎，但在处理过程中可能含有杂质，这些杂质在护肤品提供的水合作用下可能引发过敏反应，如红肿和刺痛。因此，合理选择和使用保湿剂对于确保化妆水的质量和消费者体验至关重要。

2. 溶剂

水是化妆水中最重要的成分，其质量直接影响产品的性能。化妆水中的水应严格控制电导率小于5μS/cm，以防止电解质过多导致透明度和黏度问题。同时，工艺用水的微生物指标也需严格控制，以防微生物过度繁殖影响产品的透明度和感官质量，确保安全性。

3. 润肤剂

水溶性润肤剂是为产品提供保湿、滋润、改善使用感、修复屏障等作用的原料。选择水溶性润肤剂时要注意它的水溶性及刺激性。一般PEG（聚乙二醇基团）数越大，水溶性越好，但其刺激性也越大。改性天然植物油脂是常见的水溶性润肤剂，比如聚甘油蓖麻油酯、聚氧乙烯醚40蓖麻油、橄榄油聚甘油酯。

4. 增溶剂

增溶剂的目的是把水溶性不好的物质增溶到水溶液中。增溶剂使用时应该注意以下几点：

① 通常增溶剂均采取复配使用的方式，提高增溶能力，从而降低增溶剂的用量。

② 增溶剂一般有刺激性，要尽量控制添加量。

③ 如果添加乙醇，要避免因其挥发而引起产品活性物析出和沉淀。

5.肤感改善剂

为改善化妆水的使用体验，包括视觉体验、涂抹体验等，会适当加入一些增稠剂、流变剂，如天然胶或合成水溶性高分子化合物等。常用的有羟乙基纤维素、汉生胶、聚乙烯醚聚合物、卡波姆类增稠剂。它们不仅改变水剂的外观、视觉效果，还会在水剂的使用过程中带来滑爽、滋润、水润等各种不一样的使用体验。

三、化妆水的生产工艺

化妆水的生产工艺流程图见图2-1。

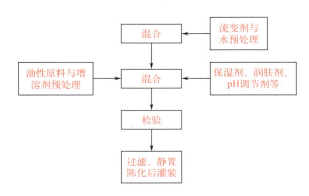

图2-1　化妆水的生产工艺流程图

化妆水的生产程序相对简单，主要包括预处理、溶解混合、静置陈化、过滤除杂。

1.预处理

在透明体系中，预溶解、预处理部分可能在生产过程中对于产生问题的原料来说非常必要，比如香精、冰片、薄荷以及部分希望添加到水剂中的油脂。将它们与适当的溶剂或者增溶剂充分溶解混合后再加入体系中，可以避免出现浑浊等问题，同时可以减少增溶剂的使用。预处理还包括部分有稠度的化妆水使用的增稠剂和部分使用遮光剂的水剂，它们都需要对某些原料进行提前处理。

2.溶解混合

在化妆品配方中，水剂的搅拌通常较为简单。但是对于含增稠剂的配方，需适度控制速度和力度，防止空气混入形成气泡。处理含挥发性组分的化妆品时，加热需谨慎，以防组分损失，从而影响性能以及造成浪费。挥发性组分在空气中积聚可能引发爆炸，对安全构成威胁。使用乙醇、香精等易挥发原料时，更需严格遵循安全规程，确保生产安全和产品质量。

3.静置陈化

静置陈化在化妆水制备中起着关键作用，特别是对那些在降温后存在析出风险的体系，低温陈化尤为重要。例如，薄荷脑等成分在温度波动时溶解状态可能变化，增溶组分的溶解能力也随温度变化，增加了室温下不稳定的风险。因此，配方完成后，在约4℃下进行陈化，可以观察并预防温度变化导致的物理变化，确保产品在储存、运输和使用中保持稳定的外观和性能，增强消费者信心。

4.过滤除杂

完成静置陈化后，需低温滤除沉淀、絮状物，以防其再析出，从而影响产品外观、质感。

此工艺确保产品稳定，全程清澈均一，提升消费者的体验感，以及对产品的信赖度。

四、质量标准及要求和常见质量问题及原因分析

1. 质量标准及要求

化妆水类化妆品质量应符合QB/T 2660—2004《化妆水》，其感官指标、理化指标见表2-6。

表2-6　化妆水的感官指标、理化指标

项目		要求	
		单层型	多层型
感官指标	外观	均匀液体，不含杂质	两层或多层液体
	香气	符合规定香型	
理化指标	耐热	（40±1）℃保持24h，恢复至室温后与试验前无明显性状差异	
	耐寒	（5±1）℃保持24h，恢复至室温后与试验前无明显性状差异	
	pH 值	4.0～8.5（直测法）（α、β-羟基类的产品除外）	
	相对密度（20℃/20℃）	规定值 ±0.02	

在满足以上理化指标的同时，还需要达到以下质量要求：

① 外观透明或半透明，无杂质，香味适宜。

② 使用时不黏腻，使用后能带给皮肤令人愉悦的触感和观感。

③ 具有良好的保湿作用，能帮助软化皮肤角质层。

④ 清洁皮肤，清除尘霾等物理污染物，温和不刺激，皮肤上不会引起刺痛感。

2. 常见质量问题及原因分析

化妆水类制品的主要质量问题是出现浑浊、变色、变味等现象，有时在生产过程中即可发现，有时需经过一段时间或在不同条件下存储后才能发现，必须加以注意。

（1）浑浊和沉淀

① 配方不合理，复配物之间互相反应，水解、pH值漂移等因素引发组分变化，导致透明度下降。化妆水中乙醇是很多有机物的良好溶剂，如果乙醇用量不足，易产生不溶物。

② 工艺用水不合格，如果含有较多二价离子或微生物，都可能引发产品在后期形成絮状物沉淀。

③ 原料组成的波动，比如香精、增溶剂的成分变化，会导致增溶效果变差。

④ 生产工艺和生产设备的影响。为除去制品中的不溶性成分，生产过程中采用静置陈化和冷冻过滤等措施。如静置陈化时间不够，冷冻温度偏低，过滤温度偏高或压滤机失效等，都会使部分不溶解的沉淀物不能去除，最终在储存过程中产生浑浊和沉淀现象。

⑤ 水剂型产品的设备清洗是重要环节，更是生产过程中容易被忽视的问题，如管道、阀门、滤芯、转运泵等，凡是有可能带入其他物质的环节均应仔细清洗。

（2）变色、变味

① 乙醇质量不好，含有杂醇油和醛类等杂质。

② 水质没处理好。没处理好的去离子水中含有较多的铜、铁等金属离子，容易与不饱和芳香物质发生催化氧化作用，导致产品变色、变味。微生物虽会被乙醇杀灭而沉淀，但会产生令人不愉快的气味，从而影响制品的气味。

③ 空气、热或光的作用。化妆水类制品中含有易变色的原料，如葵子麝香、洋茉莉醛、醛类、酚类等，在空气、光和热的作用下会使色泽变深，甚至变味。

④ 碱的作用。

巩固练习

一、单选题

1. 需要在50℃以下添加的原料是（　　）。

A. 甘油　　　　　　　B. 1,3-丁二醇　　　　　C. 蜂蜡　　　　　　　D. 芦荟提取液

2. 化妆水增稠属于（　　）。

A. 水相增稠　　　　　B. 油相增稠　　　　　　C. 两相增稠　　　　　D. 都可以

3. 化妆水虽未陈化静置、过滤，但不可能引起的现象是（　　）。

A. 沉淀　　　　　　　B. 浑浊　　　　　　　　C. 絮状物　　　　　　D. 发霉

4. （　　）不属于护肤用水剂类化妆品的活性成分。

A. 收敛剂　　　　　　B. 杀菌剂　　　　　　　C. 营养剂　　　　　　D. 水分

二、多选题

1. 化妆水中的卡波姆未分散均匀就进行后续制备操作，可能会（　　）。

A. 有小结团产生　　　　　　　　　　　B. 出料过滤时堵住滤布

C. 产品黏度降低　　　　　　　　　　　D. 产品透明度提高

2. 以下原料，需要预处理的是（　　）。

A. 甘油　　　　　　　B. 卡波姆940　　　　　C. 香精　　　　　　　D. 葡聚糖

3. 为了避免化妆水在放置过程中出现变色、变味，可采取的措施有（　　）。

A. 适当加入螯合剂　　　　　　　　　　B. 适当加入抗氧化剂

C. 选用香精时要进行耐热、耐光稳定性试验　　D. 避免光线直射

三、判断题

1. 透明质酸钠是高保湿原料，为了增强效果可以选择2%的用量。（　　）

2. 香精可以在60℃时添加。（　　）

四、论述题

同样配方的化妆水，有些同学能做出透明的产品，有些同学却做出浑浊的产品，请分析原因并提出解决方案。

任务二　配制护肤凝胶

学习目标

能说明护肤凝胶和化妆水的区别。

情景导入

　　凝胶（啫喱）类化妆品因其透明的外观、滑爽的肤感以及无油腻感而深受消费者喜爱。老王设计了一款保湿护肤凝胶，并要求小白将其样品制作出来并进行评估。产品的配方见表2-7。老王特别提醒小白，卡波姆的处理是决定凝胶产品是否成功制备的关键因素。他强调要集中注意力在关键点上，采用正确的方法，这样才能确保制作出合格的产品。

视频扫一扫

护肤凝胶的制备

表2-7　保湿护肤凝胶配方

组相	原料名称	用量 / %
A	Carbopol 940（卡波姆 940）	1.0
	丙二醇	9.0
	EDTA 二钠	0.05
	去离子水	加至 100
B	双（羟甲基）咪唑烷基脲、碘丙炔醇丁基氨甲酸酯	0.3
C	辛酰基羟化小麦蛋白钠	5.0
	油醇聚醚-20	1.5
	香精	适量
D	三乙醇胺	2.0

任务实施

1. 认识原料

　　（1）关键原料　卡波姆。特性：卡波姆是一类非常重要的流变调节剂，为松散、白色、微酸性的粉末。堆积密度为$176\sim208kg/m^3$，含水量（质量分数）$\leq2.0\%$，质量分数为1%水分散液的pH值为2.5～3.5。所有卡波姆聚合物都是交联聚合物，因此其分子量无法利用常规凝胶色谱来测量，原始粒子的平均分子量估计为几十亿道尔顿。其虽不溶于水，但在水体系中可溶胀从而透明。

　　卡波姆的流变特性与聚合物的交联度和产品的pH值密切相关。在低pH值（pH＜3.5）下，由于聚合物的羧基质子化而不表现阴离子性，导致聚合物主要以氢键水合或者因道南平衡形成低黏度水溶胶；当pH＞3.5之后，羧基逐渐去质子化显示阴离子性，去质子化的羧基彼此因带相同电荷而排斥，导致聚合物溶胀，其分子能够溶胀达到千倍体积且效率极高，从而起到增稠、悬浮稳定等作用。推荐用量：0.2%～1.0%。

　　（2）其他原料

　　① 双（羟甲基）咪唑烷基脲、碘丙炔醇丁基氨甲酸酯。商品名：杰马。特性：无色至微黄色透明黏稠液体，略带特征气味，易溶于水，低于50℃加入；pH值使用范围为3～9。推荐加入量：0.1%～0.8%。

　　② 油醇聚醚-20。特性：白色蜡状固体，HLB值为15.5，作为香精的增溶剂、润湿分散剂，

适用于透明凝胶。

③三乙醇胺。特性：无色液体，易溶于水，有刺激性气味，加热易汽化。

（3）可能存在的安全性风险物质 配方中可能存在的安全性风险物质为卡波姆中的苯（苯在化妆品中的限量是2mg/kg）。

2. 分析配方结构

分析保湿护肤凝胶的配方组成。分析结果见表2-8。

表2-8 保湿护肤凝胶配方组成的分析结果

组分	所用原料	用量 / %
凝胶剂	卡波姆	1
中和剂	三乙醇胺	2
保湿剂	丙二醇	9
其他成分	香精、增溶剂（油醇聚醚-20）、螯合剂（EDTA二钠）、防腐剂（杰马）、功能性添加剂（辛酰基羟化小麦蛋白钠）	6.85

该保湿护肤凝胶的配方组成符合凝胶类化妆品的配方组成要求。

3. 配制样品

（1）操作关键点 制备凝胶的关键是将凝胶剂充分分散。

处理方法为将凝胶剂卡波姆缓慢撒入水中，并分散搅拌30min以上，也可以用均质机均质，以缩短分散时间。

（2）配制步骤及操作要求 配制保湿护肤凝胶的步骤及操作要求见表2-9。

表2-9 配制保湿护肤凝胶的步骤及操作要求

序号	配制步骤	操作要求
1	处理高分子聚合物	先将卡波姆撒入水中，搅拌分散30min，直至无明显颗粒（可用均质器加快分散）
2	加入A相其他原料	将A相其余原料加入，搅拌溶解（可加热助溶）
3	加入防腐剂	加入防腐剂。注意避免将空气搅拌入样品中
4	加入香精和调理剂	将香精、调理剂和增溶剂混合均匀，在低速搅拌下加入上述溶液中
5	调节pH值	将三乙醇胺用1倍水稀释，在慢速搅拌下，将三乙醇胺稀释液分批倒入上述溶液中，观察溶液状态，黏稠度符合要求时，停止添加，计算并记录三乙醇胺的实际用量
6	出料	将搅拌头上物料刮入产品容器中

4. 制定生产工艺

根据小试步骤，制定保湿护肤凝胶的生产工艺为：

① 在快速搅拌下，将Carbopol 940缓慢地撒入部分去离子水中，使其润湿完全，再依次加入A相剩余原料，搅拌均匀；

② 先将 A 相抽入真空乳化罐中，再将 B 相经过滤加入真空乳化罐内，搅拌，抽真空脱气；

③ 当混合物溶解完全时，加入 C 相，继续搅匀后，最后加入 D 相中和，同时抽真空，脱气至产品无气泡。

实战演练

见本书工作页　任务二　配制护肤凝胶。

知识储备

一、护肤凝胶简介

凝胶类化妆品是一种外观为透明或半透明的半固体的胶冻状化妆品剂型，其作用是可以直接给皮肤补充水分，具有良好的保湿性。

凝胶类护肤品根据组成可分为无水性凝胶体系和水性（水或醇）凝胶体系两大类。

图片扫一扫

护肤凝胶相关
知识思维导图

水性凝胶含有较多的水分，可以直接给皮肤补充水分，具有良好的保湿性。这种凝胶加工工艺简单，原料多种多样，可根据产品要求调节其油性和黏度，还可混入脂质体微囊改善其功能。调制成各种色调，用计算机控制灌装机灌装，构成各种花纹和图案，提高产品的美观性。此类产品是现今最流行的凝胶类护肤品。

二、护肤凝胶的配方组成

护肤凝胶的配方组成见表 2-10。

文档扫一扫

更多典型配方
——保湿凝胶

表 2-10　护肤凝胶的配方组成

组分	常用原料	用量 / %
凝胶剂	海藻胶、瓜尔胶、卡波姆、羟乙基纤维素、硅酸铝镁、黄原胶、银耳多糖、胞外多糖	0.05 ～ 1
中和剂	三乙醇胺、氢氧化钾等	0.05 ～ 1
保湿剂	甘油、双甘油、丁二醇、海藻糖、透明质酸钠、三甲基甘氨酸、PCA 钠	0.01 ～ 30
乳化剂	氢化卵磷脂等	0 ～ 2
其他成分	香精、增溶剂、螯合剂、润肤剂、功能性添加剂等	适量

1. 凝胶剂

理论上凝胶剂有多种，但是在实际应用过程中，用得比较多的还是以聚丙烯酸、聚丙烯酰胺为基本骨架的聚合物以及它们的衍生物等，通常这些高分子化合物具有良好的触变性、短流变，并具有优越的肤感和悬浮能力。而其他类型的高分子化合物也被广泛使用，以弥补部分使用和性能缺陷。常用的几种凝胶剂如下。

① 天然水溶性聚合物。常见的有海藻胶、瓜尔胶、黄原胶、银耳多糖、胞外多糖等，它们

通常都具有一定的拉丝性能，小剂量使用，常具有很滑的肤感。

② 改性天然水溶性聚合物。常见的有海藻酸酯、羟丙基瓜尔胶、羟丙基纤维素、羟乙基纤维素等。这类凝胶剂通常在牙膏中使用得比较多，但在护肤品中并不常见。然而，对于面膜等对肤感体验有特殊要求的品类来说，也会配合其他高分子材料使用一些。

③ 合成水溶性聚合物。如以聚丙烯树脂（Carbopol系列产品）、聚丙烯酰胺等为基础的聚合物和它们的衍生物，以及由它们复配形成的乳化稳定剂，具有制成品外观通透、使用肤感清爽、悬浮稳定性能突出等特点。当然也包括聚氧乙烯和聚氧丙烯嵌段共聚物（polvxamer331）等其他并不常用的合成高分子材料。

④ 无机凝胶剂。如硅酸铝镁，具有优异的悬浮力和独特的流变特性。它们能在静止时稳定体系，受剪切力时结构变化，使凝胶变稀，便于通过喷嘴形成雾状。

2. 中和剂

调节产品酸碱度，软化角质层，中和部分高分子化合物使其形成酸度合适、黏度满足需要的空间网状结构，阻止其中的颗粒物互相聚集从而影响稳定性。

3. 保湿剂

保湿剂通常是指能够和水分子形成较强氢键的吸湿性化合物。

① 低分子量保湿剂，其与水分子之间的作用力越强，保湿效果越好。另外，要考虑多元醇保湿剂除了具有保湿效果外，还对协助抑菌、低温抗冻、协助增溶都有帮助。

② 高分子量保湿剂，如透明质酸钠、聚谷氨酸、生物发酵多糖，都具有良好的保湿效果，但是要注意不同的分子量对它们的效果存在一定影响。

4. 润肤剂

护肤凝胶中可以添加少量的油脂（一般小于10%），这些油脂令护肤凝胶具有轻质膏霜的特性，油性润肤剂也可提高凝胶的保湿能力。油脂的选择既要考虑对皮肤屏障的有效保护，又要使用肤感好。

5. 乳化剂

护肤凝胶中可添加少量油脂，一般不超过10%，通常需乳化剂以稳定于凝胶体系中。使用悬浮力强的高分子材料作凝胶剂时，有些产品可省去乳化剂而保持稳定。这种方法赋予了产品清爽的触感，并能产生类似出水霜的水珠效果，给消费者带来明显的补水体验。

6. 增溶剂

增溶剂如聚氧乙烯氢化蓖麻油（40）等，其作用是将香精或少量润肤油增溶于水性胶体中而体系不出现浑浊现象，它的加入可提高体系的透明度。

三、护肤凝胶的生产工艺

护肤凝胶的生产工艺流程图见图2-2。

1. 主要生产程序

护肤凝胶的生产主要用到真空均质乳化锅。其主要生产程序如下：

① 在一不锈钢容器中加入部分去离子水，在快速搅拌的情况下，将凝胶剂缓慢撒入其中，充分搅拌分散及溶胀；先将凝胶剂与水的混合物抽入真空乳化罐中。

② 在另一不锈钢容器中加入剩余的去离子水，并依次加入醇类、酯类、保湿剂、防腐剂等水溶性成分，搅拌使其充分溶解；然后过滤抽入真空乳化罐中，搅拌，抽真空脱气，混合物溶解完全。

③ 加入增溶剂、香精、营养添加剂的均匀混合物，继续搅拌，充分混匀后，搅拌，抽真空

脱气，脱气至产品无气泡，缓缓加入中和剂，真空下慢慢搅拌均匀，即出料，储存备用。

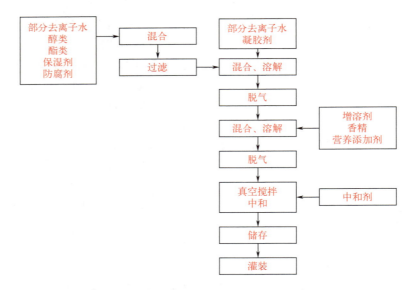

图2-2　护肤凝胶的生产工艺流程图

2. 生产过程注意事项

护肤凝胶体系悬浮能力强，一旦产生气泡，就不容易消掉，因此生产过程中要注意以下几点。

① 凝胶剂溶解、中和、脱泡过程中搅拌速度要慢。

② 搅拌桨高度要低于每一次投料后的液面高度，如果叶片与液面高度接近，容易搅出浪花，出现气泡。

③ 真空消泡时一般要求尽量高真空消泡。如果泡沫太多可以从高真空到常压循环操作，可更高效率地破除气泡。

④ 中和剂加入之前尽最大可能脱出气泡。

⑤ 对于专锅配制护肤凝胶的设备，搅拌桨的形状也会影响气泡的产生。通常要求桨形和桨叶设计符合流体力学，不易出现浪花形。

四、质量标准及要求和常见质量问题及原因分析

1. 质量标准及要求

护肤凝胶的质量应符合 QB/T 2874—2007《护肤啫喱》，其感官、理化指标见表2-11。

表2-11　护肤凝胶的感官、理化指标

项目		要求
感官指标	外观	透明或半透明凝胶状，无异物（允许添加起护肤或美化作用的粒子）
	香气	符合规定香型
理化指标	pH 值（25℃）	3.5～8.5（pH 值不在上述范围内的产品按企业标准执行）
	耐热	（40±1）℃保持24h，恢复至室温后应无油水分离现象
	耐寒	（−8±2）℃保持24h，恢复至室温后与试验前无明显性状差异

在满足以上理化指标的同时，还要达到以下质量要求：

① 清爽不油腻、不黏腻，具有润泽、水嫩感，适合夏天和油性肤质人群使用。

② 稠度适中，保质期内保持相对一致的质量品质。

③ 外观光洁细腻、透明或者半透明，保持凝胶的流变学特性。

④ 安全不刺激，长期使用具有与宣称相一致的功效。

⑤ 给皮肤及时补水保湿，赋予肌肤清爽、清凉感，使用过程中保持必要的水感。

⑥ 可以具备促进微循环、清洁、卸妆、舒缓、修复等附加功能。

2. 常见质量问题及原因分析

（1）杂质异物

① 配制锅混合使用，管道、设备、阀门等因清洗不彻底而引入异物；乳化锅的顶盖内壁，以及上面的加料入口、观察口、真空口等是容易被忽视的死角，容易隐藏杂质和微生物。

② 密封圈老化、刮板老化、转运桶和工具掉落的碎屑有可能成为产品中的异物。

③ 蚊虫异物、墙皮等也可能混入车间成为产品中的异物。因此，良好的车间环境和规范的操作是保证产品万无一失的必要条件。

（2）膏体粗糙　膏体粗糙包括膏体表面粗糙和膏体内部粗糙。

① 膏体表面粗糙。通常是指膏体静置一段时间以后变得表面粗糙，主要是膏体气泡太多所致。膏体中的气泡太多，在静置一段时间以后，气泡会浮到表面，导致膏体表面粗糙，故控制工艺制备过程非常重要。

② 膏体内部粗糙。通常是指膏体表面看上去很有光泽，但是当用手指挑开后出现粗糙的表面。这种现象常与高分子凝胶剂有关：一方面可能是凝胶剂溶解、中和不完全或不充分；另一方面是受电解质影响，局部收缩结团，形成不均匀的软性团状物；此外，也可能因水解生成二价离子或酸，导致黏度不均一下降，进而使膏体变得粗糙。

（3）黏度下降

① 黏度下降主要是因为成分不稳定，在存放过程中出现电导率的变化，释放出新的电解质或者酸。

② 微生物的繁殖导致黏度下降。

③ 紫外线照射导致凝胶剂高分子的化学链断裂。

（4）起皮干缩　成品存放一段时间后，重新打开盖，膏体表面结皮或者干缩，与此同时净含量会出现偏少的情况。出现这种情况通常是因为包装密封有问题，或者包装材料的水阻隔性差。由于高分子塑料包装在显微镜下结构类似织物，太薄时水分子可以缓慢透过，尤其是袋装的塑料膜，其厚度较薄，水分子更容易透出造成损失，因此选材时需要注意材质的水氧阻隔性。避免水分子透出的同时，需要注意氧分子是否会从包装外部进入包装内部引起氧敏感活性成分持续失活，最终导致产品性能缺失。

（5）鱼眼结块　鱼眼结块是使用高分子化合物溶解时常遇到的问题。聚合物粉团表面遇水会形成凝胶，不易分散，形成像鱼眼一样的颗粒团，影响产品外观。

为防止结块，可在快速搅拌的情况下，将树脂缓慢地直接撒入溶液的漩涡面上，或者先将树脂与分散介质预混，再将分散体加入水相中继续分散和溶胀。

巩固练习

一、单选题

1. PEG-40氢化蓖麻油、油醇聚醚-20在凝胶类化妆品中主要用作（   ）。

A. 凝胶剂　　　　　　B. 增溶剂　　　　　　C. 紫外线吸附剂　　　　D. 螯合剂

2. 凝胶中有颗粒状物质，可能的原因是（   ）。

A. 中和剂的量不够　　　　　　　　　B. 中和剂的量过多

C. 凝胶剂未预先溶胀完全　　　　　　D. 凝胶氧化变质

3. 护肤凝胶常用的保湿剂是（   ）。

A. 卡波姆　　　　　　B. 乙醇　　　　　　C. 丙二醇　　　　　　D. 羟苯乙酯

二、多选题

1. 下列关于水性凝胶的正确的叙述是（   ）。

A. 水性凝胶易于涂展与清除，无油腻感

B. 水性凝胶不妨碍皮肤正常的生理过程

C. 水性凝胶剂基质润滑性好

D. 水性凝胶剂基质易失水与霉变，常需要加保湿剂和防腐剂

2. 关于护肤凝胶的正确叙述是（   ）。

A. 凝胶常见的有水性和油性两种

B. 构成水性凝胶基质的高分子材料可分为天然、半合成与人工合成三大类

C. 卡波姆属于天然高分子材料

D. 化妆品中应用较多的是水性凝胶

三、判断题

1. 卡波姆在水中分散形成浑浊的酸性溶液，必须加入碱中和，才能形成凝胶。（   ）

2. 电解质可使卡波姆凝胶剂的黏度降低。（   ）

3. 黄原胶属于半合成凝胶剂。（   ）

四、论述题

1. 小白同学做出的护肤凝胶产品中存在结块现象，而其他同学做出来的均匀一致，你认为小白同学的凝胶有可能在哪里出问题了？经过检查确认，小白同学没有称错料，各原料的称料量符合配方要求，小白想做一个合格的产品，他该如何解决这个问题？

2. 请说明护肤凝胶产品的配方组成。

任务三　配制O/W型润肤霜

学习目标

能说明润肤霜和护肤凝胶的异同。

情景导入

只有真正关心并尊重消费者，设计出的产品才能赢得市场的认可。根据客户的具体要求，老王设计了一款润肤霜，这款产品具有清爽的膏体，易于涂抹，特别适合中等干燥地区的消费者使用，并且价格亲民。产品的配方见表2-12。

小白要把这款产品的小样配制出来，对样品质量做判定，并跟进放大生产。

视频扫一扫

O/W 型润肤霜
的制备

表2-12　O/W型润肤霜配方

组相	原料名称	用量 / %
A	液体石蜡	18.0
	棕榈酸异丙酯	5.0
	鲸蜡硬脂醇	2.0
	硬脂酸	2.0
	甘油硬脂酸酯	2.0
	PEG-20 失水山梨醇椰油酸酯	0.8
B	丙二醇	4.0
	Carbopol 934	0.2
	水	加至 100
C	三乙醇胺	1.8
	水	8.7
D	双（羟甲基）咪唑烷基脲、碘丙炔醇丁基氨甲酸酯	0.3
	香精	0.2

任务实施

1. 认识原料

（1）关键原料

① 硬脂酸。特性：硬脂酸又名十八酸，白色或微黄色蜡状固体，微带牛油气味。商品硬脂酸是棕榈酸与硬脂酸的混合物。化妆品配方中最常使用的是三压硬脂酸，它是以 C_{18} 和 C_{16} 直链脂肪酸为主的混合酸。在该配方中，部分硬脂酸与三乙醇胺反应生成硬脂酸三乙醇胺盐（阴离子表面活性剂，O/W 型乳化剂），部分硬脂酸作为油脂，并起到增稠作用。

② 三乙醇胺。别名：TEA。特性：依据中国《化妆品安全技术规范（2015年版）》，三乙醇胺及其盐类被收录于化妆品限用组分中。可以应用于驻留型产品和洗去型产品中，驻留型产品中的最大使用浓度为2.5%（以三乙醇胺计）。原料中，最大仲胺含量为0.5%；最大亚硝胺含量为50μg/kg。包装容器不能含有亚硝酸盐。在该配方中三乙醇胺与硬脂酸反应，生成乳化剂硬脂酸三乙醇胺盐，从而与其他乳化剂一起协同乳化油脂。

③ PEG-20失水山梨醇椰油酸酯。别名吐温-20（tween-20）。特性：透明黄色液体，HLB值为16.7。

（2）其他原料

① 液体石蜡。别名：矿油、白油。特性：无色油状液体，易溶于油，低极性，透气性差。

② 棕榈酸异丙酯。别名：IPP。特性：无色油状液体，中高极性，中铺展性。

③ 甘油硬脂酸酯。别名：单甘酯。特性：无色无气味片状粉末，易溶于油。W/O 型乳化剂，HLB值为3.8～4.0。

④ 鲸蜡硬脂醇。别名：16/18醇。特性：蜡状固体，易溶于油。在配方中还起增稠作用。

⑤ Carbopol 934。特性：白色松散粉末，短流/高黏度。在高黏度时，有很好的稳定性，形成稠厚的凝胶、乳液和悬浮液。适用于稠厚的配方。

（3）可能存在的安全性风险物质和限量

① 配方中甘油、1,3-丙二醇中二甘醇 ≤ 0.1%。

② 三乙醇胺中二乙醇胺 ≤ 0.5%、亚硝铵 ≤ 50μg/kg。

另外，注意卡波姆934中苯的含量（苯在化妆品中的限量是2mg/kg）。

2. 分析配方结构

分析O/W型润肤霜的配方组成。分析结果见表2-13。

表 2-13　O/W型润肤霜的配方组成的分析结果

组分		所用原料	用量 / %
溶剂		水	
润肤剂		液体石蜡、棕榈酸异丙酯	23
乳化剂	O/W	PEG-20失水山梨醇椰油酸酯、硬脂酸三乙醇胺盐	6.6
	W/O	甘油硬脂酸酯	
保湿剂		丙二醇	4
增稠剂		Carbopol 934、鲸蜡硬脂醇	2.2
其他成分		香精、防腐剂（杰马）	0.5

结论：配方组成符合润肤霜的配方组成要求。

3. 配制样品

（1）操作关键点　润肤霜制备工艺通常是油相和水相分别加热，混合乳化，均质，降温，加入低温物料。

O/W型润肤霜配制关键有四点：

① 乳化时，水相和油相均为液体，所以水相和油相都要加热到80℃左右且乳化时两相温差不超过10℃；

② 注意乳化结束要进行均质，均质速度应适当；

③ 由于三乙醇胺属于挥发性碱，要低温加入，且三乙醇胺与硬脂酸反应需要时间，所以三乙醇胺加入后要继续搅拌中和至少5min；

④ 热敏性物质和易挥发物质要低温加入。

（2）配制步骤及操作要求　配制O/W型润肤霜的步骤及操作要求见表2-14。

表2-14　配制O/W型润肤霜的步骤及操作要求

序号	配制步骤	操作要求
1	处理水相	将卡波姆溶于水中，可通过低速均质帮助其溶胀，加入其余水相物料，搅拌均匀，加热水相到70℃
2	处理油相	① 将配方中的乳化剂和油脂混合，加热到70℃，至所有原料充分溶解； ② 注意控制油相温度，温度过高，油相会冒烟，烧焦； ③ 单独装油相的烧杯要保持干燥
3	搅拌乳化	在快速搅拌下，将水相和油相混合乳化
4	均质	① 油水两相混合乳化后，要用均质机均质； ② 边均质边观察样品状态，至料体细腻现光泽感，停止均质
5	中和	中速搅拌物料，待降温到60℃时加入三乙醇胺（加入前需将三乙醇胺用水稀释），继续搅拌中和5min
6	加入低温物料	降温到45℃，加入香精和杰马
7	出料	将搅拌头上物料刮入产品容器中

4. 制定生产工艺

根据小试步骤，制定O/W型润肤霜的生产工艺为：

① 用B相中的丙二醇分散好Carbopol，然后溶于水并使其充分溶胀，必要时在不产生泡沫的情况下通过低速均质帮助溶胀，加热至70℃左右备用；

② 将A相原料加热到70℃至所有原料充分溶解，加至步骤①的物料中，均质5min后，缓慢降温并继续搅拌；

③ 至60℃时缓慢加入用去离子水预溶解好的三乙醇胺，继续搅拌中和至少5min；

④ 降温至45℃后加入D相，继续搅拌半小时，降温至38℃，取样检验，合格后出料。

实战演练

见本书工作页　任务三　配制O/W型润肤霜。

知识储备

一、肤用化妆品的定义及分类

肤用化妆品泛指护肤或滋养皮肤的化妆品。这类化妆品能充分提供保持皮肤水分的脂质，恢复和维持皮肤的健康，保持皮肤湿润状态，使皮肤能抵御环境（风沙、寒冷、干燥等）的侵袭。

肤用化妆品是化妆品中最重要的一类化妆品，品种也是最多的。主要有洁肤类和营养护理类，有些兼具两种或多重作用。

二、皮肤简介

为了更好地研究肤用化妆品的功效，开发与皮肤亲和性好、安全、有效的化妆品，有必要了解相关的皮肤知识。

1. 皮肤的结构

皮肤是人体的主要器官之一，它覆盖着全身，起着保护人体不受外界刺激或伤害的作用。皮肤从表及里共分为三层：表皮、真皮和皮下组织。皮肤的结构见图2-3。

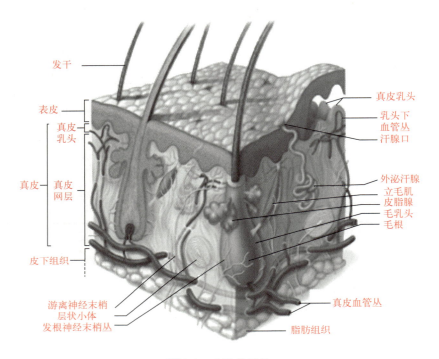

图 2-3　皮肤的结构

2. 皮肤的生理作用

皮肤的作用主要包括保护、感觉、体温调节、吸收、呼吸、排泄和皮脂的分泌等。

皮脂大多是由皮脂腺分泌出来的，主要成分为脂肪酸、甘油三酯、蜡、胆固醇、角鲨烯等。根据皮脂分泌量的多少，人类皮肤分为干性、油性和中性三大类，这是选择化妆品的重要依据。

皮肤吸收的主要途径是物质透过角质层细胞膜，进入角质层细胞，然后通过表皮其他各层而入真皮；其次是少量脂溶性及水溶性物质或不易渗透的大分子物质通过毛囊、皮脂腺和汗腺导管而被吸收。油脂类成分的吸收顺序一般为：动物油脂＞植物油＞矿物油。

3. 皮脂膜和天然保湿因子

（1）皮脂膜　皮肤分泌的汗液和皮脂混合，在皮肤表面形成乳状的脂膜，这层膜称为皮脂膜。它具有阻止皮肤水分过快蒸发、软化角质层、防止皮肤干裂的作用。在一定程度上有抑制细菌在皮肤表面生长、繁殖的作用。皮脂膜中主要含有乳酸、游离氨基酸、尿素、尿酸、盐、中性脂肪及脂肪酸等。由于这层皮脂膜的存在，皮肤表面呈弱酸性，其 pH 值为4.5～6.5，并随着性别、年龄、季节及身体状况等而略有不同。皮肤的这种弱酸性皮脂膜可以起到防止细菌侵入的作用。

（2）天然保湿因子　角质层中水分保持量在10%～20%时，皮肤湿度适中，富有弹性，是最理想的状态；水分在10%以下时，皮肤干燥，呈粗糙状态；水分再少则发生龟裂现象。正常情况下，皮肤角质层中的水分能够被保持，一方面是由于皮脂膜可防止水分过快蒸发；另一方面是由于角质层中存在天然保湿因子（natural moisture factor，NMF），使皮肤具有从空气中吸收水分的能力。NMF由多种成分组成，主要有氨基酸、吡咯烷酮羧酸、乳酸盐、尿素、尿酸、无机盐、柠檬酸等。

4.皮肤的保健

健康美丽的皮肤应该是清洁卫生、湿润适度、柔软且富有弹性，具有适度的光泽，肤色均匀，有生机勃勃之感。

护肤化妆品可以清洁皮肤表面，补充皮脂的不足，滋润皮肤，促进皮肤的新陈代谢。它们能在皮肤表面形成一层护肤薄膜，可以保护或缓解皮肤由气候变化、环境影响等因素所造成的刺激，并能为皮肤提供正常生理过程中所需要的营养成分，清除自由基，使皮肤柔润、光滑，从而延缓皮肤的衰老，并预防某些皮肤病的发生，使皮肤更加美观和健康。

巩固练习

一、单选题

1.皮肤包括（　　）层。

A. 1　　　　　　　　　B.2　　　　　　　　　C. 3　　　　　　　　　D. 4

2.皮脂膜是一层（　　）的脂膜。

A. 油状　　　　　　　B. 水状　　　　　　　C. 乳状　　　　　　　D. 蜡状

3.角质层中水分保持量在（　　）时，皮肤湿度适中，是最理想的状态。

A. 5%～10%　　　　　B. 10%～20%　　　　　C.20%～30%　　　　　D. 30%～40%

二、判断题

1.皮脂是由皮脂腺分泌出来的。（　　　　）

2.皮肤表面呈弱酸性。（　　　　）

任务四　配制O/W型润肤乳

学习目标

能说明润肤乳和润肤霜的异同。

情景导入

老王针对皮肤基础条件好、空气不干燥地区人群设计了一款温和亲肤、含油量低、涂抹滑爽，可增强皮肤屏障的润肤乳，其配方如表2-15所示。

小白要把这款产品的小样配制出来，并对样品质量做出判定，然后跟进放大生产。

小白在取得配方后，面对满架子的原料，他感到了迷茫。这不仅仅是因为寻找原料耗费了大量的时间和精力，更因为在这个过程中，他需要面对和解决实际工作中的困难和挑战。老王鼓励他，学思用贯通、知信行统一，只要能够静下心来，尽快熟悉原料的摆放位置，并且培养出将任何东西放回原处的好习惯，就能够迅速地适应并摆脱当前的困境。小白振奋了精神，以更加积极的态度投入了工作中。

视频扫一扫

O/W 型润肤乳
的制备

表2-15　O/W型润肤乳配方

组相	原料名称	用量 / %
A	PEG-20甲基葡糖倍半硬脂酸酯（SSE-20）	0.5
	甘油硬脂酸酯/PEG-100硬脂酸酯（165）	0.5
	氢化卵磷脂	0.5
	鲸蜡硬脂醇	0.8
	聚二甲基硅氧烷	2.0
	氢化米糠油	2.0
	羟苯丙酯	0.1
	辛酸/癸酸甘油三酯	5.0
B	丙二醇	4.0
	甘油	5.0
	透明质酸钠	0.05
	羟苯甲酯	0.3
	丙烯酸羟乙酯/丙烯酰二甲基牛磺酸钠共聚物（EMT-10）	0.2
	水	加至100
C	丙烯酸钠/丙烯酰二甲基牛磺酸钠共聚物（和）异十六烷（和）聚山梨醇酯-80（Sepigel EG）	0.5
D	双（羟甲基）咪唑烷基脲、碘丙炔醇丁基氨甲酸酯	0.3
	香精	0.2

任务实施

一、设备与工具

在常规设备的基础上，增加离心机。

二、操作指导

1. 认识原料

（1）关键原料

① 丙烯酸钠/丙烯酰二甲基牛磺酸钠共聚物（和）异十六烷（和）聚山梨醇酯-80。商品名：

Sepigel EG。特性：是自乳化型增稠剂，具有乳化和增稠一体化作用的多种原料的混合物，为白色或微黄色半透明乳液，不需要预混或者加热，不需要中和；pH=5.5～12之间增稠性能良好，与溶剂兼容性好；应用于O/W型乳化体系。推荐用量：0.1%～5%。注意在均质后期加入。

② PEG-20甲基葡糖倍半硬脂酸酯。别名：SSE-20。特性：白色至浅黄色半固体，易溶于水，HLB值约15.4，在100℃以下，pH值在4～9的范围内都稳定。

③ 甘油硬脂酸酯/PEG-100硬脂酸酯。商品名：A165。特性：乳白色固体颗粒状，易溶于油，在pH值为3.5～9的产品中具有良好的稳定性；HLB值为11.2；在配方中使用，可降低产品成本。

④ 氢化卵磷脂。特性：白色至淡黄色粉末，HLB值为4.5，W/O型乳化剂；配方中结合烷基糖苷乳化剂，形成温和亲肤的乳化体系。

⑤ 丙烯酸羟乙酯/丙烯酰二甲基牛磺酸钠共聚物。别名：EMT-10。特性：白色粉末；已经预先中和，能快速溶于水中，可以在室温下操作，在较广的pH值范围内（pH=3～12）具有稳定的增稠能力，手感光滑不黏腻，容易挑起；有较好的乳化能力，油相较少时，可制作无乳化剂的O/W型霜状凝胶。

（2）其他原料

① 聚二甲基硅氧烷。别名：二甲基硅油。特性：无色液体，低极性，具有良好的铺展性和抗水性，可保持皮肤的正常透气，赋予皮肤柔软的感觉；具有良好的消泡性，配方中添加少量可以防止膏霜的"拉白"问题，并增强涂抹滑爽感。

② 氢化米糠油。特性：淡黄色油状液体，天然油脂，易吸收，可提供营养成分。在配方中起增强皮肤屏障作用。

③ 辛酸/癸酸甘油三酯。别名：GTCC。特性：几乎无色、无臭，低黏度的透明油状液体；相对密度0.945～0.949；中等铺展性，易与多种溶剂混合；用后肤感滋润、低油腻感。

④ 羟苯丙酯。别名：尼泊金丙酯。特性：白色晶体，易溶于油；使用时要加在油相中溶解；配方中与羟苯甲酯复配使用，最大允许浓度为0.14%。

⑤ 羟苯甲酯。别名：尼泊金甲酯。特性：白色晶体，溶于热水，使用时要放在水中加热溶解；配方中与羟苯丙酯复配使用，两者之和的最大允许浓度为0.8%。

2. 分析配方结构

分析O/W型润肤乳的配方组成。分析结果见表2-16。

表2-16　O/W型润肤乳配方组成的分析结果

组分	所用原料	用量/%
溶剂	水	78.05
润肤剂	聚二甲基硅氧烷、氢化米糠油、辛酸/癸酸甘油三酯	9.0
乳化剂（O/W）	PEG-20甲基葡糖倍半硬脂酸酯、甘油硬脂酸酯/PEG-100硬脂酸酯、氢化卵磷脂	1.5
保湿剂	丙二醇、透明质酸钠、甘油	9.05
增稠剂	丙烯酸羟乙酯/丙烯酰二甲基牛磺酸钠共聚物、鲸蜡硬脂醇	1.0
增稠稳定剂	丙烯酸钠/丙烯酰二甲基牛磺酸钠共聚物（和）异十六烷（和）聚山梨醇酯-80	0.5
其他成分	香精、防腐剂（杰马、羟苯甲酯、羟苯丙酯）	0.9

该O/W型润肤乳配方组成符合润肤乳类化妆品的配方组成要求。

3. 配制样品

（1）操作关键点　润肤乳的制备工艺与润肤霜一致，该配方中要注意的是：Sepigel EG在均质时添加，且均质时间不能太长。

（2）配制步骤及操作要求　配制O/W型润肤乳的步骤及操作要求见表2-17。

表2-17　配制O/W型润肤乳的步骤及操作要求

序号	配制步骤	操作要求
1	水相处理	将EMT-10撒入水中，搅拌分散，再将透明质酸钠用甘油和丙二醇分散后加入，加入B相其余原料，搅拌加热到70~75℃，至原料溶解完全，保温（为减少高温过程水的损失，多加5%的水）
2	油相处理	将A相（乳化剂和油）混合，搅拌加热到70~75℃，确保原料充分溶解。要控制油相温度，如果温度过高，油相会冒烟，烧焦
3	搅拌乳化	将水相和油相在快速搅拌下混合
4	均质	油水两相混合乳化后，用均质器均质，至料体细腻现光泽感，停止均质，加入EG，再均质均匀
5	加入香精、防腐剂	缓慢搅拌，冷却降温到45℃，加入香精和杰马
6	出料	将搅拌头上物料刮入产品容器中。如果总重量不足，可补水

4. 检验样品质量

润肤乳的质量检验项目增加离心稳定性，具体要求见表2-18。

表2-18　润肤乳质量检验的离心稳定性项目及操作规范与要求

检验项目	操作规范与要求
离心稳定性	按照《护肤乳液》（GB/T 29665—2013）中离心考验的要求检测产品稳定性，在转速为2000r/min下，30min不分层。注意使用离心机时要保持机器平衡

5. 制定生产工艺

根据小试步骤，制定O/W型润肤乳的生产工艺为：

① 将B相搅拌溶解好，搅拌加热至70~75℃；

② 将A相搅拌加热至70~75℃，至所有原料充分溶解；

③ 将A相加入B相中，均质5min，再加入C相均质5min；

④ 搅拌降温至45℃，加入D相，搅拌均匀，降温至38℃以下，检验合格，出料。

实战演练

见本书工作页　任务四　配制O/W型润肤乳。

一、润肤霜/乳的定义

润肤霜或润肤乳是由油脂、水、乳化剂、增稠稳定剂、活性物等成分组成，通过均质乳化制成的不流动（霜）或流动（乳）的化妆品，其作用是帮助皮肤恢复或维持健美外观和滋润、柔软的状态。

二、润肤霜/乳的分类

润肤霜是具有一定稠度的乳化体，可以制成O/W型或W/O型霜，以前者居多。润肤霜根据其用途的不同可以分为日霜、晚霜、护手霜、按摩膏、眼霜等；润肤乳液又叫奶液或润肤蜜，乳液制品延展性好，易涂抹，使用较舒适、滑爽，无油腻感，尤其适合夏季使用。润肤乳液具有流动性，也是乳化型化妆品，有O/W型和W/O型两种类型，其中前者居多。润肤乳液的主要原料与润肤霜相似，一般情况下，润肤乳液所含油性原料要比润肤霜的低。

巩固练习

一、单选题

由油脂（含量大于5%）、水、乳化剂、增稠稳定剂、活性物等成分组成，通过均质乳化制成的不流动的化妆品称为（　　　）。

A. 霜　　　　　　　　B. 乳　　　　　　　　C. 水　　　　　　　　D. 凝胶

二、判断题

1. 润肤霜和润肤乳都可以制成O/W型或W/O型。（　　　）
2. 一般情况下，乳液所含油性原料要比润肤霜的低。（　　　）

任务五　配制W/O型补水乳

学习目标

能说明W/O型乳液和O/W型乳液的异同。

情景导入

通过科技创新可以提升产品质量，给消费者带来新的体验。老王针对皮肤基础稍差的人群设计了一款换季过渡期使用的补水乳，具有外观亮泽、膏体细腻、肤感清爽、涂覆轻盈的特点。他没有采用传统的O/W型乳液，而是采用了W/O型乳液。其配方如表2-19所示。

现在小白要把这款产品的小样配制出来，对样品质量做出判定，跟进放大生产。

视频扫一扫

W/O型补水乳
的制备

表2-19　W/O型补水乳配方

组相	原料名称	用量 / %
A	PEG-10　聚二甲基硅氧烷	2.0
	聚二甲基硅氧烷和聚二甲基硅氧烷 PEG-10/15　交联聚合物	2.0
	环己硅氧烷	2.0
	辛基聚甲基硅氧烷	4.5
	聚二甲基硅氧烷（10mPa·s）	5
	香精	0.1
	环五聚二甲基硅氧烷（和）聚二甲基硅氧烷/聚二甲基硅氧烷/乙烯基聚二甲基硅氧烷交联聚合物	1.5
B	丁二醇	6.0
	氯化钠	1.0
	甘油	20
	双（羟甲基）咪唑烷基脲、碘丙炔醇丁基氨甲酸酯	0.2
	水	加至 100

任务实施

一、设备与工具

在常规设备的基础上，增加离心机。

二、操作指导

1. 认识原料

（1）关键原料

① PEG-10 聚二甲基硅氧烷。特性：为无色透明液体，HLB值大约为4.5。它具有低发泡性、强乳化能力和低电解质反应的特点。适合应用于油相中含有硅弹性体凝胶或硅油的W/O乳化体系。在个人护理产品中，具备保湿和乳化功能，也可以调节黏度，使产品容易铺展而形成湿润的、轻盈的保护膜，触感柔软舒服。推荐用量0.5%～4%。

② 聚二甲基硅氧烷和聚二甲基硅氧烷 PEG-10/15 交联聚合物。商品名SeraSol EL 92、SSG 210SP。特性：半透明凝胶，PEG改性的自乳化硅弹性体，W/Si型乳化剂，弹性体含量为28%，基础硅油是6mPa·s聚二甲基硅氧烷。由于它的弹性海绵状结构形成了层状胶束，因此适合在快速"出水"的膏霜和精华中使用。可以改善最终产品的肤感、铺展性、吸收性和软焦点效果。

（2）其他原料

① 环己硅氧烷。特性：无色油状液体，环甲基硅油的特点是黏度很低，配伍性好，汽化热低，有较高的挥发性，在挥发时不会给皮肤造成凉湿的感觉，给予干爽、柔软的用后肤感。润滑性很好，容易分散，透气性好，富有光泽，光稳定性高。在护肤产品配方中可降低配方的黏腻感，提供舒适涂抹感和光滑柔润的肤感。

　　由于该原料具有显著的挥发性，因此，在选择包装材料时，必须确保其具备良好的气密性，以有效防止原料挥发。若包装气密性不足，长期储存过程中将可能导致原料含量减少，进而影响产品的整体稳定性与品质，增加变质或失效的风险。

　　② 聚二甲基硅氧烷（10mPa·s）。特性：无色油状液体，具有良好的铺展性，能提供干爽、抗水、不黏腻的用后肤感。

　　③ 辛基聚甲基硅氧烷。特性：低分子量、无异味、低黏度的透明液体。提供轻盈、丝滑的触感，有良好的铺展性，且与其他油脂相容性好，使配方清爽不黏腻。

　　④ 环五聚二甲基硅氧烷（和）聚二甲基硅氧烷/聚二甲基硅氧烷/乙烯基聚二甲基硅氧烷交联聚合物。特性：有机硅弹体，透明至半透明凝胶体，易于在皮肤表面铺展，伴有极佳的非油腻丝滑感。环五聚二甲基硅氧烷挥发后可形成肤感轻盈而不黏腻的透气保护膜，明显提高配方的疏水性能。

　　⑤ 丁二醇。特性：无色液体，易溶于水。在配方中除保湿外还有防腐增效的作用。

　　⑥ 氯化钠。特性：白色晶状物，易溶于水。在 W/O 型补水乳中加入氯化钠可以起到类似"盐析"的作用，降低乳化剂在水中的溶解度，使界面膜上的乳化剂分子更持久地在界面上，从而增强界面强度，提高稳定性，同时，氯化钠也可以降低水相的凝固点，增加低温稳定性。

　　（3）可能存在的安全性风险物质　PEG-10聚二甲基硅氧烷、聚二甲基硅氧烷和聚二甲基硅氧烷PEG-10/15交联聚合物中要注意控制二甘醇和二噁烷的量。

　　2. 分析配方结构

　　分析 W/O 型补水乳的配方组成。分析结果见表2-20。

表 2-20　W/O 型补水乳配方组成的分析结果

组分	所用原料	用量 / %
溶剂	水	55.7
润肤剂	环己硅氧烷、辛基聚甲基硅氧烷、聚二甲基硅氧烷、环五聚二甲基硅氧烷（和）聚二甲基硅氧烷/聚二甲基硅氧烷/乙烯基聚二甲基硅氧烷交联聚合物	13
乳化剂（W/O）	PEG-10聚二甲基硅氧烷、聚二甲基硅氧烷和聚二甲基硅氧烷PEG-10/15交联聚合物	4
保湿剂	丁二醇、甘油	26
其他成分	香精、防腐剂（杰马）、稳定剂（氯化钠）	1.3

　　W/O 型补水乳的配方组成符合润肤乳的配方组成要求。

　　本配方匠心独运地采用了硅油乳化体系，其显著特点在于含油量极低，即便构建油包水（W/O）的乳化结构，依然能确保产品触感清爽不油腻。尤为独特的是，在使用过程中，该配方能展现出水珠自然滚落的视觉效果，这一创新设计不仅赋予了产品卓越的肤感体验，还为消费者带来了前所未有的视觉冲击与愉悦感受。

　　配方中大量使用硅油，肤感滑爽，用后皮肤长时间保持嫩滑的触感。

　　3. 配制样品

　　（1）操作关键点　配制 W/O 型产品，乳化时要将水相缓慢地加入油相中。

（2）配制步骤及操作要求　W/O型补水乳的配制步骤及操作要求见表2-21。

表2-21　W/O型补水乳的配制步骤及操作要求

序号	配制步骤	操作要求
1	水相处理	将B相搅拌溶解
2	油相处理	将A相（乳化剂和油）混合，搅拌均匀
3	搅拌乳化	① 快速搅拌油相，将水相缓慢分批倒入油相中； ② 注意加完上一批水后，观察漩涡中的水痕消失，再加入下一批水； ③ 注意调整搅拌速度和搅拌桨高度，确保水面出现漩涡
4	均质	油水两相混合乳化后，用均质器均质至料体发亮
5	出料	将均质头上物料刮入产品容器中

4. 检验样品质量

根据国家药监局发布的《关于将油包水类化妆品的pH值测定方法等21项制修订项目纳入化妆品安全技术规范（2015年版）的通告》（2023年第41号），按照《油包水类化妆品的pH值测定法》测定样品的pH值。测定结果作为企业内控指标。

5. 制定生产工艺

根据小试步骤，制定W/O型补水乳的生产工艺为：

① 将B相原料在水相锅搅拌分散好备用；

② 将A相原料加至乳化锅搅拌均匀，在快速搅拌下将步骤①的物料缓慢抽入乳化锅，均质5min，继续搅拌30min；

③ 取样检验，合格后出料。

实战演练

见本书工作页　任务五　配制W/O型补水乳。

知识储备

一、润肤乳/霜的配方组成

润肤乳/霜的配方组成见表2-22。

文档扫一扫

更多典型配方
——O/W型滋
润护手霜

表2-22　润肤乳/霜的配方组成

组分	常用原料	用量/%
溶剂	水	加至100
润肤剂	液体石蜡、棕榈醇硬脂醇、羟基硬脂酸、棕榈醇棕榈酸酯、聚二甲基硅氧烷、棕榈酸异辛酯、辛酸/癸酸甘油三酯	5～50

续表

组分		常用原料	用量 / %
乳化剂	O/W	月桂醇磷酸酯钾、聚山梨醇酯-60、PEG-8甘油月桂酸酯、硬脂醇聚醚-21、PEG-20硬脂酸酯、鲸蜡硬脂基葡糖苷、甲基葡糖倍半硬脂酸酯、氢化卵磷脂	1～3
	W/O	聚甘油-3聚蓖麻醇酸酯、甘油异硬脂酸酯、PEG-30二聚羟基硬脂酸酯、PEG-10聚二甲基硅氧烷	
保湿剂		甘油、透明质酸钠、β-葡聚糖、乙酰壳聚糖、泛醇、羟乙基脲、PCA钠、木糖醇	0.05～15
增稠剂		鲸蜡硬脂醇、蜂蜡、黄原胶、丙烯酸（酯）类共聚物、羟丙基淀粉磷酸酯、泊洛沙姆407、蒙脱石、丙烯酸羟乙酯/丙烯酰二甲基牛磺酸钠共聚物	0.1～5
乳化稳定剂		丙烯酸钠/丙烯酰二甲基牛磺酸钠共聚物（和）异十六烷（和）聚山梨醇酯-80	0.1～3
其他成分		香精、抗氧化剂、防腐剂	适量

1. 润肤剂

润肤剂在配方中主要起到滋润、润滑、柔软、溶解、分散、封闭、修复、运输等作用和功能，同时起到调节膏体稠度，帮助油溶性活性成分传输进入角质层等作用。主要目的是给皮肤补充皮脂，调节皮肤水分蒸发情况，减少摩擦，增加光泽。以物理形态分，包括：油、脂、蜡。

2. 增稠稳定剂

乳化体系属于热力学不稳定体系，因此需要增稠稳定剂（增稠剂和乳化稳定剂）。乳化体系常见的增稠稳定剂有高熔点蜡、水溶性聚合物、无机凝胶剂。

① 高熔点蜡是乳化体的传统增稠剂，通过提高结膏点促进高温稳定性能，从而减少分层发生。这种增稠剂制得的膏体比较硬。

② 水溶性聚合物，根据来源可以分为天然、改性天然和合成三种类型。

a. 天然水溶性聚合物，如汉生胶、卡拉胶，通常具有品质不稳定等特点，批次之间黏度、颜色和气味可能会出现较大波动。分子量大的通常水溶性差，分子量小的稳定性能又不足。

b. 改性天然水溶性聚合物，如羟乙基纤维素、羧甲基纤维素等，需要注意中间体、溶剂残留以及改性过程中引入的催化剂等危害。此类增稠剂的增稠效果及悬浮效果与分子量、取代度、交联程度有关。

c. 合成水溶性聚合物，最常用的是聚丙烯酸类聚合物。它们的牌号很多，性能与它们的单体、分子量等相关。烷基化程度越高，则耐电解质性和乳化能力越好。一般交联程度越大，悬浮效果越好；分子量越大，增稠效率越高。

③ 无机凝胶剂，它们往往具有片状的外观，通过有机长链的改性，拥有更大的比表面积，使得其在乳化体系中具有很好的悬浮、改善流变、提升稳定的能力。比如季铵化膨润土、季铵化水辉石等。

3. 保湿剂

保湿剂通常是指能够和水分子形成较强氢键的吸湿性化合物。

① 低分子量的保湿剂，其与水分子之间的作用力越强，保湿效果越好。另外，多元醇保湿剂除了保湿效果外，还对协助抑菌、低温抗冻、协助增溶都有帮助。

② 高分子量保湿剂，如透明质酸钠、聚谷氨酸、生物发酵多糖，都具有良好的保湿效果，但是要注意不同的分子量对它们的效果存在一定影响。

③ 适当选择不同分子量的保湿剂进行复配。另外，要注意高分子保湿剂容易产生黏感，影响产品使用性能。

4. 乳化剂

① 使用结构相似的复合乳化剂，原因是复合乳化剂在界面上成的膜更加牢固。常见的乳化剂对有甲基葡糖倍半硬脂酸酯（SS）与PEG-20甲基葡糖倍半硬脂酸酯（SSE-20），山梨坦硬脂酸酯（Span）与聚山梨醇酯（tween），硬脂醇聚醚-2与硬脂醇聚醚-21。

② 乳化剂在确保稳定性的前提下尽量少用，一般用量为油相的10%～15%。乳化剂过多会影响肤感，增加刺激性和产品的成本。

③ 乳化剂的亲油基应与油相相符。如果油相是硅油，就选用含硅氧烷的乳化剂。如果油相是极性很强的油脂，选择亲油端有双键、杂原子、羟基等极性键的乳化剂。

④ 油相是不相溶的两种油脂，如硅油和直链烷烃，应该选用两种相应的乳化剂复配。

⑤ 乳化剂的碳链和亲水基聚合度的分布，也会影响乳化剂的乳化效果。

二、润肤霜/乳的生产工艺

乳化体的生产工艺流程图见图2-4。

图2-4　乳化体的生产工艺流程图

乳化体的生产主要用到真空均质乳化锅。其主要生产程序如下。

1. 油相的配制

首先将液态油加入乳化锅中，并在持续搅拌下，依次加入固态和半固态油。加热混合物至温度比油脂中熔点最高的成分高出10～15℃，确保油相完全熔化并混合均匀。为防止原料成分因过度加热或长时间加热而变质，通常先加入抗氧剂。对于易氧化或分解的成分，应在乳化前加入油相中，确保其溶解均匀后立即开始乳化。

2. 水相的配制

在配制水相时，需注意预分散溶解某些组分。由于水溶性聚合物易于结团，通常使用甘油等多元醇进行预分散。多元醇具有低表面张力和良好的润湿性，有助于聚合物在加入水后快速溶解并避免结团，提高分散溶解的效率。水相原料一般可通过加热至90℃以上并保持20min来实现杀菌。然而，对温度敏感的原料，须避免长时间加热，以防黏度变化、分解等不良影响。

3. 乳化

在乳化过程中，油相和水相的添加顺序、添加速度、搅拌条件、乳化温度和时间、乳化器类型以及均质的速度和时间等因素，都会显著影响乳化体系中粒子的特性和分布，进而影响膏霜产品的质量。通常，乳化温度设定在70～80℃，比油脂中熔点最高的成分高10～15℃。特别是在高速均质时可能影响黏度或增稠能力的高分子聚合物，需要严格控制均质速度和时间，以避免过度剪切导致聚合物结构破坏和黏度下降。

4. 冷却

乳化完成后，乳化体系需冷却至接近室温。出膏温度应基于乳化体系的结膏软化点，理想情况下应允许产品依靠自身压力流出乳化罐，或使用泵抽吸。冷却过程通常涉及将冷却介质导入反应釜的夹套中，在搅拌的同时进行冷却。冷却条件，包括冷却速率、冷却时的剪切应力和最终温度，都会对乳化体系中粒子的尺寸和分布产生影响。因此，必须针对不同的乳化体系选择最佳的冷却条件。在从实验室小规模试验过渡到大规模生产时，这一点尤为重要。

5. 添加剂的加入

（1）香精　香精是复杂的易挥发物质，高温下不仅容易挥发损失，还可能发生化学反应，导致香味变化和颜色加深。因此，在乳化过程结束后，通常在冷却至50℃以下、结膏前加入香精。若在真空乳化锅中添加，应避免启动真空泵，只需保持现有的真空度，吸入香精后再进行均匀搅拌。

（2）防腐剂　防腐剂通常在高温下容易分解，因此一般应在低温时加入，但羟苯酯类防腐剂不在此列。由于微生物生长依赖水分，水相中防腐剂的浓度是控制微生物生长的关键因素。为了实现最佳的杀菌效果，防腐剂最好在油水混合乳化过程完成后加入，这样可以确保防腐剂在水中的溶解度最高，从而发挥最大的杀菌效力。

（3）营养添加剂　如维生素、天然提取物和其他营养物质，在高温下容易失活。因此，应避免对这些添加剂进行直接加热。正确的做法是在乳化工艺完成之后，等待温度降至50℃以下再添加，以保证它们的有效性和稳定性。

巩固练习

一、单选题

1. 通过以下（　　　）选项可以判断乳液是W/O型还是O/W型？

A. 增稠剂　　　　　B. 乳化剂　　　　　　　C. 油脂的含量　　　　　D. 水的含量

2. 膏霜配方中的油溶性抗氧化剂应该在什么时候加入？（　　　）

A. 油相加热前　　　B. 均质乳化时　　　　　C. 乳化降温后　　　　　D. 随时可以

3. 实验室配制W/O乳液时，可采用以下哪一种操作？（　　　）

A. 水相油相分别加热，然后搅拌油相，将水相迅速倒入油相中

B. 水相油相分别加热，然后搅拌水相，将油相迅速倒入水相中

C. 水相油相一起加热搅拌

D. 水相油相分别加热，然后搅拌油相，将水相缓慢倒入油相中

二、多选题

1. 实验室配制O/W乳液时，以下允许的操作是（　　　）。

A. 水相、油相分别加热，然后搅拌油相，将水相倒入油相中

B. 水相、油相分别加热，然后搅拌水相，将油相倒入水相中

C. 水相、油相一起加热搅拌

2. 以下原料，需要预分散的是（　　　）。

　　A. 黄原胶　　　　　　　B. 卡波姆936　　　　　C. SEPIGEL 305　　　　D. Sepinov EMT 10

三、判断题

　　1. 只要名称是聚二甲基硅氧烷的原料，无论黏度大小，都可以用在膏霜乳液类产品中。（　　　）

　　2. 以下操作是否正确：将水相先加热到85℃，溶解均匀后，室温放置；再加热油相，待油相温度达到80℃后，在搅拌的情况下把水相加入油相中。（　　　）

四、论述题

　　请叙述膏霜乳液产品的配方组成。

任务六　配制W/O/W型润肤霜

学习目标

　　能说明W/O/W型润肤霜和O/W型润肤霜的异同。

情景导入

　　这段时间，小白每天都在接触和调整不同的配方。他领悟到，只有虚心学习，积极吸收前沿的设计理念和技术，才能让手中的产品焕发出生命力，确保它们在质量上的卓越和创新上的突破。

　　今天老王设计了一款W/O/W型润肤霜，它既具有O/W型润肤霜那种轻盈的妆感，也兼具W/O型润肤霜的滋养效果，配方见表2-23。小白负责按照这个配方配制出该润肤霜的小样，并对样品的质量进行评估。此外，小白还需负责从样品制备过渡到大规模生产的跟进工作。

视频扫一扫

W/O/W 型润肤霜的制备

表2-23　W/O/W型润肤霜配方

组相	商品名	原料名称	用量 / %
A	水	水	加至100
	尿囊素	尿囊素	0.3
	羟乙基纤维素	羟乙基纤维素	0.05
	黄原胶	黄原胶	0.05
	U21	丙烯酸（酯）类/C_{10}～C_{30}烷醇丙烯酸酯交联聚合物	0.3
	馨鲜酮	对羟基苯乙酮	0.3
	甲酯	羟苯甲酯	0.2
	EDTA 2Na	EDTA 二钠	0.05
	甘油	甘油	4.0

续表

组相	商品名	原料名称	用量 / %
B	16/18醇	鲸蜡硬脂醇	3.0
	Jolee 7777	聚甘油-3　聚蓖麻醇酸酯（和）甘油油酸酯柠檬酸酯（和）聚甘油-3二异硬脂酸酯	6.0
	15#白油	液体石蜡	3.0
	DC-200/10mPa·s	聚二甲基硅氧烷	2.0
	海鸟油	鲸蜡醇乙基己酸酯	2.0
	Radia 7779	棕榈酸乙基己酯	2.0
C	DOWSIL™ 2503 Cosmetic Wax	硬脂基聚二甲基硅氧烷	0.5
	维生素E	生育酚	0.3
D	水	水	0.5
	TEA	三乙醇胺	0.4
E	香精	香精	0.02
	苯氧乙醇	苯氧乙醇	0.2

任务实施

1. 认识原料

（1）关键原料Jolee　7777乳化剂。特性：液体，不含PEG的W/O/W乳化剂，只需一步即可配制多重乳液；该乳化剂可用于冷加工。该多重乳液在使用过程中感官发生了变化：最初的O/W乳液提供轻盈的感官，然后是W/O乳液的滋养妆感。pH值的适用范围为4～10。建议添加量：1%～5%。

（2）其他原料

① 羟乙基纤维素。特性：为淡黄色、无臭的颗粒状粉末；在水中能较好地水合溶胀，要用冷水分散，加热可使溶胀过程加快。

② 黄原胶。又名汉生胶。特性：米白色至淡黄色粉末，在良好的搅拌分散情况下，易溶于冷、热水中，溶液呈中性，遇水分散、乳化变成稳定的亲水性黏稠胶体。它们对盐具有良好的耐受性，即使在存在金属离子（如Na^+、Mg^{2+}、Ca^{2+}）的情况下也易在水中发生水合作用。建议添加量：0.1%～0.6%。

③ 丙烯酸（酯）类/C_{10}～C_{30}烷醇丙烯酸酯交联聚合物。特性：白色粉末。此类聚合物的酸性强度比卡波姆弱，其水凝胶黏度与pH值关系大致变化趋势为：在pH=5～5.5时，水凝胶黏度达到最高值；在pH=5～11的范围内，黏度基本保持不变；在pH≥11时，黏度开始下降。具体黏度与pH的关系因聚合物种类而异。温度对其水溶液的黏度的影响较小。

④ 鲸蜡醇乙基己酸酯。特性：几乎能与所有化妆品用油脂互溶；并且具有良好的透气性、铺展性、分散性和滋润性等优点。

⑤ 棕榈酸乙基己酯。特性：无色至微黄色液体，化学稳定性和热稳定性好，不易氧化变色；具有良好的润肤性、延展性和渗透性，对皮肤无刺激性和致敏性。

⑥ 硬脂基聚二甲基硅氧烷。特性：白色蜡状固体；它和油、蜡、脂肪醇和脂肪酸等多种油脂具有良好的配伍性；肤感丝滑，熔点接近皮肤表面温度，熔化后可改善配方的铺展能力。

⑦ 维生素E。特性：黄色黏稠液体；维生素E是一种脂溶性维生素，包括8种异构体，即 α、β、γ、δ-生育酚和 α、β、γ、δ-三烯生育酚，α-生育酚是自然界中分布最广泛、含量最丰富且活性最高的维生素E形式；维生素E是天然抗氧化剂，也是活性营养成分，可帮助防止细胞和组织脂质过氧化，柔软肌肤，减少炎症。建议添加量：0.1%～5.0%。

⑧ 苯氧乙醇。特性：稍有芳香气味的油状液体，味涩；溶于水，可与丙酮、乙醇和甘油任意混合；化妆品中最大允许浓度为1.0%（质量分数）；对绿脓杆菌有较强的杀灭作用，对其他革兰氏阴性细菌和阳性细菌作用较弱；常与对羟基苯甲酸酯类、脱氧乙酸和山梨酸复配使用；一般添加多元醇，以增加它的溶解度。

（3）可能存在的安全性风险物质　苯氧乙醇中要求苯酚 ≤ 0.1g/100g，并注意二噁烷的含量。

2. 分析配方结构

分析 W/O/W 型润肤霜的配方组成。分析结果见表2-24。

表2-24　W/O/W型润肤霜配方组成的分析结果

组分		所用原料	用量 / %
溶剂		水	75.33
润肤剂		液体石蜡、聚二甲基硅氧烷、鲸蜡醇乙基己酸酯、硬脂基聚二甲基硅氧烷、棕榈酸乙基己酯	9.5
乳化剂	W/O/W	Jolee 7777	6
保湿剂		甘油	4
增稠剂		羟乙基纤维素、黄原胶、丙烯酸（酯）类/C_{10}～C_{30}烷醇丙烯酸酯交联聚合物、16/18醇	3.4
其他成分		香精、防腐剂（对羟基苯乙酮、羟苯甲酯、苯氧乙醇）、稳定剂（氯化钠）、螯合剂（EDTA二钠）、pH调节剂（三乙醇胺）、抗氧化剂（生育酚）、功效成分（尿囊素）	1.77

经过分析，W/O/W 型润肤霜配方组成符合润肤霜类化妆品的配方组成要求。

3. 配制样品

（1）操作关键点　乳化时要将油相以开始缓慢后逐渐加快的速度加入水相中。

（2）配制步骤及操作要求　W/O/W 型润肤霜的配制步骤及操作要求见表2-25。

表2-25　W/O/W型润肤霜的配制步骤及操作要求

序号	配制步骤	操作要求
1	处理高分子聚合物	搅拌下，将U21粉末撒入水中，搅拌30min左右，使U21分散均匀。将黄原胶、羟乙基纤维素加入甘油中，快速搅拌分散均匀，再加入水相中，快速搅拌溶解（可通过均质帮助分散）

续表

序号	配制步骤	操作要求
2	加入A相其他原料	降低搅拌速度，加入螯合剂，搅拌溶解，加入尿囊素、对羟基苯乙酮，并加热到80℃，搅拌，均质至料体溶解完全
3	乳化	B相加热到80℃溶解完全，然后慢慢把B相加入到A相中，保温乳化10min，均质1~2min；待温度降低到70℃，加入C相，继续搅拌
4	调节pH值	降温到65~70℃，加入D相，保温乳化10min，搅拌溶解完全
5	加入香精	降温到50℃，加入E相，搅拌溶解完全

4. 制定生产工艺

根据小试步骤，制定W/O/W型润肤霜的生产工艺为：

① 在快速搅拌的情况下将U21缓慢地撒入部分水中，搅拌至分散均匀，黄原胶、羟乙基纤维素和甘油混合后再加入水中；

② 在乳化锅中加入水，在搅拌下把上述物质加入，溶解分散后，再加入A相中其他原料，并加热到80℃；

③ 将B相原料加热到80℃，待溶解完全，缓慢加至乳化锅中搅拌均匀，乳化保温半小时，均质5min；

④ 待温度降低到70℃，加入C相，继续搅拌；

⑤ 降温到65~70℃，加入D相，保温乳化30min，搅拌溶解完全；

⑥ 降温到50℃，加入E相，搅拌溶解完全；

⑦ 取样检验，合格后出料。

实战演练

见本书工作页　任务六　配制W/O/W型润肤霜。

知识储备

润肤霜/乳的质量标准及要求和常见质量问题及原因分析

1. 质量标准及要求

润肤膏霜的质量应符合QB/T 1857—2013，其感官、理化指标见表2-26；润肤乳液的质量应符合GB/T 29665—2013，其感官、理化指标见表2-27。

图片扫一扫

润肤霜/乳相关
知识思维导图

表2-26　润肤膏霜的感官、理化指标

项目		要求	
		O/W	W/O
感官指标	外观	膏体细腻，均匀一致（添加不溶性颗粒或不溶粉末的产品除外）	
	香气	符合规定香型	

续表

项目		要求	
		O/W	W/O
理化指标	pH 值（25℃）	4.0～8.5（pH值不在上述范围内的产品按企业标准执行）	—
	耐热	（40±1）℃保持24h，恢复至室温后应无油水分离现象	（40±1）℃保持24h，恢复至室温后渗油率不应大于3%
	耐寒	（−8±2）℃保持24h，恢复至室温后与试验前无明显性状差异	

表2-27　润肤乳液的感官、理化指标

项目		要求	
		水包油型（Ⅰ）	油包水型（Ⅱ）
感官指标	香气	符合企业规定	
	外观	均匀一致（添加不溶性颗粒或不溶粉末的产品除外）	
理化指标	pH 值（25℃）	4.0～8.5（含 α-羟基酸、β-羟基酸的产品可按企标执行）	—
	耐热	（40±1）℃保持24h，恢复至室温后无分层现象	
	耐寒	（−8±2）℃保持24h，恢复至室温后无分层现象	
	离心考验	2000r/min，30min不分层（添加不溶性颗粒或不溶粉末的产品除外）	

在满足以上理化指标的同时，还要达到以下质量要求：

① 膏体外观均匀，富有光泽，具有适宜的香味。

② 具有较好的铺展性和愉悦的使用触感，不黏腻、不干涩，体验感好。

③ 能够滋润皮肤，给皮肤提供适当营养，防止皮肤因水分过度流失而出现开裂，维护角质层的健康。不破坏皮肤表面的微生态平衡。

④ 温和不刺激，在干燥或者轻微受损的脆弱性皮肤表面不会引发不良反应，比如刺痛、灼热、红肿等不适反应。

⑤ 保质期内具有一致的性质，包括稳定性。

2. 常见质量问题及原因分析

（1）膏体外观粗糙不细腻、黏度异常

① 原料方面

a. 乳化剂质量问题，有可能导致乳化剂有效含量不够。

b. 某些原料带入电解质，降低高分子增稠剂的增稠能力。

c. 某些组分水解释放弱酸，影响部分高分子增稠剂的增稠性能。

② 配方方面

a. 乳化剂选择不合理，不能达到良好的乳化效果。

b. 油相中相容性不好，导致高熔点蜡析出。

③ 工艺方面

a. 水相与油相没有充分溶解。

b. 乳化温度不够，导致油相或水相没有溶解完全，致使乳化效果不好，产品会进一步分层。

c. 搅拌速度过快，可能产生气泡，导致膏体不细腻。

d. 均质速度时间过长，聚合物被切断，黏度降低。

（2）膏体变色

① 香精或天然活性成分不稳定所引起。它们在贮存过程中或日光照射后色泽变黄或者变浅。

② 油脂加热温度过高、时间过长，导致油脂颜色泛黄。

（3）刺激皮肤

① 原料。某些原料本来就具有皮肤刺激性或者潜在可能，我们在选用原料时应仔细排查原料本身及其合成工艺路线可能引入的催化剂等刺激原或者过敏原，并结合有关筛选模型辨别其危害程度。

② 配方。香精、防腐剂等可能是含有刺激性成分的物质，如果使用过量或使用时机不恰当，比如将光敏原料用于日霜中，可能在紫外线的催化下产生刺激源，进而引发皮肤刺激反应等。

③ 膏体pH值。若膏体pH值过大或过小，都可能刺激皮肤。

④ 防腐体系失效。当微生物超标时，过度繁殖的微生物可能会产生引发皮肤过敏的蛋白等刺激源。

（4）低黏度乳液分层、破乳　低黏度乳液处于亚稳定态，其在货架期内分层、破乳的主要原因包括乳化剂的选择或用量不当、悬浮稳定剂的选择或用量不当。

（5）菌落超标

① 容器污染。容器或原料预处理时消毒不彻底。

② 原料污染。原料被外部环境污染，或者去离子水消毒不彻底。

③ 环境卫生和周围环境条件。制造设备、容器、工具不卫生，场地周围环境不良，附近的工厂产生尘埃、烟灰或距离水沟、厨房较近等。

④ 出料温度过高。当半成品出料温度过高时，盖上桶盖后，冷凝水在桶盖聚集较多，回落膏体表面，使表面的膏体所含防腐剂浓度降低，导致膏体表面部分菌落总数超标。

巩固练习

一、判断题

1. 润肤膏霜的质量标准比乳液的质量标准多了一个离心稳定性的理化指标。（　　　）

2. 乳液在货架期内分层、破乳的主要原因包括乳化剂的选择或用量不当、悬浮稳定剂的选择或用量不当。（　　　）

二、论述题

小白同学做出的O/W膏霜产品是分层的，其他同学做出来的是均匀一致的，你认为小白同学的膏霜有可能在哪里出问题了？经过检查确认，小白同学没有称错料，各原料的称料量符合配方要求。小白想做一个合格的产品，他可以把分层的原料重新加热搅拌并均质吗？

科技革新：引领护肤化妆品行业新纪元

创新驱动发展，在科技的推动下，护肤化妆品行业正经历着一场由创新驱动的深刻变革。新技术的应用不仅显著提升了产品的功效和安全性，还极大地改善了消费者的使用体验。

生物技术的应用，尤其是生物提取和发酵技术，为护肤产品提供了新型活性原料，如国内企业在重组胶原蛋白技术方面取得的进展，特别是重组人源化Ⅲ型胶原蛋白的推出，为肌肤提供了深层次的滋养和修复。

此外，国内企业在多肽领域的深耕，推动了产品效果的显著提升，并在科学验证和技术创新上取得了重大进展，实现了个性化和定制化的服务。

载体技术，如环糊精包合物和固体脂质纳米粒，提高了活性成分的皮肤渗透性和稳定性。国内企业使用纳米高效搭载储留技术包裹神经酰胺，其粒径小，能有效促进活性成分渗透到皮肤角质层，提高修护保湿功效。

技术创新，特别是AI（人工智能）和合成生物学的结合，为化妆品原料合成开辟了新天地。国内企业通过合成生物学平台，开发了100%天然来源的原料，提高了产品品质和效果，同时减少了对环境的影响。

国内化妆品行业在推动行业升级的同时，注重环境保护和资源的可持续利用，既追求经济效益，又兼顾社会责任和环境保护。

随着这些新技术的不断应用，相信护肤化妆品行业将迎来一个更加辉煌的未来，为消费者提供更加安全、高效、愉悦的护肤体验，并推动整个行业向着更加科学、健康、可持续的方向发展。

項目三

洁肤化妆品

< 学习目标

知识目标

1. 掌握洁肤化妆品的作用原理。
2. 掌握洁肤化妆品的配方组成。
3. 掌握洁肤化妆品的制备要求。

技能目标

1. 能初步审核洁肤化妆品的配方。
2. 能制备并评价洁肤化妆品。

素质目标

1. 培养建设健康中国的责任感。
2. 培养科学合理使用化妆品的素养。
3. 培养精益求精的工匠精神。

< 知识导图

洁肤化妆品 ─┬─ 沐浴露 ─┬─ 配制一款透明沐浴露
　　　　　　　　　　　├─ 洁肤化妆品的作用对象、作用机理及质量要求
　　　　　　　　　　　└─ 沐浴产品简介、配方组成及质量标准
　　　　　　├─ 洁面乳 ─┬─ 配制一款氨基酸洁面乳
　　　　　　　　　　　├─ 洁面产品简介、配方组成及质量标准
　　　　　　　　　　　├─ 配制一款皂基洁面乳
　　　　　　　　　　　└─ 皂基洁面乳简介、配方组成及制备工艺
　　　　　　├─ 卸妆油 ─┬─ 配制一款基础卸妆油
　　　　　　　　　　　└─ 卸妆油简介、配方组成及质量标准
　　　　　　└─ 面膜 ─┬─ 配制一款贴片面膜
　　　　　　　　　　　├─ 面膜的简介、作用机理及分类
　　　　　　　　　　　├─ 面膜布的分类、贴片面膜的配方组成、生产工艺和质量标准
　　　　　　　　　　　├─ 配制一款泥膏型面膜
　　　　　　　　　　　└─ 泥膏面膜简介、配方组成、生产工艺及质量标准

　　洁肤化妆品通过涂抹、喷洒等方式直接作用于人体皮肤表面，旨在实现肌肤的清洁与护理。这些产品能够帮助去除皮肤上的皮脂、汗液以及脱落的角质层细胞等污垢。市面上的洁肤产品种类繁多，可以根据使用部位和功能进行分类，如头皮清洁、卸妆、洁面、沐浴、足部清洁和

去角质等。此外，根据产品形态，它们还可以分为膏状、油状、啫喱、乳液、霜状、水状、粉状和块状等多种剂型。

任务一　配制表面活性剂型沐浴露

学习目标

能说明沐浴产品和洗发产品的异同。

情景导入

客户需要一款外观水晶透明，泡沫丰富细腻，洗后有效保湿且感觉清爽舒润的沐浴露。老王为此设计了一款透明沐浴露，配方见表3-1。

小白需要把产品小样制备出来，并根据小样的制备情况，初步确定产品的内控指标，再跟进该产品的放大生产试验。

视频扫一扫

表面活性剂型
沐浴露的制备

表3-1　透明沐浴露的配方

组相	商品名	原料名称	用量 / %
A	去离子水	水	加至 100
	AES	月桂醇聚醚硫酸酯钠（70%）	15
	K12A	月桂醇硫酸酯铵（70%）	3
B	CAB	椰油酰胺丙基甜菜碱（30%）	3
	6501	椰油酰胺 DEA	1.5
	ST-1213	C_{12}~C_{13} 醇乳酸酯	0.5
	甘油	甘油	1.0
C	甘草酸二钾	甘草酸二钾	0.1
	水解胶原	水解胶原	0.1
	NL-50	PCA 钠	1.0
	C200 防腐剂	2-溴-2-硝基丙烷-1,3-二醇和甲基异噻唑啉酮	0.1
	氯化钠	氯化钠	1.0
	香精	香精	适量

任务实施

1. 认识原料

（1）关键原料 月桂醇聚醚硫酸酯钠。特性：白色或浅黄色凝胶状膏体（半固体），可溶于水，加热可加快溶解；具有优良的去污、乳化和发泡性能；有良好的被氯化钠增稠的特性。建议添加量：5.0%～20.0%。在该配方中作为主清洁剂，具备清洁和发泡功能。

（2）其他原料

① 月桂醇硫酸酯铵。特性：白色或浅黄色膏体（半固体）；溶于水，加热可加快溶解。建议添加量：1.0%～6.0%。在该配方中作为主清洁剂，具备清洁和发泡功能。

② 椰油酰胺丙基甜菜碱。特性：淡黄色透明液体，易溶于水，使用时注意盐、一氯乙酸、羟基乙酸、游离胺的量。建议添加量：1.0%～5.0%。在该配方中作为辅助清洁剂，在提高泡沫稳定性的同时，降低主清洁剂对皮肤的刺激性。

③ 椰油酰胺DEA。特性：具有良好的去污、润湿、分散、抗硬水及抗静电性能，优良的增稠、起泡、稳泡性能，与其他阴离子清洁剂复配时，能显著提高体系的起泡能力，使泡沫更加丰富细腻、持久稳定，并可增强洗涤效果；在一定浓度下可完全溶解于不同种类的清洁剂中。建议添加量：0.5%～3.0%。

④ C_{12}～C_{13}醇乳酸酯。特性：无色透明液体，不溶于水，可溶于醇。建议添加量：0.1%～1.0%。在配方中作为水溶性油脂。在清洁皮肤时，起到补充油脂的作用。

⑤ 甘草酸二钾。特性：白色或微黄色的结晶性粉末，无臭味，并有特别的甜味，甜度约为蔗糖的150倍；易溶于水，溶于乙醇，不溶于油脂；化学性质稳定。建议添加量：0.05%～0.5%。用在配方中可止痒；配合水解胶原，可起到舒缓和滋润肌肤的作用。

⑥ 水解胶原。特性：淡黄色透明液体，易溶于水。建议添加量：0.05%～2.0%。

⑦ PCA钠。特性：无色透明液体，易溶于水，保湿能力强于甘油等保湿剂。建议添加量：0.05%～3.0%。在配方中和甘油一起，起到有效保持皮肤表面水分的作用。

⑧ 2-溴-2-硝基丙烷-1,3-二醇和甲基异噻唑啉酮。特性：淡黄色液体，易溶于水。建议添加量：0.1%。

⑨ 氯化钠。特性：无色立方结晶，味咸，溶于水。建议添加量：0.1%～1.0%。

盐增稠的机理为：无机盐加入后起静电屏蔽作用，可以减小亲水基团间的静电斥力，使得表面活性剂亲水头面积减小，堆积参数增大，胶束结构随之改变，从球形变为棒状，一维增长形成柔性的线状胶束，促使体系出现瞬时的三维网络结构，表观黏度表现出突增的现象；继续增加无机盐含量的话，堆积参数继续增大，形成新的聚集体结构（像层状）或是发生析出现象，黏度减小。

（3）可能存在的安全性风险物质

① AES：二噁烷。

② CAB：一氯乙酸、二氯乙酸、三氯乙酸、羟基乙酸、烷基酰胺、丙基叔胺。

③ 6501：在使用该原料时，不要和亚硝基化体系一起使用，避免形成亚硝铵；产品中仲链烷胺最大含量0.5%，亚硝铵最大含量50μg/kg，原料中仲链烷胺最大含量0.5%；存放于无亚硝酸盐的容器内。

④ 甘油：二甘醇≤0.1%。

2. 分析配方结构

分析透明沐浴露的配方组成。分析结果见表3-2。

表3-2 透明沐浴露配方组成的分析结果

组分		所用原料	用量 / %
清洁剂	主要清洁剂	AES、K12A	18
	辅助清洁剂（增稠稳泡）	CAB、6501	4.5
赋脂剂		ST-1213	0.5
保湿剂		甘油、PCA钠	2.0
皮肤调理剂		水解胶原	0.1
增稠增黏剂		氯化钠	1.0
其他助剂		消炎抗过敏剂（甘草酸二钾）、香精、防腐剂（C200）	适量

透明沐浴露的配方主要基于AES与CAB、盐的组合，并通过搭配其他表面活性剂、润肤剂、香精和防腐剂来构成完整的配方体系。其配方结构符合表面活性剂型沐浴产品的配方组成要求。

3. 配制样品

（1）操作关键点 沐浴露制备工艺通常包括加入高温溶解原料（简称高温料）和低温溶解原料（简称低温料）两个过程，先把高温料在80℃左右的水中溶解，待溶解完全即可降温，待温度降至40~50℃，加入低温料，搅拌均匀即可。

特别需要注意：盐最后添加。

（2）配制步骤及操作要求 配制透明沐浴露的步骤及操作要求见表3-3。

表3-3 配制透明沐浴露的步骤及操作要求

序号	配制步骤	操作要求
1	加热水	水加热到85℃
2	加入高温料	加入A相，均质均匀。注意搅拌速度适度，以免将空气带入产品中，以致产生大量泡沫
3	加入低温料	高温料溶解完全后，降温至60℃，加入B相，搅拌至透明
4	加入助剂	降温到45℃加入C相（氯化钠除外），搅拌至透明
5	调节pH值	检测样品pH值，若不合格，用柠檬酸调节，并记录柠檬酸的用量
6	调节黏度	盐少量多次加入，分散均匀后，观察样品黏度，符合要求后，记录盐的用量

4. 检验样品质量

透明沐浴露的质量检测除常规指标外，还要加测黏度，作为企业内控指标。

5. 制定生产工艺

根据小试步骤，制定透明沐浴露的生产工艺为：

① 加入 A 相，加热到 70～80℃，均质 600s 至均匀；
② 降温到 60℃，加入 B 相搅拌至均匀；
③ 降温到 45℃，加入 C 相搅拌至均匀，加入柠檬酸调节 pH，加入氯化钠调节黏度。

实战演练

见本书工作页　任务七　配制透明沐浴露。

知识储备

一、皮肤污垢简述

图片扫一扫

表面活性剂型
沐浴露相关知识
思维导图

皮肤污垢根据来源可以分为皮肤产生的污垢和外部沾染的污垢两类。每一类别包括的成分不同，详见表 3-4。

表 3-4　皮肤的污垢

分类		成分
来自身体的污垢	剥离的角质层细胞	蛋白质、细胞间脂质等
	皮脂	角质层细胞间的脂质：神经酰胺、胆固醇等。 皮脂腺的脂质：角鲨烯、甘油三酯、蜡、游离脂肪
	汗	盐分（NaCl、KCl 等）、乳酸、尿素等
来自外部沾染的污垢	灰尘、尘埃	泥土、沙子、化学物质等
	微生物	细菌、真菌等
	化妆品残留物	油性成分、水性成分、多元醇、成膜剂、粉体、色素、香料等

根据性质，皮肤污垢又可分为油性污垢、水性污垢和微生物。这些污垢如果不及时清理会对皮肤产生刺激，或造成皮肤过敏。表现如下：
① 细菌等病原微生物繁殖，引起皮肤感染；
② 油脂污垢会氧化变质，再受到紫外线等影响，还有可能变为过氧化脂质等刺激性物质；
③ 水性污垢，包括泥土和汗液成分等，对皮肤产生直接的刺激。

二、洁肤化妆品作用机理

洁肤化妆品主要包括卸妆产品、洁面产品、沐浴产品和去角质产品。这些产品起洁肤作用的成分主要分为三种类型：表面活性剂、油脂和多元醇、摩擦剂等。它们的清洁作用机理可以分为以下三类。

1. 表面活性剂洁肤机理

表面活性剂含有亲水和亲油的基团，能够显著减小水与油接触界面的表面张力。它们在清洁过程中的作用主要体现在三个方面：首先，润湿作用使水与油性污垢的接触面积增大，便于水渗透污垢；其次，增溶作用增大了油性污垢在水中的溶解度；最后，乳化作用帮助油性污垢从皮肤表面脱离，形成微小油滴，分散于水中，随水流被带走。

2. 油脂和多元醇洁肤机理

根据相似相溶原理，油脂成分能够溶解油溶性的皮脂、彩妆中的油脂以及表面处理颜料和成膜剂等油性成分。多元醇，由于其较强的极性，能够将皮脂或彩妆残留物溶解或分散到水中。这种作用有助于实现深层清洁皮肤，清除毛囊中的油迹和污垢，从而达到清洁效果。

3. 摩擦剂洁肤机理

微细颗粒通过与皮肤表面的摩擦，能够促进血液循环和新陈代谢，有助于舒展皮肤的细小皱纹，并增强皮肤对营养成分的吸收。然而，需要注意的是，过度的摩擦可能会对皮肤产生刺激作用，因此在进行此类护理时应适度控制力度和频率。

三、洁肤化妆品的质量要求

① 能够有效除去皮肤污垢，但不破坏皮肤屏障作用。

② 降低清洁剂对皮肤的渗透性，不要溶出游离氨基酸、吡咯烷酮羧酸、乳酸盐等天然保湿因子（natural moisturizing factor，NMF）、细胞间脂质（神经酰胺、胆固醇等）。

③ 洗后能保持皮肤pH值，或者皮肤表面的pH值出现暂时性上升，会较快恢复到原来的状态。

四、沐浴产品简介

1. 沐浴产品发展简史与功能

在我国，洗涤剂的使用历史悠久，从最早的草木灰到汉朝的天然石碱，再到金朝的改良版石碱，以及明朝时期北京的人造香碱。《武林旧事》中提到的肥皂团，以及后来从西方传入的肥皂，标志着洗涤剂的发展。20世纪80年代，液体香皂开始在市场上出现，90年代沐浴露的流行带来了市场的快速增长。到了2024年，全国沐浴露市场规模为328亿元人民币，同比增长约5.8%。尽管肥皂和香皂具有较强的清洁能力，但它们的碱性可能会使皮肤感到不适。现代沐浴产品通过提供温和的清洁和滋润效果，克服了传统皂类产品的不足，实现了洁肤和养肤的双重功效。

2. 沐浴产品的分类

沐浴产品根据主表面活性剂的不同，可分为表面活性剂型、皂基型、混合型。其中表面活性剂型沐浴露有良好的发泡性，刺激性小，但洗后比较滑，有未洗干净的感觉。

五、表面活性剂型沐浴露的配方组成

表面活性剂型沐浴露的配方组成见表3-5。

文档扫一扫

更多典型配方
——洁肤产品

表3-5　表面活性剂型沐浴露的配方组成

组分		常用原料	用量/%	作用
清洁剂	主要清洁剂	月桂酰肌氨酸钠、椰油酰羟乙磺酸酯钠、月桂酰两性乙酸钠、椰油酰基氨基酸钠、月桂醇聚醚硫酸酯钠、月桂醇硫酸酯铵、烷基糖苷、聚山梨醇酯-20	5～20	清洁
	辅助清洁剂（增稠稳泡）	椰油酰胺丙基甜菜碱、椰油酰胺DEA、椰油酰胺MEA	1～5	清洁、增稠、稳泡

续表

组分	常用原料	用量 / %	作用
赋脂剂	植物油（椰子油、霍霍巴油、橄榄油等）、高碳醇、羊毛脂衍生物、PEG-7甘油椰油酸酯、$C_{12}\sim C_{13}$醇乳酸酯、植物甾醇酯、12-羟基硬脂酸酯	0～1	赋脂
保湿剂	甘油、山梨醇、麦芽糖醇、聚乙二醇、1,3-丁二醇、丙二醇、二丙二醇、泛醇、PCA钠	1～5	保湿
皮肤调理剂	POE葡萄糖衍生物、蚕丝胶蛋白、尿囊素、月桂基二甲基铵羟丙基水解小麦蛋白	0～5	调理
外观调理剂	乙二醇单硬脂酸酯、乙二醇双硬脂酸酯、云母颜料、花瓣、叶子、颗粒、纤维素粉末、植物粉碎末	0～3	调整外观
增稠增黏剂	海藻酸钠、聚羧乙烯、阳离子化聚合物、羟丙基甲基纤维素、丙烯酸（酯）类/$C_{10}\sim C_{30}$烷醇丙烯酸酯交联聚合物、丙烯酸（酯）类聚合物、羟丙基甲基纤维素	0～5	增稠
其他助剂	螯合剂、抗氧化剂、消炎抗过敏剂、pH调节剂、香精、色素、防腐剂、紫外线吸收剂	0～1（适量）	

1. 主要清洁剂

主要清洁剂是阴离子表面活性剂，它的作用是清洁皮肤上的污垢和油脂，同时产生丰富的泡沫。常用的有脂肪醇硫酸酯盐类（钠盐、季铵盐、三乙醇胺盐等）、脂肪醇聚氧乙烯醚硫酸酯盐类（钠盐、季铵盐、三乙醇胺盐等）、磺基琥珀酸酯盐类、脂酰基氨基酸盐等。

2. 辅助清洁剂

辅助清洁剂主要是氨基酸表面活性剂、两性或非离子表面活性剂，常用的有月桂酰肌氨酸钠、月桂酰谷氨酸钠、甲基椰油酰基牛磺酸钠。非离子表面活性剂近年来常用的有葡萄糖苷衍生物如甲基聚葡糖苷、癸基聚葡糖苷、甜菜碱（CAB）、烷基乙醇酰胺（6501、CMMEA、CMEA等）。其中甜菜碱和烷基乙醇酰胺具有增稠增泡作用。

3. 增稠增黏剂

沐浴露用的增稠增黏剂一般可以分为水溶性聚合物和盐两类。

① 水溶性聚合物常用的有PEG-6000双硬脂酸酯、PEG-50聚丙二醇油酸酯、聚丙烯酸树脂、纤维素醚、汉生胶等。水溶性聚合物用作黏度调节剂不仅可以调节黏度，还可以改善产品的质地结构和外观。

② 有机盐和无机盐，如氯化钠、氯化铵、硫酸钠等。用盐类调节黏度会使产品电解质浓度增大。

4. 赋脂剂、皮肤调理剂和保湿剂

随着表面活性剂的增加，清洁效果得到加强，但同时也可能导致皮肤洗后感觉紧绷。为了缓解这一问题，可以在产品中添加植物油脂或水溶性油脂以提供滋润的效果，同时加入保湿剂以锁住水分，防止皮肤干燥。此外，添加皮肤调理剂有助于进一步调理肌肤，改善皮肤状态，从而达到减少洗后紧绷感的效果。

5. 其他助剂

表面活性剂型沐浴露在光照或高温条件下容易变色，影响产品的外观和质量。为了解决这

一问题，可以通过添加柠檬酸钠和三聚磷酸钠等原料来提升产品的透明度。同时，加入色素保护剂、抗氧化剂和紫外线吸收剂，可以有效延长色素保持稳定的时间，防止光照或高温导致的化学变化，从而延长产品的保质期，改善用户体验。

六、质量标准及要求

沐浴产品执行 GB/T 34857—2017《沐浴剂》。沐浴产品按产品使用对象分为成人类（普通型、浓缩型）和儿童类（普通型、浓缩型）。沐浴剂的感官、理化指标见表3-6。

表3-6　沐浴剂的感官、理化指标

项目			成人类		儿童类	
			普通型	浓缩型	普通型	浓缩型
感官指标	外观		液体或膏状产品不分层，无明显悬浮物（加入均匀悬浮颗粒组的产品除外）或沉淀；块状产品色泽均匀，光滑细腻，无明显机械杂质和污迹			
	气味		无异味			
	香气		符合规定气味			
理化指标	稳定性①	耐热〔（40±2）℃，24h〕	恢复至室温后观察，不分层，无沉淀，无异味和变色现象，透明产品不浑浊			
		耐寒〔（-5±2）℃，24h〕	恢复至室温后观察，不分层，无沉淀，无变色现象，透明产品不浑浊			
	总有效物/%　　　≥		7	14	5	10
	pH值（25℃）②		4.0～10.0		4.0～8.5	
	甲醛/（mg/kg）　　≤		500			

① 仅液体或膏状产品需测试稳定性，要求产品恢复至室温后与试验前无明显变化。
② pH测试浓度：液体或膏状产品1∶10（质量比），固体产品1∶20（质量比）。

另外，沐浴产品还要达到以下质量要求：

① 外观均匀、细腻、无杂质，色泽和香气怡人，黏度合适，在低温下保持流动性、不会凝固，无析出物。

② 冲洗时快速起泡，有丰富的泡沫和适度的清洁效力。对皮肤刺激小，有润滑感，不会感到发黏或油腻。

③ 沐浴后皮肤湿润、柔软，不会感到干燥、收紧、紧绷、起白屑等。有效愉悦和舒缓心理，香气较浓郁、清新、持久。

巩固练习

一、单选题

1. 沐浴露中加入赋脂剂的主要目的是（　　　　）。

A. 减少紧绷感　　　　B. 辅助清洁　　　　　　C. 抗氧化　　　　　　D. 防腐

2. 沐浴露的制备过程中，最后加入的原料为（　　）。

A. 香精　　　　　　　　B. pH调节剂　　　　　　C. 防腐剂　　　　　　D. 盐

二、多选题

1. 表面活性剂型沐浴露具有以下特点（　　）。

A. 良好的发泡性　　B. 低刺激　　　　　　C. 洗后清爽　　　　　D. 洗后易发干

2. 在沐浴露中有增稠作用的物质是（　　）。

A. 卡波姆 U20　　　　B. 氯化钠　　　　　　C. AES　　　　　　　D. CAB

三、判断题

1. 现代沐浴产品可以克服皂类洗澡给皮肤带来的诸多不适，在温和清洁皮肤的同时，营养、滋润皮肤，洁肤、养肤双效结合。（　　）

2. 沐浴露中加入紫外吸收剂的主要目的是防止皮肤被晒伤。（　　）

3. 成人沐浴露产品的 pH 值在 4.0～8.5 之间。（　　）

4. 制备沐浴露时，注意不要将空气搅拌入料体中。（　　）

5. 沐浴露样品需要测定黏度。（　　）

四、简答题

请说明表面活性剂型沐浴露的配方组成。

任务二　配制氨基酸洁面乳

学习目标

能说明氨基酸洁面乳的特点。

情景导入

　　老王结合市场发展趋势和客户要求，设计了一款具滋润、保湿、爽滑效果的氨基酸洁面乳，其配方如表3-7所示。

　　小白需要把这款产品的小样配制出来，初步判断配方是否稳定，并负责跟进这个产品的放大生产试验。

视频扫一扫

氨基酸洗面奶
的制备

表3-7　氨基酸洁面乳的配方

组相	商品名	原料名称	用量 / %
A	水	水	加至 100
	YIFN SLG-12S	月桂酰谷氨酸钠	20
	YIFN WAX-21	蜂蜡	5
	YIFN BN-100	椰油酰胺丙基甜菜碱	15
	甘油	甘油	10

续表

组相	商品名	原料名称	用量 / %
A	APG2000	烷基糖苷	5
	AES	月桂醇聚醚硫酸钠	0.5
	A165	甘油硬脂酸酯、PEG-100硬脂酸酯	1
	DM 638	PEG-150二硬脂酸酯	0.5
	PCA-Na	PCA钠	2
	甘草酸二钾	甘草酸二钾	0.1
B	DMDMH	DMDM乙内酰脲	0.3
	香精	香精	0.1

任务实施

一、设备与工具

除常规设备外，增加离心机。

二、操作指导

1. 认识原料

（1）关键原料　月桂酰谷氨酸钠。特性：白色至淡黄色固体，可溶于水；它可生成单钠盐和双钠盐，单钠盐的水溶液呈酸性（pH=5～6），双钠盐呈碱性；在化妆品使用的条件（pH=5～9）下是稳定的，但在其他的pH条件下可能会发生水解；具有优良的润湿性、起泡性、水溶性、生态相容性和生物降解性；耐硬水，温和，使用后皮肤具有柔软和滋润的感觉。建议添加量：5.0%～30.0%。

（2）其他原料

① 蜂蜡。特性：淡黄色蜡状，易溶于油；在配方中起增稠、提高高温稳定性的作用。建议添加量：3.0%～8.0%。

② 烷基糖苷。特性：无色至淡黄色透明或稍浑浊黏稠液体，低温时可能出现结晶；活性物≥50%，烷基碳链长度$C_8～C_{10}$；具备良好的低温溶解性和温和性，耐强碱和电解质。建议添加量：5.0%～10.0%。

③ PEG-150二硬脂酸酯。特性：白色片状固体，加热后才能溶于水或表面活性剂溶液中。建议添加量：0.1%～1.0%。

④ DMDM乙内酰脲。特性：无色透明液体，低温加入，甲醛释放体类防腐剂，最大允许浓度0.6%。

（3）可能存在的安全性风险物质　A165、DM 638中的二噁烷。

2. 分析配方结构

分析氨基酸洁面乳配方组成。分析结果见表3-8。

表3-8 氨基酸洁面乳配方组成的分析结果

组分	所用原料	用量 / %
清洁剂	月桂酰谷氨酸钠、烷基糖苷、月桂醇聚醚硫酸钠、椰油酰胺丙基甜菜碱	40.5
保湿剂	甘油、PCA钠	12
增稠剂	蜂蜡、PEG-150二硬脂酸酯	5.5
香精	香精	0.1
防腐剂	DMDM乙内酰脲	0.3
乳化剂	甘油硬脂酸酯、PEG-100硬脂酸酯	1

经过分析，氨基酸洁面乳产品的配方结构符合泡沫洁面产品的配方组成要求。

在该配方中，表面活性剂起到洁肤、起泡、乳化的作用；加入适量的油脂，可以起到在清洁的同时给面部皮肤带来良好的滋润、保湿、爽滑的效果。

3.配制样品

（1）操作关键点　氨基酸洁面乳制备工艺包括高温溶解物料（高温料）和低温溶解物料（低温料）两个步骤，第一步把高温料称取至烧杯中，加入适量的水，升温到80～90℃，边搅拌边保温20min，等高温料都溶解完全即可降温，降温过程需要搅拌，这样可使料体均匀结膏并成型，待温度降至40～50℃，加入低温料，搅拌均匀即可。

配制该洁面乳时要注意，月桂酰谷氨酸钠先用冷水润湿，再加热溶解（不能用热水分散）。

（2）配制步骤及操作要求　氨基酸洁面乳的配制步骤及操作要求见表3-9。

表3-9 氨基酸洁面乳的配制步骤及操作要求

序号	配制步骤	操作要求
1	投料	将月桂酰谷氨酸钠用冷水润湿，然后加入其余物料（椰油酰胺丙基甜菜碱除外），加热溶解
2	加热溶解	加热到85℃，搅拌至A相物料完全溶解
3	降温结膏	①搅拌降温到65℃，加入椰油酰胺丙基甜菜碱。 ②继续搅拌降温到45℃，此时产品微浊，保持300r/min的搅拌速度，等待产品结膏
4	添加防腐剂、香精	待样品结膏后，加入防腐剂和香精，搅拌均匀，即可停止

4.检验样品质量

氨基酸洁面乳的质量检测，增加的项目为：

①样品的黏度和pH值，作为企业内控指标；

②样品的离心稳定性。

5.制定生产工艺

根据小试步骤，制定氨基酸洗面奶的生产工艺为：

①A相称量加入。注意先加月桂酰谷氨酸钠，再加水（冷水），于室温下润湿，再加其余A

相（YIFN BN-100除外），然后加热到85℃左右完全溶解。

　　② 降温至65℃时加入YIFN BN-100，缓慢搅拌。

　　③ 降温至45℃慢慢析出结晶，待变成乳白色后，搅拌约20～30min。

　　④ 加入防腐剂和香精，搅拌均匀即可停止。

实战演练

　　见本书工作页　任务八　配制氨基酸洁面乳。

知识储备

一、洁面产品简介

图片扫一扫

氨基酸洗面奶相
关知识思维导图

　　洁面产品是指一类专门用于清除面部污垢，如汗液、灰尘及彩妆残留物的清洁用品。其发展历程与形式多样化体现了技术的不断进步与消费者需求的细化。

　　最初，人们采用简单的方式洁面，即将毛巾浸湿后涂抹肥皂或香皂，随后使用这块沾有皂液的毛巾擦拭面部以达到清洁的目的。随着时间的推移，到了20世纪80年代，洁面产品开始演变为乳化型乳液形态，这类产品使用后无油腻感，能让肌肤感觉光滑、滋润，且没有紧绷的不适感。

　　进入20世纪90年代，洁面产品领域迎来了重大变革，泡沫型洗面奶应运而生。这类产品不仅洗涤后感觉更加清爽、舒适，而且在清洁脸部时对皮肤的刺激性显著降低，确保脸部每一寸肌肤都能得到彻底清洁，并易于冲洗。

　　时至今日，市面上的洁面产品种类繁多，主要包括洗面奶、洁面膏等。从产品状态上划分，可分为洁面奶（洗面奶）、洁面乳（洗面乳）、洁面膏（洗面膏）、洁面啫喱、洁面粉、洁面球、洁面湿巾以及透明洁面泡沫（慕斯）等多种形式。按主表面活性剂种类来分，则有皂基洁面乳与非皂基洁面乳两大类，后者又可细分为氨基酸型、MAP型等多种类型。依据泡沫丰富程度的不同，洁面乳还可分为无泡类、低泡类及高泡类。根据产品功效的不同，洁面乳又可分为保湿型、美白型、营养型等多种。从配方结构角度出发，洁面乳又可分为乳化型与非乳化型两大类。

二、洁面产品的配方组成

　　泡沫洁面产品的配方组成见表3-10。

表3-10　泡沫洁面产品的配方组成

组分		常用原料
溶剂		水
清洁剂	皂 高碳脂肪酸	月桂酸、肉豆蔻酸、棕榈酸、硬脂酸、油酸、12-羟基硬脂酸、植物油脂肪酸
	皂 碱	氢氧化钠、氢氧化钾、三乙醇胺
	表面活性剂	N-酰基谷氨酸盐、酰基甲基牛磺酸盐、单烷基磷酸盐、N-月桂酰基-β-丙氨酸盐、椰油基羟乙基磺酸盐、POE脂肪酸甘油酯、POE烷基醚

续表

组分	常用原料
赋脂剂	植物油（椰子油、霍霍巴油、橄榄油等）、高碳醇、羊毛脂衍生物、蜂蜡、植物甾醇酯
保湿剂	甘油、山梨醇、麦芽糖醇、聚乙二醇、1,3-丁二醇、丙二醇
增稠剂	羟乙基纤维素、黄原胶、海藻酸钠、聚羧乙烯、阳离子聚合物
摩擦剂	纤维素粉末、植物粉碎末
香精	香精
防腐剂	DMDM乙内酰脲、羟苯甲酯、羟苯丙酯
螯合剂	EDTA二钠

氨基酸洁面产品以其弱酸性pH值，成为性质最温和的洁面产品之一。它们不仅具有皂基产品泡沫丰富和清洁效果佳的特性，而且避免了使用皂基产品后可能出现的紧绷感和干燥感。使用时，氨基酸洁面产品为肌肤带来舒适的肤感，并且在使用后能提供较强的滋润效果。

氨基酸表面活性剂由于其较大的亲水基，通常面临增稠难题，因为它们倾向于形成球形胶束，所以不是更有助于增稠的棒状胶束。为了克服这一难题，通常采用高黏度的HPMC（羟丙基甲基纤维素）作为增稠剂。此外，还可以考虑使用其他增稠剂，并与两性表面活性剂配合使用，以实现更好的增稠效果。

氨基酸洁面膏呈现出无流动性的固态，尽管个别配方可能带有轻微的拉丝感，但在常温下，其挤出性能相当稳定，几乎不受温度变化的影响。然而，对于皂基洁面配方（配方中含氨基酸和碱）而言，若乳化处理不当，则容易出现分层现象，影响产品的整体品质。在进行稳定性测试时，若膏体温度上升至45℃以上，膏体就会转变为澄清透明的液体状态，但一旦温度回落至室温，它又能迅速恢复成膏状，显示出良好的形态可逆性。

氨基酸洁面膏的铺展性能优越，能够轻松地在肌肤上均匀涂抹，同时起泡迅速且泡沫丰富，为用户带来愉悦的清洁体验。洗后肌肤感觉清爽舒适，既无紧绷感也无残留感，适合各种肤质使用。为了提升使用体验，膏体的柔软度也是一个重要的考量因素，柔软细腻的质地能为用户带来更加温和舒适的触感。

在配方设计过程中，需要特别考虑如何增加产品的稳定性。一方面，适量增加乳化剂的含量可以增强配方在高温测试时的稳定性，有效中和或皂化游离的碱性原料，防止其对配方稳定性造成不良影响；另一方面，适量添加多元醇则能加快膏体在手掌中的分散速度，并提升产品在低温测试时的稳定性，增强低温抗冻性，减少皂基析出，从而全面优化洁面膏的综合性能。

三、质量标准及要求

依据《洗面奶、洗面膏》（GB/T 29680—2013），根据洗面奶、洗面膏产品的工艺不同，产品分两大类产品：乳化型（Ⅰ型）和非乳化型（Ⅱ型），洗面奶、洗面膏的感官、理化指标见表3-11。

表3-11   洗面奶、洗面膏的感官、理化指标

项目		要求	
		乳化型（Ⅰ型）	非乳化型（Ⅱ型）
感官指标	色泽	符合规定色泽	
	香气	符合规定香型	
	质感	均匀一致（含颗粒或灌装成特定外观的产品除外）	
理化指标	耐热	（40±1）℃保持24h，恢复至室温后无分层现象	
	耐寒	（-8±2）℃保持24h，恢复至室温后无分层、泛粗、变色现象	
	pH值（25℃）	4.0～8.5 （含α-羟基酸、β-羟基酸产品可按企标执行）	4.0～11.0 （含α-羟基酸、β-羟基酸产品可按企标执行）
	离心分离	2000r/min，30min，无油水分离（颗粒沉淀除外）	—

洁面产品的质量要求：

① 香气淡雅，质地细腻，流变性好。

② 黏度适宜，易分散，发泡快，泡沫量丰富，有较强的耐硬水发泡能力。

③ 适度的清洁力，洁肤后不紧绷，无滑腻感，易用水冲洗。

④ 温和，不刺激皮肤，甚至不刺激眼睛。

巩固练习

一、单选题

1. 不属于理想的洁肤产品应具备的特点的是（   ）。

A. 能在体温下液化或借助缓和的按摩液化，黏度适中，易于涂抹

B. 应是弱碱性

C. 使用后能使皮肤滋润、滑爽，易于擦拭

D. 含足够的油分，能迅速经皮肤表面渗入毛孔，以清除毛孔内的污垢

2. 以下不属于清洁类化妆品的是（   ）。

A. 清洁霜　　　　B. 洗面奶　　　　C. 去角质霜　　　D. 面膜

3. 洁面产品中不适宜加的表面活性剂为（   ）。

A. AES　　　　B. APG　　　　C. 氨基酸表面活性剂　D. LAS

4. 十八酸俗称（   ）。

A. 月桂酸　　　B. 肉豆蔻酸　　　C. 棕榈酸　　　D. 硬脂酸

5. 下列选项中，（   ）不属于洁肤化妆品的作用机理。

A. 表面活性剂洁肤　B. 相似相溶机理　　C. 摩擦洁肤　　　D. 酸碱中和

二、多选题

1. 可以在洁肤产品中使用的表面活性剂包括（   ）。

A. AES　　　　B. 烷基糖苷　　　C. 皂基　　　D. 氨基酸表面活性剂

E. AEO

2. 洗护类化妆品一般采用（　　）生产工艺。

A. 间歇式　　　　　　B. 连续化　　　　　　C. 半连续化　　　　　D. 批量

三、判断题

洗面奶不仅可以洗掉皮肤表面的油脂、污垢、灰尘，还可以清除皮肤内部的黑色素。（　　）

四、论述题

请说明氨基酸洗面产品的配方组成。

任务三　配制皂基洁面乳

学习目标

能计算皂基洗面奶中碱的用量。

情景导入

老王今天设计了一款皂基洁面乳，其具体配方见表 3-12。小白的任务是根据这个配方配制出小样，并通过实验结果来判断配方的稳定性。如果配方证明是稳定的，小白还需要负责监督这款产品的放大生产试验。

老王特别提醒小白，在制备皂基洁面乳的过程中，需要具备足够的耐心，进行细致的观察，并且要对每一个细节进行精准处理，这样才能确保成功。

视频扫一扫

皂基洁面乳的制备

表 3-12　皂基洁面乳的配方

组相	商品名	原料名称	用量 / %
A	水	水	加至 100
	EDTA-2Na	EDTA 二钠	0.1
	AES	月桂醇聚醚硫酸酯钠	5
	KOH	氢氧化钾	4.7
	甘油	甘油	9
B	12 酸	月桂酸	4
	14 酸	肉豆蔻酸	5
	16 酸	棕榈酸	4
	18 酸	硬脂酸	16
	EGDS-45	乙二醇二硬脂酸酯	2

续表

组相	商品名	原料名称	用量/%
B	甲酯	羟苯甲酯	0.3
	丙酯	羟苯丙酯	0.1
C	HPMC-10T	羟乙基甲基纤维素	0.3
	甘油	甘油	2
D	6501	椰油酰胺DEA	1.6
	ANTIL-200	聚乙二醇-200氢化棕榈酸甘油酯，聚乙二醇-7椰油甘油酯	4
	MG-60	麦芽寡糖基糖苷	2
E	香精	香精	0.1

任务实施

一、设备与工具

由于皂基黏度大，为保证制备过程受热均匀，建议加热设备选择水浴锅。

二、操作指导

1. 认识原料

（1）关键原料　脂肪酸和碱是决定皂基洁面乳是否成型的关键原料。同时脂肪酸和碱反应后生成的脂肪酸皂，是皂的核心成分，有清洁、发泡功能。

①月桂酸。特性：常温时为白色结晶蜡状固体，熔点44.2℃，不溶于水。建议添加量：2.0%～12.0%。

②肉豆蔻酸。特性：白色至淡黄色硬质固体，无气味，不溶于水，熔点58.5℃。建议添加量：2.0%～12.0%。

③棕榈酸。特性：常温时为白色固体，熔点62.9℃，不溶于水，在化妆品中常用于皂基的合成，也可用作润肤剂；天然棕榈酸无毒，可安全用于食品中。建议添加量：2.0%～12.0%。

④硬脂酸。特性：白色或微黄色的蜡状固体，微带牛油气味；不溶于水，熔点69.4℃；商品硬脂酸是棕榈酸与硬脂酸的混合物；是以C_{18}和C_{16}直链脂肪酸为主的混合酸；在配方中用量越大，膏体越"硬"。建议添加量：2.0%～20.0%。

⑤氢氧化钾。作为皂化反应的原料。特性：白色或淡灰色的块状或棒状，含有一定杂质（氢氧化钠等）；易溶于水，溶于乙醇，微溶于醚；注意直接接触会引起严重灼伤，溶于水放出大量热。

（2）其他原料

①羟乙基甲基纤维素。特性：淡黄色粉末，先用冷水分散，再加热加快分散。建议添加量：0.1%～0.5%。

②聚乙二醇-200氢化棕榈酸甘油酯，聚乙二醇-7椰油甘油酯。特性：淡黄色透明液体，易

溶于水。建议添加量：0.5% ～5.0%。

③ 麦芽寡糖基糖苷。特性：无色透明液体，易溶于水。建议添加量：0.5% ～5.0%。

2. 分析配方结构

分析皂基洁面乳配方组成。分析结果见表3-13。

表3-13   皂基洁面乳配方组成的分析结果

组分			所用原料	用量 / %
清洁剂	皂	高碳脂肪酸	月桂酸、肉豆蔻酸、棕榈酸、硬脂酸	29
		碱	氢氧化钾	4.7
	表面活性剂		AES、6501	6.6
赋脂剂			ANTIL-200	4
保湿剂			甘油、MG-60	13
增稠剂			羟乙基甲基纤维素	0.3
香精			香精	0.1
防腐剂			羟苯甲酯、羟苯丙酯	0.4
螯合剂			乙二胺四乙酸二钠（EDTA-2Na）	0.1
珠光剂			乙二醇二硬脂酸酯	2

经过分析，皂基洁面乳产品的配方组成符合泡沫洁面产品的配方组成要求。

该配方属于高泡型非乳化型配方，采用多种脂肪酸皂化而成，添加了两种表面活性剂和适量油脂，清洁的同时给面部皮肤带来良好的滋润、保湿、爽滑的效果。

3. 配制样品

（1）操作关键点   皂基洁面乳配制过程中发生有机酸和碱的化学反应，为了保证反应充分，需要控制皂化温度在85℃，反应时间不少于30min。同时，制备过程中控制搅拌速度，以求既能保证反应充分，又不带入过多气泡。

（2）配制步骤及操作要求   皂基洁面乳的配制步骤和操作要求见表3-14。

表3-14   皂基洁面乳的配制步骤及操作要求

序号	配制步骤	操作要求
1	水浴加热	为保证酸碱反应的温度在85℃，水浴锅的水温要设置在90℃以上
2	有机酸处理	按比例称取有机酸，加入其他需高温溶解的油溶性物料，一起加热到85℃溶解
3	酸碱反应	将碱溶液少量多次倒入，注意： ① 每次加入后快速搅拌（避免出现皂粒结块）； ② 控制加碱速度，避免反应产生的气泡逸出； ③ 碱全部加入后搅拌速度不能太快，避免把气泡带入； ④ 保温85℃，搅拌30min，确保皂化反应完全； ⑤ 30min后再添加A相其余物料； ⑥ 若出现结膏现象，可以加入甘油和水帮助分散

续表

序号	配制步骤	操作要求
4	增稠剂的加入	保持85℃，将增稠剂羟乙基甲基纤维素用甘油分散，加入上述液体中，继续搅拌20min
5	低温物料的加入	缓慢搅拌降温至60℃，将D相原料加入上述溶液中，搅拌分散
6	结膏	缓慢搅拌降温到45℃结膏，继续搅拌5min，以获得均匀有光泽的膏体
7	香精	最后加入香精

4. 检验样品质量

皂基洁面乳的黏度是企业的内控指标。同时，皂基洁面乳的pH值要大于8，样品才算制备成功。

5. 制定生产工艺

根据小试步骤，制定皂基洁面乳的生产工艺为：

① 将A相加入乳化锅中，升温至85℃，分散溶解，保温；

② 将B相加入油相锅中，加热溶解完全；

③ 将B相抽到乳化锅中，搅拌皂化；

④ 将预溶好的C相加入乳化锅中，搅拌分散均匀；

⑤ 将D相原料依次加入乳化锅中，搅拌分散直至完全溶好；

⑥ 85℃皂化40min；

⑦ 待温度降至45℃，加入香精搅拌均匀；

⑧ 抽样检测，合格出料。

实战演练

见本书工作页　任务九　配制皂基洁面乳。

知识储备

一、皂基洁面乳简介

皂基洁面乳是指主表面活性剂为脂肪酸皂的洁面产品，其特点是泡沫丰富、清洁能力强，洗后皮肤清爽。

皂基洁面乳相关
知识思维导图

二、皂基洁面乳的配方组成

1. 脂肪酸的选择

皂基洁面乳中常用的脂肪酸包括12酸、14酸、16酸和18酸，其中12酸或16酸通常作为主体成分，而其他脂肪酸则作为辅助成分。随着脂肪酸分子量的增加，所产生的泡沫变得更细密和稳定，但同时泡沫生成的难度也增加。12酸产生的泡沫较大但易消失，且刺激性较大；相比之下，18酸产生的泡沫细小、密实且持久，刺激性较小。这种特性使得不同分子量的脂肪酸在洁面乳中可以根据需要进行选择，以达到理想的清洁效果和使用体验。

2. 皂化用碱的选择

皂化用碱为氢氧化钠、氢氧化钾、三乙醇胺等。用量与12酸、14酸、16酸、18酸等的用量成正比。

皂基洁面乳中碱用量的计算公式为：

碱用量（g）=∑（酸的用量×所对应的皂化值）×中和度/（1000×碱的百分含量）

其中，中和度在75%～85%之间。如果中和度过低，可能会导致产品体系不稳定。相反，如果中和度过高，不仅会增加产品的刺激性，而且在皂化过程中会导致皂液黏度过高，以及在产品形成时结膏点提高。这些因素都可能对生产工艺的顺利进行造成不利影响。

3. 其他原料

为了提高稳定性，添加鲸蜡醇等的高碳醇、甘油、聚乙二醇、两性表面活性剂、阴离子表面活性剂。为了防止过度脱脂，添加油脂、保湿剂。

三、皂基洁面乳制备工艺

在配方设计合理的情况下，皂基洁面乳遵循常规的操作流程，但也有一些特别需要注意的地方。

① 由于皂化反应是一个强烈的放热反应，皂化过程中体系的温度可以升高大约10～20℃，因此皂化前水相和油相的温度不应过高，一般控制在70～75℃之间，以免最终皂化体系的温度过高。

皂基型洁面膏的品质与皂化的温度、皂化搅拌速度、皂化时间三个要素有关。需要在80℃左右，保证皂化料体被充分搅拌，皂化30min以上。

② 在皂基型洁面膏生产中容易产生气泡，且产生的气泡不易消除。气泡的来源主要有两方面，即加热产生和表面活性剂产生。

由于表面活性剂是产生气泡的主要来源，因此其添加时机非常关键。理想的添加时机是在水相添加结束后，且体系中的皂块已经完全溶解时，或者是在皂化过程结束后。无论选择哪种时机，都必须确保添加表面活性剂时体系的温度不低于60℃。这样做是为了避免因表面活性剂的加入而导致体系温度下降，进而增加体系的黏度，这可能会妨碍表面活性剂带入的气泡浮到表面，影响产品的质量。

③ 产品结膏点的控制也是洁面膏制作工艺中的重要环节，适宜的结膏点应该控制在40～45℃，结膏点过高不方便生产，而结膏点过低又不利于产品的稳定性。

控制结膏点可以通过两种方式实现：首先，通过调节体系中皂的含量，含量高时结膏点上升，含量低时结膏点下降。其次，通过控制体系的中和度，中和度超过85%可能导致结膏温度升高至50℃以上，而中和度低于80%则有助于将结膏点维持在45℃以内。在体系达到结膏点时，保持该温度并进行30～60min的低速搅拌至关重要。这不仅有助于使皂的分布更加均匀，还能确保体系的硬度控制在一个适中的水平，从而保证产品的质量。

巩固练习

一、单选题

1. 一般皮肤肤质的定义是指皮肤的保湿、酸碱值与（　　　）。

A. 肤色   B. 弹性   C. 脂质   D. 毛孔大小

2. 油脂分子中的脂肪酸碳链越短，分子量越小，凝固点越（   ）。

A. 高   B. 低   C. 不变   D. 不确定

3. 14酸俗称（   ）。

A. 月桂酸   B. 肉豆蔻酸   C. 硬脂酸   D. 山嵛酸

4. 一款洁面乳配方中含有12酸、14酸、氢氧化钾、CMEA、CAB-35、香精等，请问此款洁面产品属于（   ）。

A. 皂基型   B. 皂基+非皂基型   C. 非皂基型   D. 碱基型

二、多选题

1. 生产过程使用的物料应当全程标示清晰，标明名称或者代码、（   ），并可追溯。

A. 生产批号   B. 生产日期   C. 数量   D. 质量

2. 皂基型洁面乳的核心原料是（   ）。

A. 脂肪酸   B. 碱   C. 氯化钠   D. 无机酸

E. 阴离子清洁剂

3. 造成膏体外观粗糙不细腻的可能原因是（   ）。

A. 原料   B. 配方   C. 工艺   D. 车间环境

E. 生产设备

4. 皂基型洁面产品中常用的脂肪酸有（   ）。

A. 月桂酸   B. 肉豆蔻酸   C. 棕榈酸   D. 硬脂酸

E. 山嵛酸

三、判断题

甘油为一种油溶性物质，在配制时应将甘油放在油相。（   ）

四、论述题

制备皂基洁面乳的关键点在哪里？

任务四　配制卸妆油

学习目标

能说明卸妆油和洗面奶的异同。

情景导入

客户需要一款卸妆油产品，要求安全、温和、无刺激，洁净清爽，滋润皮肤，清洁后的滋润感较强。老王设计了该卸妆油的配方。其配方见表3-15。

小白需要把产品小样制备出来，根据小样的制备情况，初步确定产品的内控指标，并跟进该产品的放大生产试验。

视频扫一扫

卸妆油的制备

表3-15　基础卸妆油配方

组相	商品名	原料名称	用量 / %
A	SALACOS PG-218T	聚甘油10-二油酸酯	14
	SALACOS DG-158	聚甘油2-倍半辛酸酯	6
	Ucesoft CEH	鲸蜡基乙基己酸酯	79.8
B	香精	香精	0.2

任务实施

1. 认识原料

（1）关键原料　鲸蜡基乙基己酸酯。特性：无色至微黄色液体，化学稳定性和热稳定性好，不易氧化变色；具有良好的润肤性、延展性和渗透性，对皮肤无刺激性和致敏性；是优良的润肤剂，是IPP（棕榈酸异丙酯）及IPM（十四酸异丙酯）的升级换代品，其皮肤亲和性要好于以上两者，刺激性小于以上两者。建议添加量：10.0%～60.0%。

（2）其他原料

① 聚甘油10-二油酸酯。特性：淡黄色液体，对水具有较高的增溶性，具有广泛的油脂相容性，可与白油、酯类油脂、挥发性硅油及植物油相溶，HLB值约为11。建议添加量：10.0%～30.0%。

② 聚甘油2-倍半辛酸酯。特性：无色至淡黄色黏稠液体，不溶于水，可溶于乙醇、白油、蓖麻油等；不含EO基团，刺激性低，与油脂兼容性好，HLB值为7～8，多用于卸妆油、沐浴油等清洁产品中；与聚甘油10-二油酸酯复配使用可制备增溶性优异的卸妆油。建议添加量：5.0%～15.0%。

2. 分析配方结构

分析极简卸妆油的配方组成。分析结果见表3-16。

表3-16　极简卸妆油配方组成的分析结果

组分	所用原料	用量 / %
油脂	鲸蜡基乙基己酸酯	79.8
表面活性剂	聚甘油10-二油酸酯、聚甘油2-倍半辛酸酯	20
香精	香精	0.2

经过分析，极简卸妆油产品的配方结构符合卸妆油产品的配方组成要求。

3. 配制样品

配制极简卸妆油的步骤及操作要求见表3-17。

表3-17　配制极简卸妆油的步骤及操作要求

序号	配制步骤	操作要求
1	油相混合	接触样品料体的用具，如烧杯等，要保持干燥。将油相物料加入烧杯中，搅拌分散均匀
2	加入香精	最后加入香精

4. 制定生产工艺

根据小试步骤，制定卸妆油的生产工艺为：

① 把A相成分加热至50℃，搅拌溶解，完全混合均匀；

② 加入B相搅拌均匀即可。

一、卸妆油简介

卸妆产品是以除去脸上的彩妆、皮肤表面残留的油脂为主要目的的皮肤清洁产品。卸妆产品可以很好地与脸上的彩妆油污相溶，再通过水乳化的方式，在冲洗时将脸上的污垢带走。目前，卸妆产品可水洗，也可不用水洗，携带和使用方便，全能卸妆的卸妆膏成为主流。

图片扫一扫

卸妆油相关知识
思维导图

卸妆产品剂型和种类较多，依据配方组成可分为水剂型、油剂型、乳化型、双层液态、三层液态等卸妆产品。

其中卸妆油通过"油-油相溶原理"，由多种透明液体状油脂和油溶性成分组成。卸妆油清洁力强、使用便利，能够溶解各种彩妆和污垢。卸妆油的使用方式为面纸擦拭后，再用洗脸产品将残留的油脂洗净。

二、卸妆油的配方组成

卸妆油的配方组成见表3-18。

表3-18　卸妆油的配方组成

组分	常用原料	用量 / %	作用
油脂	聚乙二醇-7椰油甘油酯、棕榈酸异辛酯、碳酸双乙基己酯、C_{12}～C_{15}苯甲酸酯、棕榈酸异丙酯	20 ～ 50	溶解
表面活性剂	司盘类、月桂醇聚醚-4、吐温类	20 ～ 50	乳化、使湿润、清洁
防腐剂	羟苯丙酯	0 ～ 0.14	防腐
抗氧化剂	丁羟甲苯（BHT）		抗氧化

1. 油脂

油脂是卸妆油的关键组分，既是溶剂，又是润肤剂。其特点是：

① 分子量较低，溶解能力较强。

② 熔点低，肤感清爽不油腻。

③ 不同极性的油脂复配。一般采用矿物油脂与合成油脂复配。

④ 如果有硅油，可通过组合使用极性油来提高卸妆能力。

⑤ 采用水溶性润肤剂可提高卸妆能力。

2. 表面活性剂

卸妆油中的表面活性剂有出色的清洁能力，低刺激性，与各种溶剂、油剂互溶性好，有高卸妆力，无黏腻感。

三、质量标准及要求

卸妆产品根据其主要成分和性状的不同可分为以下三类：

① 卸妆油、卸妆膏（Ⅰ型）；

② 卸妆液（Ⅱ型）；

③ 卸妆乳、卸妆霜（Ⅲ型）。

卸妆产品应该符合GB/T 35914—2018《卸妆油（液、乳、膏、霜）》，其感官、理化指标见表3-19。

表3-19　卸妆产品的感官、理化指标

项目		指标要求		
		Ⅰ型	Ⅱ型	Ⅲ型
感官指标	外观	均匀一致	单层型：均匀液体，不含杂质。 多层型：两层或多层液体	均匀一致
	色泽	与对照样一致		
	香气	与对照样一致		
理化指标	pH 值	—	4.0～11.0 （含 α-羟基酸、β-羟基酸的产品除外，pH ≤ 3.5 的产品应进行人体安全性试验）	
	耐热	（40±1）℃保持24h，恢复至室温后与试验前比较无明显性状差异		
	耐寒	（−8±2）℃保持24h，恢复至室温后与试验前比较无明显性状差异	（5±2）℃保持24h，恢复至室温后与试验前比较无明显性状差异	（−8±2）℃保持24h，恢复至室温后与试验前比较无明显性状差异
	离心考验	—	—	2000r/min，30min，不分层（添加不溶性颗粒或不溶粉末的产品除外）

另外，卸妆产品还要达到以下质量要求：

① 外观均匀，无杂质，香气怡人。

② 清洁能力强，能快速乳化、溶解皮肤彩妆和污垢，没有油腻感；水分蒸发后，残留物不应变黏，用水或热水易清洗。

③ 用后不脱脂、不干燥、不紧绷、不涩。

④ 安全、稳定、温和、不刺激、不致敏。

巩固练习

一、单选题

1.卸妆油的配方组成不包括（　　）。

A. 油脂　　　　　　　　B. 表面活性剂　　　　　C. 保湿剂　　　　　　　D. 抗氧化剂

2. 卸妆产品中油脂的用量不低于（　　　）。

A. 5%　　　　　　　　　B. 10%　　　　　　　　C. 15%　　　　　　　　D. 20%

3. 卸妆油中表面活性剂的用量不低于（　　　）。

A. 0.5%　　　　　　　　B. 5%　　　　　　　　 C. 10%　　　　　　　　D. 20%

二、多选题

1. 卸妆产品使用的主要目的是去除（　　　）。

A. 彩妆　　　　　　　　B. 汗液　　　　　　　　C. 皮肤残留油脂　　　　D. 皮肤上微生物

2. 根据卸妆产品的质量标准，卸妆产品可以分为（　　　）。

A. 卸妆油、卸妆膏　　 B. 卸妆液　　　　　　　C. 卸妆乳、卸妆霜　　　D. 多层液态产品

3. 卸妆产品的油脂具有以下特点（　　　）。

A. 分子量低　　　　　　B. 熔点低　　　　　　　C. 不同极性油脂复配　 D. 挥发性高

三、判断题

1. 卸妆油是利用"油-油相容原理"来达到卸妆目的的。（　　　　）

2. 含硅油的三层卸妆液，最下层的是水。（　　　　）

3. 卸妆油的主要成分是油脂，所以油腻感强。（　　　　）

四、简答题

卸妆油一般选择合成油脂而不是天然油脂作为原料，为什么？

任务五　配制贴片型面膜

学习目标

能根据要求选择贴片型面膜的膜布并制备面膜精华液。

情景导入

　　近期天气干燥，老王按照成本低、保湿效果好的要求，设计了一款贴片型面膜，作为新品推出上市，配方已设计完成，如表3-20所示。

　　现在小白要把这款贴片型面膜产品的小样配制出来，并根据结果，判断配方是否稳定。若配方稳定，小白还要负责跟进产品的放大生产试验。

视频扫一扫

贴片型面膜的制备

表3-20　保湿面膜液配方

组相	商品名	原料名称	用量/%
A	甘油	甘油	2.0
	丙二醇	丙二醇	2.0
	戊二醇	1,2-戊二醇	1.0

续表

组相	商品名	原料名称	用量 / %
A	己二醇	己二醇	0.5
	卡波姆 980	卡波姆	0.12
	EDTA 二钠	EDTA 二钠	0.05
	透明质酸钠	透明质酸钠	0.05
	小分子透明质酸钠	水解透明质酸钠	0.05
	γ-PGA	聚谷氨酸钠	0.10
	去离子水	水	加至 100
	馨鲜酮	对羟基苯乙酮	0.35
B	去离子水	水	5.0
	KOH	氢氧化钾	适量
C	Cremophor CO40	PEG-40　氢化蓖麻油	0.008
	香精	香精	0.002
D	苯氧乙醇	苯氧乙醇	0.30

任务实施

一、设备与工具

配制贴片型面膜的设备与工具要添加封口机和铝箔袋。

二、操作指导

1. 认识原料

（1）关键原料　卡波姆 980。特性：Carbopol® 980 聚合物是一种白色粉末状聚丙烯酸交联共聚物，在具有毒理学优势的共溶剂体系中聚合而成。它是一种极其高效的流变修饰剂，可产生极高的黏度，并可形成晶亮透明的凝胶或水醇凝胶及膏霜。它具有短流程和无滴流的特点，非常适合用于透明凝胶、水醇凝胶、膏霜和乳液等产品中。建议添加量：0.1%～1%。

卡波姆 940（Carbomer 940）和卡波姆 980（Carbomer 980）是两种常见的聚丙烯酸类胶体材料，它们在化妆品中有广泛应用。以下是它们的区别：

① 胶凝速度：卡波姆 940 的胶凝速度较慢，而卡波姆 980 的胶凝速度较快。因此，在制备凝胶时，卡波姆 940 需要更长的混合时间和较高的剪切力来完全胶凝。

② 透明度：由于分子结构的差异，卡波姆 940 形成的凝胶通常比卡波姆 980 的凝胶更为透明。

③ 因为生产卡波姆 940 的溶剂是苯，所以卡波姆 940 已经渐渐被卡波姆 980 替换。

（2）其他原料

① 1,2-戊二醇。特性：无色液体，易溶于水，可低温加入。在配方中它和己二醇共同起到

防腐增效的作用，降低防腐剂的用量。

② 水解透明质酸钠。特性：白色粉末，溶于水，相对于普通透明质酸，水解透明质酸钠分子量更小，能够更轻松地渗透皮肤表层，因此具有更好的渗透性和更深层次的保湿效果。

③ 聚谷氨酸钠。特性：白色晶体粉末，易溶于水；是一种使用微生物发酵法制得的生物高分子，也是一种特殊的阴离子自然聚合物；具有长效的保湿能力；安全温和，生物降解性好；作为保湿剂用于护肤护发产品中。推荐用量为0.1%～1%。

（3）可能存在的安全性风险物质

① 甘油等多元醇中的二甘醇、二噁烷；

② PEG-40氢化蓖麻油中的二噁烷；

③ 苯氧乙醇中的苯酚、二噁烷；

④ 对羟基苯乙酮中的苯酚。

2. 分析配方结构

分析保湿面膜液的配方组成。分析结果见表3-21。

表3-21 保湿面膜液配方组成的分析结果

组分	所用原料	用量 / %
水	去离子水	加至100
保湿剂	甘油、丙二醇、透明质酸钠、聚谷氨酸钠、小分子透明质酸钠	4.2
增稠剂	卡波姆980	0.12
防腐剂	苯氧乙醇	0.30
防腐增效剂	戊二醇、己二醇、馨鲜酮	1.85
pH调节剂	氢氧化钾	适量
香精	香精	0.002

经过分析，保湿面膜液的配方组成符合贴片型面膜产品的配方组成要求。

该配方简单，成本低，采用多种保湿剂，具有即时、长效及深层保湿效果。防腐剂为苯氧乙醇，因苯氧乙醇会产生发热感，所以面膜中用量不超过0.3%。同时配方中添加了三种防腐增效剂，起到既保证防腐效果，又降低面膜刺激性的目的。

3. 配制样品

（1）操作关键点

① 保湿面膜液的操作关键点与保湿凝胶一致；

② 为保证微生物指标，面膜液的制备需要采用热水，膜布应提前折叠装入膜袋，并消毒好。

（2）配制步骤及操作要求　保湿贴片型面膜的配制步骤及操作要求，见表3-22。

表3-22 保湿贴片型面膜的配制步骤及操作要求

序号	配制步骤	操作要求
1	处理高分子和水不易溶原料	将增稠剂、保湿剂、防腐增效剂混合分散，然后加入水中，搅拌分散，可用均质器帮助分散

续表

序号	配制步骤	操作要求
2	加入耐高温水溶性物料	分散完全后，加入A相其他原料，中速搅拌，加热到70℃溶解
3	调节pH值	将氢氧化钾用冷的去离子水配成水溶液，在70℃下，搅拌并少量多次加入上述溶液中，测量pH值，pH合格后，记录氢氧化钾用量
4	降温	中速搅拌，自然降温到室温
5	加入香精	香精先和增溶剂混合，再加入上述溶液中
6	加入防腐剂	加入防腐剂
7	出料	提前洗净、干燥容器
8	灌装、封口	料体检测后，灌装至提前放入膜布的膜袋中，并用封膜机封口

4. 检验样品质量

保湿贴片型面膜需要增加的质量检验项目为：

① 样品黏度，作为内控指标；

② 放置数天后观察膜布是否变形。

5. 制定生产工艺

根据小试步骤，保湿贴片型面膜的生产工艺为：

① 将A相的水加入乳化锅，将A相除了水以外的成分倒入同一干燥不锈钢桶中，搅拌均匀，然后边搅拌边倒入乳化锅，加热至完全溶解。为了节省时间，可适当进行低速均质，辅助溶解。

② 加入预先溶解的B相，保温搅拌5min以上。

③ 保温结束，降温至室温，加入预先混合均匀的C相，再加入D相，搅拌均匀。

④ 取样检测pH值，控制最终配方的pH值范围在5.5～6.5之间（直测法），过滤出料。

知识储备

一、面膜简介

面膜是指涂抹或敷贴于人体皮肤表面，经过一段时间后揭离、清洗或保留，起到清洁、保湿、美白、抗皱、舒缓等作用的产品。面膜已成为日化行业市场规模增长最快的品类之一，是集洁肤、护肤和美容于一体的化妆品新剂型，受到广大消费者的青睐。面膜的"面"泛指人体皮肤表面，包括面膜、眼膜、鼻膜、唇膜、手膜、足膜、颈膜、臀膜、胸膜等，不仅仅用于脸部。

图片扫一扫

贴片型面膜相关
知识思维导图

面膜的历史源远流长，东西方的面膜发展各有千秋。西方人偏好泥浆型清洁面膜，而中国人则以滋养的粉剂调和式面膜为主，这反映了不同地域人群肤质的差异。

面膜的发展历程可分为以下三个阶段：

（1）古代面膜阶段　面膜的使用可追溯到公元前30年的古埃及，埃及艳后克利奥帕特拉对泥膏面膜情有独钟，引领了当地的护肤潮流。同时期，蚀刻画也记录了人们使用泥浆进行面部护理的情景。在我国，面膜护肤的最早记载出现在大约公元659年的唐朝，武则天的"神仙玉女粉"被记载于《新修本草》。杨贵妃使用珍珠、白玉、人参等材料制成的面膜，据说具有美白、祛斑和抗皱的效果，这种简便有效的美容方法一直沿用至今。

（2）近代面膜阶段　20世纪初，随着美容院产业的发展，现代面膜的雏形开始出现。例如，30年代的新鲜水果面膜和40年代MaxFactor的冰块面膜，尽管现在看来有些奇特，但当时却受到好莱坞女星的喜爱。在激烈的市场竞争中，面膜等美容产品不断创新。

（3）现代面膜阶段　面膜市场如今呈现出多样化和繁荣的景象，面膜包括贴片型、涂抹式和睡眠面膜等多种形式。1993年，宝洁公司旗下的SK-Ⅱ首次将无纺布用于面膜，开创了现代贴片型面膜的先河。2012年，我国面膜市场迎来了快速发展，面膜成为一个独立的市场，美即成为当时的领先品牌。2016年，面膜市场进入竞争激烈的"战国时代"，众多新兴和大众护肤品牌纷纷抢占市场份额。

近年来，随着社会经济的增长与消费群体的年轻化，面膜市场也迎来了新的变革。年轻消费者成为市场主力，他们不仅追求面膜的功效与解决肌肤问题的能力，更看重产品的个性品质与美丽效应。在此背景下，面膜品牌纷纷在包装设计、面膜形态及趣味性上寻求突破，如采用创意十足的冰淇淋外观、融入星空元素的材质以及印制独特图案的面膜纸等，旨在为消费者带来更加愉悦、互动的护肤体验。

二、面膜的作用机理

面膜因其携带方便、效果明显等优势，成为深受爱美人士欢迎的护肤产品，面膜具有为角质层提供水分、促进有效成分吸收、对皮肤产生有效清洁作用等特点。其作用机制包括以下三个方面。

1.封包促渗作用

面膜的作用原理与医学上的湿敷封包相似，通过阻隔皮肤与空气的接触，局部形成一个湿度较高的环境，使皮肤的渗透性增强，促进有效成分的吸收。

2.水合作用

面膜中的水分可以充分滋润皮肤角质层，使角质层含水量增高、透明度提升、外观改善。

3.清洁作用

面膜具有黏附或吸附作用，当揭去面膜时，皮肤污物（表层角质细胞、残妆、过多皮脂等）随面膜一起黏除，促进皮肤毛囊通畅，皮脂顺利排出。

因此，科学合理地使用面膜，可有效改善皮肤缺水和暗哑现象，减少细纹生成，延缓皮肤衰老，并在一定程度上起到祛斑、祛痘的功效。

三、面膜的分类

面膜可按其对皮肤的功效、适用皮肤类型、配方成膜剂，以及使用部位和剂型进行分类，见表3-23。

表3-23　面膜分类

分类依据	细分种类
按功效分类	自生热面膜、扩张毛孔面膜、治理粉刺面膜、治理丘疹和轻度皮疹面膜、治理疤痕和痣面膜、治理雀斑面膜、治理灰黄皮面膜、剥离死皮面膜、补给氧面膜、芳香疗法或按摩面膜

续表

分类依据	细分种类
按适用皮肤类型分类	干性皮肤面膜、油性皮肤面膜、脆弱易破皮面膜、有皱纹衰老皮肤面膜、有大毛孔油性皮肤面膜
按配方成膜剂分类	蜡基面膜、橡胶基面膜、乙烯基面膜、水溶性聚合物面膜、土基面膜、无纺布面膜、胶原面膜、海藻面膜
按使用部位分类	面膜、眼膜、鼻膜、唇膜、手膜、足膜、颈膜、臀膜、胸膜
按剂型分类	贴片型面膜、泥膏型面膜、乳霜型面膜、啫喱型面膜、粉剂型面膜

四、贴片型面膜简介

贴片型面膜通常是由织布或相当于织布的载体制成，将调配好的高浓度营养精华液吸附在载体上，使用时贴敷到脸上的片状面膜。贴片型面膜通过密闭贴合来加强水合作用，能够快速让皮肤角质层充满水分，从而使皮肤呈现出润泽饱满的状态。

五、面膜布的分类及特点

无纺布面膜基材采用一种或几种不同纤维或聚合物，经准备—成网—黏合—烘干—后整理—成卷包装制成非织造材料。使用的原料多为棉、黏胶、天丝、聚乙烯、木浆纤维等。诸多工艺中机械成网、纺黏法成网、水刺加固法等应用最广。水刺加固法是利用高压将多股微细水流喷射到纤网上，使纤网中的纤维发生运动、位移、穿插、缠结和抱合，继而重新排列，使纤网得以加固。纺黏法成网是利用化纤纺丝的方法，将高聚物纺丝、牵伸、铺叠成网，最后经针刺、水刺、热轧或者自身黏合等方法加固形成非织造材料。随着技术的不断发展，涌现出不同种类的无纺布，而且还不断推陈出新，目前主要有以下几种。

1. 传统无纺布面膜非织造布

传统的无纺布面膜非织造布，利用高聚物切片、短纤维或长丝结固而成，是市面上最常见的面膜布，能显著简化涂敷操作，优点是柔软，性价比高，但亲肤性差，厚重不服帖，也不环保。

2. 果纤面膜布

果纤面膜布是市场上比较先进的面膜布，相对于传统面膜布更加服帖，而且透气性好，无黏腻感，但固定度差，易变形。

3. 蚕丝面膜布

蚕丝面膜布是由日本旭化成公司用铜氨纤维制成的，引入中国时因薄透如蚕翼的特性而得名"蚕丝"。随后又有厂家开发出宣称由15个蚕茧织成的真蚕丝面膜基布。蚕丝是自然界中最轻、最柔、最细的天然纤维，能紧密填补皮肤的沟纹，完美贴合脸部轮廓而不起泡。蚕丝面膜布吸水性好，安全环保，嘴角、鼻翼等每一寸肌肤都能得到覆盖滋润。

4. 天丝面膜布

天丝面膜布由奥地利兰精集团研发，由以针叶树为主的木质纤维作原料，是一种较新型的面膜，也是全球纺织领域公认的创新型莱塞尔纤维。天丝面膜布最大的优点是清透服帖，吸水性好，安全，环保，可降解，但触感略显粗糙。

5. 备长炭面膜布

备长炭面膜布是由日本高硬度木材，如山毛榉，经过高温碳化而制成的精细碳纤维。它清洁度强，清洁能力强，亲肤，负离子含量高，柔软服帖。但其产量少，成本高。

6. 壳聚糖面膜布

壳聚糖面膜布是功能性基布的代表，源自天然虾壳，本身具有吸附性、抑菌性及除螨性，在制作工艺上减少了防腐剂的使用，降低了敏感性。但不足的是纤维易断，价格偏贵。

六、贴片型面膜的配方组成

贴片型面膜与精华水或精华液的配方组成类似，主要由水、保湿剂、增稠剂、防腐剂及防腐增效剂、活性成分、pH调节剂组成，有的还添加少量香精。配方组成及原料用量见表3-24。

文档扫一扫

更多典型配方
——面膜

表3-24　贴片型面膜的配方组成及原料用量

组分	常用原料	用量 / %
水	去离子水、纯化水、蒸馏水	加至100
保湿剂	甘油、丙二醇、二丙二醇、丁二醇、山梨醇、PEG-400（聚乙二醇400）、海藻糖、透明质酸钠、聚谷氨酸钠、水解小核菌胶、PCA钠、葡聚糖等	2.0～20.0
增稠剂	羧甲基纤维素、羟乙基纤维素、羟丙基甲基纤维素、黄原胶、卡波姆、丙烯酸（酯）类/C_{10}～C_{30}烷醇丙烯酸酯交联聚合物等	0.1～1.0
防腐剂	羟苯甲酯、苯氧乙醇、山梨酸钾、苯甲酸钠等	0.05～1.0
防腐增效剂	戊二醇、己二醇、辛甘醇、乙基己基甘油、对羟基苯乙酮、辛酰羟肟酸、植物防腐剂等	0.1～5.0
活性成分	氨基酸、胶原蛋白、烟酰胺、多肽、甘草酸二钾、神经酰胺、植物提取物、发酵类活性物等	适量
pH调节剂	柠檬酸、柠檬酸钠、琥珀酸、琥珀酸二钠、精氨酸、氢氧化钾、氢氧化钠	适量
赋香剂	具花香、果香、草本香、食品香等香味的香精、精油	适量

1. 保湿剂

化妆品常用保湿剂有多元醇保湿剂和天然保湿剂，不同保湿剂的保湿效果以及使用肤感有很大差别。

（1）多元醇保湿剂　甘油最便宜，具有强的吸湿性，但用后肤感比较黏腻，建议添加量不超过5%。丙二醇、1,3-丙二醇、二丙二醇、1,3-丁二醇价格相对高一些，但比较清爽，添加量建议为1.0%～10.0%，尤其是二丙二醇、1,3-丁二醇还具有一定的抑菌作用。

（2）天然保湿剂　最常见的透明质酸钠、PCA-Na、海藻糖、葡聚糖、聚谷氨酸钠、银耳多糖、水解小核菌胶等，这类保湿剂不仅保湿效果好，而且还有增稠效果。选择时，要考虑它们的聚合度的影响，以及对肤感的影响。

2. 增稠剂

增稠剂的选择对面膜的肤感非常重要。卡波姆是应用最广泛的增稠剂，肤感比较清爽，一般用量不超过0.5%。若卡波姆用量太高，会影响料体在面膜布中的润湿效果，而且还有可能出现搓泥问题；若卡波姆用量太低，精华液黏度低，精华液容易从面膜布上滴下来，影响使用效果和体验。羧甲基纤维素、羟乙基纤维素、羟丙基甲基纤维素、黄原胶等增稠剂的用量要控制得更小一些，否则容易出现搓泥问题。如果配方中含有少量油脂，建议以丙烯酸（酯）类/C_{10}～C_{30}烷醇丙烯酸酯交联聚合物为增稠剂，可起到一定的乳化稳定作用。

3.防腐体系

防腐剂对面膜的安全性非常重要。甲醛释放体和甲基异噻唑啉酮容易使皮肤过敏，一般不采用。苯氧乙醇、山梨酸钾、苯甲酸钠等比较安全，但是用量要控制。首先要遵守化妆品法规限量，另外还要考虑防腐剂的特性，比如：苯氧乙醇用量过高，会产生发热感，用量过低则防腐效果不好。

此外，由于贴片型面膜是一次性使用产品，灌装前面膜布常进行辐照灭菌，防腐剂的用量尽可能控制到够用即可，可通过防腐挑战测试筛选防腐剂种类及用量。为了减少防腐剂带来的不良反应，一般都加入适量防腐增效剂获得最佳效果，如戊二醇、己二醇、辛甘醇、乙基己基甘油。

4.香精

香精是导致配方有刺激性的重要因素之一，尽量不加香精或者选择温和性好的香精，而且香精添加量尽可能少。

5.活性成分

根据需要，配方中可加入美白、抗衰老、舒缓等功效成分。由于贴片型面膜中精华液主要为水剂，故尽可能选用水溶性功效成分。

七、贴片型面膜的生产工艺

贴片型面膜液的生产工艺与护肤水的生产工艺相近，常见生产程序见图3-1，具体如下：

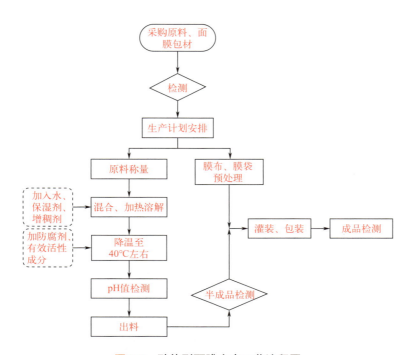

图3-1　贴片型面膜生产工艺流程图

① 将保湿剂、增稠剂和水混合，搅拌并加热至80～85℃，至溶解完全；
② 降温至40～45℃，加入防腐剂、活性成分，继续搅拌，降温至室温；
③ 取样检测pH值，控制最终配方pH=5.5～6.5（直测法），合格后过滤出料；
④ 取样微检，合格后安排灌装和包装。

八、质量标准及要求和常见质量问题及原因分析

1. 质量标准及要求

面膜的质量应符合中华人民共和国轻工行业标准QB/T 2872—2017《面膜》所规定的产品标准，感官、理化指标应符合表3-25的要求。

表3-25　面膜产品的感官、理化指标

指标名称		指标要求				
		面贴膜	膏（乳）状面膜	啫喱面膜	泥膏状面膜	粉状面膜
感官指标	外观	润湿的纤维贴膜或胶状成型贴膜	均匀膏体或乳液	透明或半透明凝胶状	泥状膏体	均匀粉末
	香气	符合规定香气				
理化指标	pH值（25℃）	4.0～8.5（pH不在上述范围的产品按企业标准执行）				5.0～10.0
	耐热	（40±1）℃保持24h，恢复至室温后与试验前无明显差异				—
	耐寒	（−8±1）℃保持24h，恢复至室温后与试验前无明显差异				—

2. 常见质量问题及原因分析

（1）面膜微生物超标
① 面膜含有很多水分、营养成分，霉菌和酵母菌最容易繁殖。
② 配方防腐体系设计不合理。
③ 水相没有高温保温消灭水中潜在的芽孢。
④ 无纺布容易藏匿细菌，灌装前包材没有辐照灭菌。
⑤ 生产车间和生产设备没有消毒彻底。

（2）产品出现变色、变味、气胀
① 防腐剂添加量少，长菌或微生物污染。
② 香精添加量少，香味减弱，出现基质味。
③ 原料变质，出现变色、变味、水解或氧化。
④ 生产过程带入异物。

（3）产品引起皮肤刺激　贴片型面膜将精华液长时间紧贴在皮肤上，而且精华液的渗透速度快，容易引起皮肤刺激，特别是敏感肌肤或局部敏感区域。引起刺激的主要因素是香精、防腐剂原料，或者配方pH值在5.5～7.5范围之外。

（4）精华液过稠或过稀，影响使用的便利性　增稠剂原料选用不当或增稠剂用量不合理。

（5）精华液析出固体
① 面膜液含活性成分比较多，固体原料因为加热或搅拌不够，溶解不完全。

② 原料配伍性不好导致相互反应，最后会逐渐析出结晶。

巩固练习

一、单选题

1. 天丝面膜材质是在（　　）的基础上进行稳定升级后的面膜。

A. 无纺布面膜　　　B. 天然蚕丝面膜　　　C. 生物纤维面膜　　　D. 黑面膜

2. 下列不能直接溶于常温水的原料是（　　）。

A. 甘油　　　　　　B. 馨鲜酮　　　　　　C. 聚谷氨酸钠　　　　D. 透明质酸钠

3. 下列原料不属于活性功效成分的是（　　）。

A. 谷胱甘肽　　　　B. 红没药醇　　　　　C. 葡萄籽油　　　　　D. 甘草黄酮

二、多选题

下列属于防腐体系的原料是（　　）。

A. 卡波姆　　　　　B. 葡聚糖　　　　　　C. 馨鲜酮　　　　　　D. 氢氧化钾

E. 己二醇　　　　　F. 苯氧乙醇　　　　　G. 戊二醇　　　　　　H. 甘油

三、判断题

生物纤维膜比较容易破，精华液易蒸发。（　　　）

四、论述题

一位消费者在使用市面上一款美白面膜之后，出现脸部红肿刺痛的现象，试分析原因。

任务六　配制泥膏型面膜

学习目标

能说明泥膏型面膜清洁和控油的作用机理。

情景导入

视频扫一扫

泥膏型面膜的
制备

　　客户需要一款具有保湿、润肤、清洁、控油等多重功效的水包油泥面膜。老王将配方设计完成，其配方见表3-26。小白需要把产品小样制备出来，并根据小样的制备情况，初步确定产品的内控指标。若配方稳定，小白还要负责跟进这个产品的放大生产试验。

表3-26　清洁控油泥膏型面膜的配方

组相	商品名	原料名称	用量 / %
A	去离子水	水	加至 100
	1,3-丁二醇	丁二醇	5.0

续表

组相	商品名	原料名称	用量 / %
A	甘油	甘油	5.0
	戊二醇	戊二醇	1.5
	己二醇	己二醇	0.5
	馨鲜酮	对羟基苯乙酮	0.5
	KELTROL CG-T	黄原胶	0.2
	PURITY 21C PURE	玉米（ZEA MAYS）淀粉	2.0
	海藻糖	海藻糖	1.0
	膨润土	膨润土	3.0
	高岭土	高岭土	15.0
	火山泥	火山灰	1.0
	EDTA-2Na	EDTA 二钠	0.05
B	Montanov 68	鲸蜡硬脂基葡糖苷、鲸蜡硬脂醇	1.0
	吐温 -60	聚山梨醇酯 -60	2.0
	ARLACEL 165	PEG-100 硬脂酸酯、甘油硬脂酸酯	1.0
	16/18 醇	鲸蜡硬脂醇	3.0
	GTCC	辛酸/癸酸甘油三酯	6.0
C	香精	香精	0.10

任务实施

1. 认识原料

（1）关键原料

① 膨润土。特性：以蒙脱石为主要矿物成分的非金属矿产，无机粉质原料；该成分在具有吸附性的同时还能增加产品黏度，在化妆品中作吸附剂和填充剂使用；具有很强的吸湿性和吸油能力，当它们吸收水分后可以膨胀并超过原体积的几倍；在水介质中能分散呈胶体悬浮液，很柔软，有滑感；有较强的阳离子交换能力和吸附能力。在膏体中的应用：具有良好的平滑触感；可以改善其伸展性及研磨性；可以改善流变性。

② 高岭土。又叫白土，C.I.颜料白19。特性：高岭土是一种以高岭石为主要成分的黏土，不同地区的高岭土由于里面含的矿物质颗粒大小不同，吸油能力也不相同，其颗粒大小对产品的黏度、离子交换量、成型性能、干燥性能等均有很大影响；精制的高岭土是白色或浅灰色粉

末，有滑腻感、泥土味；常温下微溶于盐酸和醋酸，容易分散于水或其他液体中；具有抑制皮脂以及吸收汗液的性质，对皮肤也略有黏附作用；高岭土是粉类化妆品的主要原料，用于制造香粉、粉饼、胭脂、湿粉和面膜。建议添加量：0.5%～10%。

③ 火山泥。特性：主要分布在海底火山和火山岛周围的浅海和深海底；具有独特的孔状结构，吸附力强于木炭，富含钾、钠、硫黄以及多种天然矿物成分；主要用于泥面膜、体膜等产品中。

④ 玉米（ZEA MAYS）淀粉。特性：未改性玉米淀粉，白度高，流动性好，气味温和；可溶于水；将玉米用0.3%亚硫酸浸渍后，通过破碎、过筛、沉淀、干燥、磨细等工序制成；吸湿性强，最高能达到30%以上；用于止汗剂、沐浴粉、散粉化妆品、压粉化妆品和滑石粉替代品中。推荐用量：1%～50%。

（2）其他原料

① 海藻糖。特性：白色结晶，易溶于水、热乙醇；海藻糖在水中的溶解度随温度变化较为明显；低温时在水中的溶解度比砂糖低，与麦芽糖相同；酸稳定性和热稳定性高；海藻糖保湿功效优异，能避免皮肤受损；有较好的配伍性、相容性，可以添加到膏霜、乳液、面膜等化妆品中。建议添加量：1%～10%。

② 鲸蜡硬脂基葡糖苷、鲸蜡硬脂醇。特性：白色固体颗粒，具有特殊气味，熔点为61～65℃；M68是一种O/W非离子糖基乳化剂；用多糖取代乙氧基化基团，性质温和；乳化能力强，几乎能乳化所有油脂（矿油、植物油、硅油），乳化体系呈现优良的稳定性，膏体呈奶油至黄油的质地；能轻松乳化高达40%的油相或者根据配方乳化50%～60%的油相；增稠赋型效果明显，可降低或不必使用硬油或其他增稠剂；能产生晶莹明亮的膏体，具有柔软光滑的肤感；能产生液晶，能改善溶剂的稳定性产生保湿效果；高度的安全性和温和性，具备高水准的皮肤耐受性，适用于配制诸如婴儿霜、抗粉刺霜、面霜等产品；有优良的生物降解性能，30天内可完全生物降解。

③ 聚山梨醇酯-60。特性：市售产品为黄色到棕黄色半固体，性质稳定，能溶于水、乙醇，HLB值约为14.9；O/W型乳化剂，具有很强的乳化、分散、润湿作用；可与各类乳化剂混用，尤其适合与Span-60乳化剂配合使用，用量1%～3%。

（3）可能存在的安全性风险物质

① 天然来源的膨润土、高岭土和火山泥要注意控制重金属含量和微生物；

② 甘油注意控制二甘醇含量；

③ 吐温-60和ARLACEL 165注意控制二噁烷含量。

2.分析配方结构

分析清洁控油泥膏型面膜的配方组成。分析结果见表3-27。

表3-27　清洁控油泥膏型面膜配方组成的分析结果

组分	所用原料	用量 / %
水	去离子水	加至100
泥土	高岭土、膨润土、火山泥、玉米（ZEA MAYS）淀粉	21
保湿剂	甘油、丁二醇、海藻糖	11

续表

组分	所用原料	用量 / %
增稠剂	黄原胶	0.2
乳化剂	聚山梨醇酯-60、PEG-100 硬脂酸酯、甘油硬脂酸酯、鲸蜡硬脂基葡糖苷	4
润肤剂	16/18醇、GTCC	9
防腐物质	对羟基苯乙酮、戊二醇、己二醇	2.5
香精	香精	0.1

结论：该面膜组成符合泥膏面膜的配方组成要求。

这是一款水包油型泥膏面膜，具备保湿、润肤、清洁、控油等多种功效，配方中含有大量的泥，能够清洁和吸附肌肤毛孔的污垢、油脂及黑头。

3. 配制样品

（1）操作关键点

① 泥膏型面膜的操作关键点与膏霜的操作关键点类似。

② 要求固体粉末充分分散在水相，注意用均质器辅助分散。

③ 为确保微生物指标，要有足够的高温杀菌时间。

（2）配制步骤及操作要求　泥膏型面膜的配制步骤及操作要求见表3-28。

表3-28　泥膏型面膜的配制步骤及操作要求

序号	配制步骤	操作要求
1	处理水不易溶物料	将黄原胶、对羟基苯乙酮等物料与甘油和多元醇混合后，再加入水中，搅拌，可用均质器辅助分散
2	溶解其他水溶性成分	在搅拌下，加入海藻糖、EDTA二钠，溶解均匀
3	混合并加入粉体	将粉体分几次加入，边搅拌边缓慢加入上述溶液中，每次加入，都均质5min，停止均质，搅拌，搅拌5min后再均质，重复这个过程，确保粉体完全均匀细腻后才加热至80℃，搅拌15min以上
4	溶解油相	将油和乳化剂混合，边搅拌边加热至80～85℃
5	油水混合	在80℃下将油相加入水相中，搅拌成膏状，均质，直到完全均匀，泥膜发亮
6	加入香精	降温到室温，加入香精，制备结束

4. 检验样品质量

泥膏型面膜的质量检测除常规检测外，加测样品黏度，作为产品内控指标。

5. 制定生产工艺

根据小试步骤，制定泥膏型面膜的生产工艺为：

① 将黄原胶分散在丁二醇中，A相除粉体、黄原胶、丁二醇以外的原料加入乳化锅中，边

搅拌边加入黄原胶的丁二醇预混液，均质至搅拌溶解，将粉体分几次，边搅拌边缓慢加入乳化锅中，每次加入都均质5min，停止均质，开搅拌，搅拌5min后再均质，重复这个过程，确保粉体完全均匀细腻后才加热至80℃，搅拌15min以上；

② 将B相原料加入油相锅中，边搅拌边加热至80~85℃，直至溶解；

③ 搅拌条件下将B相混合物抽入乳化锅中，均质至完全均匀；

④ 降温至室温，加入C相原料，搅拌均匀；

⑤ 取样检测pH值和黏度，合格后出料。

实战演练

见本书工作页　任务十　配制泥膏型面膜。

知识储备

一、泥膏型面膜简介

人类历史长河中，出现最早的面膜，就是泥膏型面膜。泥膏型面膜中含有丰富的矿物质，使用时可以在皮肤上形成封闭的泥膜，具有吸附、清洁、消炎、杀菌、清除油脂、抑制粉刺和收缩毛孔的作用。矿物质和微量元素还能为肌肤补充营养，达到养护肌肤的目的。

图片扫一扫

泥膏型面膜相关
知识思维导图

泥膏型面膜的类别是依据配方中所含成分不同而定，主要有清洁泥膜和控油泥膜。配方中添加了高岭土和云母等固体粉末，可除去脸上的杂质和油脂；乳化剂与高分子聚合物复配使用，可提高固体粉末的悬浮稳定性。另外，配方中还可以添加烟酰胺、维生素C、胡萝卜精华、葡萄叶精华、野玫瑰精华、迷迭香和洋甘菊精油等活性物质，具有改善肤色暗黄的功效。

二、泥膏型面膜的配方组成

泥膏型面膜的配方组成见表3-29。

表3-29　泥膏型面膜的配方组成

组分	常用原料	用量/%
水	去离子水、纯化水、蒸馏水	加至100
泥土	高岭土、云母、膨润土、硅酸镁铝、硅藻土、活性炭、黏土、亚马孙白泥、海藻泥、海泥等	5.0~20.0
保湿剂	甘油、丙二醇、二丙二醇、丁二醇、山梨醇、PEG-400、海藻糖、透明质酸钠、聚谷氨酸钠、水解小核菌胶、PCA钠、葡聚糖等	2.0~10.0
增稠剂	羧甲基纤维素、羟乙基纤维素、羟丙基甲基纤维素、黄原胶、卡波姆、丙烯酸（酯）类/C_{10}~C_{30}烷醇丙烯酸酯交联聚合物等	0.1~1.0

续表

组分	常用原料	用量 / %
乳化剂	聚山梨醇酯-20、聚山梨醇酯-60、硬脂醇聚醚-2、硬脂醇聚醚-21、PEG-20 甲基葡糖倍半硬脂酸酯、聚甘油-3　甲基葡糖二硬脂酸酯、鲸蜡硬脂基葡糖苷、鲸蜡醇磷酸酯钾等	1.0～5.0
润肤剂	橄榄油、霍霍巴油、乳木果油、澳洲坚果油、棕榈酸异丙酯、辛酸/癸酸甘油三酯、异壬酸异壬酯、辛基十二烷醇、C_{12}～C_{15}醇苯甲酸酯、聚二甲基硅氧烷醇、环五聚二甲基硅氧烷、矿油、异十六烷等	2.0～20.0
防腐剂	羟苯甲酯、羟苯丙酯、苯氧乙醇、山梨酸钾、苯甲酸钠等	0.05～1.0
活性成分	氨基酸、胶原蛋白、烟酰胺、多肽、甘草酸二钾、神经酰胺、植物提取物等	适量
pH 调节剂	柠檬酸、柠檬酸钠、琥珀酸、琥珀酸二钠、精氨酸、氢氧化钾、氢氧化钠	适量
香精	花香、果香、草本香、食品香等	适量

1. 泥土

泥膏型面膜的配方设计基石在于精心挑选适宜的泥质原料。这些泥质原料被均匀涂抹于皮肤表面后，能迅速形成一层紧密的覆盖膜，该膜不仅有助于锁住并吸收或吸附皮肤表面的多余油脂、污垢等杂质，还通过其细微粒子的物理摩擦作用，温和地去除死皮细胞与过剩油脂，从而实现深层清洁与美容的双重效果。值得注意的是，不同种类的泥因其独特的矿物成分与理化性质，赋予了面膜多样化的护肤功效，包括但不限于高岭土、云母、膨润土、硅酸镁铝、硅藻土、活性炭、天然黏土、亚马孙白泥、彩色矿物泥、火山泥、海藻泥及海泥等。

在选用这些泥质原料时，首要关注的是其微生物污染与重金属含量是否超标的问题。确保原料纯净无害，是保障产品安全性的基础。为此，需严格筛选供应商，对原料进行严格的微生物检测，并在必要时采取辐照杀菌等预处理措施，以彻底消除潜在的微生物风险。

此外，鉴于泥质原料可能伴生或夹杂其他未知成分，这些成分可能对皮肤造成不同程度的刺激或引发其他安全性问题，因此，在配方设计阶段及生产前，必须对所有选用的泥质原料进行全面的安全性评估与充分的皮肤刺激性测试。通过科学严谨的实验验证，确保面膜产品温和无刺激，适合各种肤质使用，从而为消费者提供安全、有效的护肤体验。

2. 增稠剂

由于泥几乎都带有矿物离子，所以增稠剂要具有很好的耐离子性（如：黄原胶、纤维素），否则无法达到理想的黏稠度，甚至会出现破乳分层。配方中也可以加入少量蜂蜡或鲸蜡硬脂醇，提高面膜料体的稠厚质感。

3. 乳化剂

泥膏型面膜基本上都是水包油乳化体系，所以要选择水包油型乳化剂。乳化剂也是造成面膜刺激性的一个重要因素，尽量选择天然来源的乳化剂，使产品更加温和舒适。

4. 防腐体系

防腐剂对配方的安全性非常重要，由于配方中含有大量的泥，防腐剂用量偏大，建议混合使用2～3种防腐剂，对细菌、霉菌、酵母菌及致病菌有更好的广谱防腐功能。

为了减少防腐剂带来的不良反应，配方中一般都加入适量防腐增效剂获得最佳效果，如：戊二醇、己二醇、辛甘醇、乙基己基甘油。

5. 活性成分

根据需要，配方中可加入美白、抗衰老、舒缓等活性成分，考虑的要点就是活性功效成分与配方的配伍性和稳定性。

三、泥膏型面膜的生产工艺

泥膏型面膜的生产工艺流程图见图3-2。

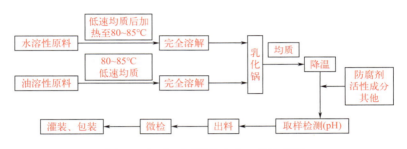

图3-2 泥膏型面膜的生产工艺流程图

泥膏型面膜的制备工艺与普通膏霜的制备工艺接近，先将水溶性原料加入水相锅中，将油溶性原料加入油相锅中，分别加热后过滤抽入乳化锅，均质乳化，搅拌冷却后再加入活性成分、防腐剂及其他添加剂。分散泥土粉末时应尽量避免混入大量空气，空气的混入会降低膏体的稳定性。需要特别注意的是，泥膜由于泥土粉末的长时间水合作用，需特别关注其长期稳定性。

四、质量标准及要求和常见质量问题及原因分析

1. 质量标准及要求

泥膏型面膜的质量应符合QB/T 2872—2017《面膜》，其感官、理化指标见表3-30。

表3-30 泥膏型面膜的感官、理化指标

项目		要求
感官指标	外观	泥状膏体
	香气	符合规定香型
理化指标	pH 值（25℃）	4.0～8.5（pH 值不在上述范围内的产品按企业标准执行）
	耐热	（40±1）℃保持24h，恢复至室温后与试验前无明显差异
	耐寒	（-8±2）℃保持24h，恢复至室温后与试验前无明显差异

2. 常见质量问题及原因分析

（1）变色、变味、微生物污染　原因包括：长菌或微生物污染；香精香味减弱，出现基质味；原料变质，出现变色、变味、水解或氧化；生产过程带入异物。

（2）泛粗、分层　配方体系特别是乳化体系设计不合理，出现泛粗及破乳分层问题；生产过程中固体原料溶解不均匀导致结团或析出。

（3）刺激、过敏　泥膏型面膜由于其使用量较大且在皮肤上的停留时间较长，相较于普通膏霜类产品，更容易引起皮肤刺激。特别是对于敏感肌肤或局部敏感区域，使用不当可能会诱发红斑、丘疹、水疱、红肿等过敏反应。这种情况的发生主要可以归因于以下几个方面：

① 原料选择：如果面膜中使用的原料不够温和，尤其是那些刺激性较大或具有过敏风险的成分，如香精和防腐剂，就可能增加皮肤刺激和过敏的风险。

② 配方设计：面膜的配方需要足够温和，以减少对敏感肌肤的刺激。建议每款产品在上市前进行斑贴试验，以确保其安全性和适用性。

③ pH值：面膜的酸碱性也是一个重要因素。如果pH值过高或过低，即超出了5.5～7.5的适宜范围，就可能导致皮肤受到刺激。

（4）变干、变硬　泥膏面膜放置一段时间，在保质期内膏体变干、变硬，基本上是配方中易挥发成分（如：水或其他成分）挥发所致。主要原因是包装容器密封性不好导致料体失水或成分挥发。

巩固练习

一、单选题

1. 要确保泥膏型面膜所使用的泥不带有微生物，使用前进行什么处理？（　　）

A. 晾晒　　　　　　　B. 均质　　　　　　　　C. 辐照杀菌　　　　　　D. 烘干

2. 泥膏型面膜基本上都是（　　）乳化体系。

A. 水包油　　　　　　B. 油包水

二、多选题

1. 下列增稠剂可以用于泥膏型面膜的是（　　）。

A. 黄原胶　　　　　　B. 海藻酸钠　　　　　　C. 纤维素　　　　　　D. 卡波姆

2. 下列乳化剂可以用于泥膏型面膜的是（　　）。

A. 鲸蜡硬脂基葡糖苷　　　　　　　　　　B. PEG-20甲基葡糖倍半硬脂酸酯

C. PEG-30二聚羟基硬脂酸酯　　　　　　D. 吐温-60

3. 泥膏型面膜中含有丰富的矿物质，有（　　）的作用。

A. 消炎　　　　　　　B. 杀菌　　　　　　　　C. 清除油脂　　　　　D. 抑制粉刺

三、判断题

1. 泥膏型面膜的主要成分是水和泥，因此不需要添加防腐剂。（　　）

2. 分散泥土粉末时应尽量避免混入大量空气，空气的混入会降低膏体的稳定性。（　　）

四、论述题

小白同学做出的泥膏型面膜产品有结团，其他同学做出来的是均匀一致的，你认为小白同学的泥膏型面膜有可能在哪里出问题了？

拓展阅读

科学洁肤建议：化妆品从业人员的责任

正确宣传化妆品的使用是化妆品从业人员的责任。

在冬季洗澡和护肤方面，我们有义务指导消费者采取科学合理的护肤措施，以保护皮肤健康。北方地区由于气候干燥且室内有暖气，过度清洁可能引起皮肤干燥，因此建议一周洗澡1～2次，每次5～10分钟。相比之下，南方地区则因人而异，皮脂分泌旺盛或有运动习惯的人可以每天洗澡，但时间不宜过长，最好控制在10分钟左右；老年人则建议一周洗1～2次，每次5～10分钟，以降低皮脂分泌减少和着凉的风险。

洗澡后，涂抹身体乳或润肤乳等产品，可以有效地滋润皮肤。此外，尽管冬日寒冷，但洗澡水的温度也应控制在40～42℃之间，以避免过热对皮肤造成不必要的伤害。同时，应避免在饱腹、空腹或饮酒后立即洗澡，这些情况可能导致头晕甚至晕厥。

化妆品从业人员在指导正确洗脸方面也扮演着重要角色。对于使用低倍数防晒剂或化淡妆的人，可以直接用毛巾和清水多次擦洗。而对于使用防水抗汗的粉底液、BB霜、CC霜、隔离霜或高倍数防晒剂的人，建议使用少量洗面奶清洗，或先使用温和的卸妆水，再用洗面奶清洗，并用清水将化妆品和清洁产品一同洗掉。对于化浓妆的人，建议使用卸妆油配合洗面奶进行彻底清洁。

在面膜的使用上，化妆品从业人员应科学合理地指导消费者。膏状面膜中，洗去型面膜建议油性和混合性皮肤一周使用不超过两次，干性和中性皮肤一周使用不超过一次，敏感性皮肤则不建议使用。免洗型面膜则建议干性和中性皮肤一周使用不超过2～3次，油性皮肤、敏感性皮肤和痤疮患者应慎用。面贴膜的使用频率应根据个人皮肤状态、护肤习惯和环境气候条件等因素而定，避免过度使用。撕拉式面膜由于具有剥脱角质和清除油脂的作用，油性皮肤可每周使用一次，中性或混合性皮肤每两周使用一次，干性和敏感性皮肤则不建议使用。粉状面膜，尤其是软膜粉，具有一定的清洁和剥脱作用，建议中性、油性、混合性皮肤每周使用不超过两次，干性和敏感性皮肤则不建议使用。

通过这些细致的指导，化妆品从业人员不仅能够提升消费者的护肤效果，还能在推动"健康中国"的进程中发挥积极作用，展现对社会责任的担当。

项目四

洗发护发产品

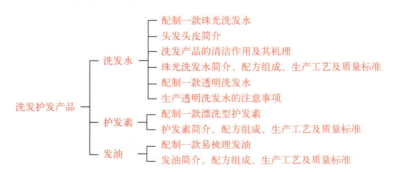

学习目标

知识目标

1. 掌握洗发护发产品的作用原理。
2. 掌握洗发护发产品的配方组成。
3. 掌握洗发护发产品的制备要求。

技能目标

1. 能初步审核洗发护发产品的配方。
2. 能制备并评价洗发护发产品。

素质目标

1. 培养生态文明建设和绿色发展的理念。
2. 培养劳动光荣的意识和热爱劳动的精神。

知识导图

洗发护发产品
- 洗发水
  - 配制一款珠光洗发水
  - 头发头皮简介
  - 洗发产品的清洁作用及其机理
  - 珠光洗发水简介、配方组成、生产工艺及质量标准
  - 配制一款透明洗发水
  - 生产透明洗发水的注意事项
- 护发素
  - 配制一款漂洗型护发素
  - 护发素简介、配方组成、生产工艺及质量标准
- 发油
  - 配制一款易梳理发油
  - 发油简介、配方组成、生产工艺及质量标准

在我们的日常生活中，洗发和护发产品扮演着至关重要的角色。洗发产品，无论是被称为洗发水、洗发露还是洗发香波，都是液态的护发清洁剂，它们的主要任务是清除头发和头皮上的污垢，确保我们的秀发保持清洁和健康。与此同时，护发产品则进一步发挥作用，它们通过改善头发的梳理性，防止静电的产生，以及维持或增强毛发的光泽，为我们的发丝带来额外的护理和保护。综合来看，这些产品不仅清洁我们的秀发，还致力于提升其质感和外观，让我们的头发看起来更加健康、光滑且充满活力。

任务一　配制珠光洗发水

学习目标

1. 能解释珠光洗发水中珠光效果形成的过程和机理。
2. 能根据不同的珠光剂原料设计相应工艺以配制样品。

情景导入

小白通过不懈地努力和勤奋工作，迅速提升了个人技能。起初，他每天只能配制2个样品，但现在已经能够高效地完成20个样品的配制，因此被同事誉为公司的"打版王"。这一成就让他感到无比的自豪，他的努力得到了明显的回报。每天配制的样品数量的增加，不仅是对他技能提升的肯定，也是对他个人成长的认可。

成为"打版王"后，小白更加意识到自己在团队中的重要性。这不仅激发了他继续探索和提升的热情，而且也使他更加自信地面对工作中的挑战。他的高效和精准表现赢得了同事们的敬佩，同时也给自己带来了更多的责任和机遇。

客户对洗发水有特定的需求：外观高雅华丽，泡沫丰富细腻，使用后能让头发滋润、滑爽、柔软、飘逸。老王根据这些需求设计了洗发水的配方，其详细配方见表4-1。

老王特意将制备样品的任务交给小白。这项工作不仅考验小白的技术能力，也是他职业发展中的一次重要机遇。

视频扫一扫

珠光洗发水的制备

表4-1　修护柔顺珠光洗发水的配方

组相	商品名	原料名称	用量 / %
A	去离子水	水	加至 100
	AES	月桂醇聚醚硫酸酯钠	15.0
	K12A	月桂醇硫酸酯铵	4.0
	CT35	甲基椰油酰基牛磺酸钠	1.0
B	尿囊素	尿囊素	0.3
	EGDS	乙二醇二硬脂酸酯	3.0
	BT85	山嵛基三甲基氯化铵	0.3
	DBQ	季铵盐-91、西曲铵甲基硫酸盐、鲸蜡硬脂醇	0.3
	卡波姆 U20	丙烯酸（酯）类/C_{10}～C_{30}烷醇丙烯酸酯交联聚合物	0.4
C	精氨酸	精氨酸	0.1
	CMEA	椰油酰胺MEA	1.0

续表

组相	商品名	原料名称	用量 / %
D	AS-L	羟乙二磷酸	0.1
	乳化硅油 3609	氨端聚二甲基硅氧烷、聚二甲基硅氧烷	2.0
	OCT	己脒定二（羟乙基磺酸）盐	0.3
	ST-1213	C_{12}～C_{13} 醇乳酸酯	0.5
	PTG-1 类脂柔润赋脂剂	胆甾醇澳洲坚果油酸酯、橄榄油 PEG-6 聚甘油 -6 酯类、三 -C_{12}～C_{13} 烷醇柠檬酸酯、二聚季戊四醇四异硬脂酸酯、磷脂	0.5
	M550	聚季铵盐 -7	3.0
	甘草酸二钾	甘草酸二钾	0.1
E	CAB	椰油酰胺丙基甜菜碱	4.0
F	盐	氯化钠	0.5
	水	水	5.0
G	C200 防腐剂	2- 溴 -2- 硝基丙烷 -1,3- 二醇、甲基异噻唑啉酮	0.1
	香精	香精	0.5

任务实施

一、设备与工具

配制珠光洗发水的设备增加罗氏泡沫仪。

由于工艺中有保温的操作，要注意选择控温装置，如采用控温精准的电炉、水浴锅等。

二、操作指导

1. 认识原料

（1）关键原料　乙二醇二硬脂酸酯。

特性：微黄色至乳白色固体，熔点为61～66℃，具有良好的乳化、分散、润滑、柔软、抗静电和珠光性能；产品采用冷配时需将珠光片提前配制成珠光浆。

乙二醇硬脂酸酯在表面活性剂复合物中加热后溶解或乳化，降温过程中会析出镜片状结晶，因而产生珠光光泽。在液体洗涤产品中使用可产生明显的珠光效果，并能增加产品的黏度，还具有滋润皮肤和抗静电作用。

相比之下乙二醇二硬脂酸酯产生的珠光较强烈、珠光均匀，乙二醇单硬脂酸酯产生的珠光较细腻、珠光立体感强，通常可以两者搭配起来使用。

（2）其他原料

① 甲基椰油酰基牛磺酸钠。特性：白色浆状液体或粉末；易溶于水；在较宽的pH值范围内都具有良好的发泡能力；低刺激性，并能降低其他表面活性剂的刺激性；因为在弱酸性范围内，甚至在硬水中也有良好的起泡性，所以比烷基硫酸盐使用范围更广。建议添加量：1%～20%。

② 山嵛基三甲基氯化铵。特性：白色片状蜡状颗粒，可分散在水中；优秀的湿发、干发手感和梳理性；优秀的调理性、抗缠绕性，以及特别优异的抗静电性；可在头发上覆盖一层使头发顺滑的薄膜，特别适用于要求有优越调理效果且无积聚性的护发产品；与阳离子、非离子表面活性剂或染料有良好的配伍性。建议添加量：0.5%～2%。注意原料中游离胺的含量。

③ 季铵盐-91、西曲铵甲基硫酸盐、鲸蜡硬脂醇。特性：淡黄色蜡片状，活性季铵盐含量70%，自乳化的季铵盐；可改善头发的柔软度，防止毛鳞片磨损，改善干湿梳理性，具有可察觉的调理效果，促进亲脂活性分子的沉积。建议添加量：1.0%～2.0%。

④ 丙烯酸（酯）类/C_{10}～C_{30}烷醇丙烯酸酯交联聚合物。特性：松散白色微酸性粉末，无味或稍有异味，中长流，中等耐电解质，较易分散，肤感滋润，有助于悬浮和稳定颗粒。建议添加量：0.3%～0.6%。

⑤ 精氨酸。特性：有机碱，白色菱形结晶或单斜片状结晶（无结晶水），无臭，味苦；易溶于水，微溶于乙醇。

⑥ 羟乙二磷酸。特性：工业品为无色至淡黄色透明液体，易溶于水；羟乙二磷酸是一种有机多磷酸，一种通用的配位剂、水质稳定剂，稳定性好，可与水中金属离子形成六元环螯合物；低毒，用于去屑洗发水中螯合金属离子，以防产品变色。建议添加量：0.05%～0.5%，在加入去屑有效成分前加入。

⑦ 氨端聚二甲基硅氧烷，聚二甲基硅氧烷。特性：无色至微黄色液体或乳白色乳液，可分散在水中。建议添加量：1.0%～5.0%。

⑧ 己脒定二（羟乙基磺酸）盐。特性：白色或淡黄色微苦味的晶体粉末，略有特征气味，微溶于水，能溶于表面活性剂溶液，配伍性好，可直接加入；不能长时间处于高温中，遇铁变色，紫外线照射下分解。广谱杀菌抑菌。建议添加量：0.05%～0.5%。

⑨ 胆甾醇澳洲坚果油酸酯、橄榄油 PEG-6 聚甘油-6 酯类、三-C_{12}～C_{13}烷醇柠檬酸酯、二聚季戊四醇四异硬脂酸酯。特性：无色至淡黄色黏稠液体。建议添加量：0.1%～1.0%。

⑩ 聚季铵盐-7。特性：无色至淡黄色黏稠液体，有轻微醇味；易溶于水，水解稳定性好，对 pH 值变化适应性强；电荷密度高，有良好的润滑、柔软、成膜、抗静电和杀菌性能；与阴离子、非离子、两性离子表面活性剂有良好的复配性能，用于洗涤剂中可形成多盐配合物，从而可增加黏度。建议添加量：1.0%～5.0%。

⑪ 椰油酰胺MEA。特性：白色至微黄色片状固体，微溶于水，溶于乙醇等有机溶剂；有轻微特征性气味；具有优良的钙镁分散力，较高的增稠和稳泡作用，耐硬水。建议添加量：0.5%～3.0%。在该配方中的作用为增稠、增泡和稳泡。

2. 分析配方结构

分析珠光洗发水的配方组成，分析结果见表4-2。

表4-2　珠光洗发水配方组成的分析结果

组分		所用原料	用量/%
溶剂		水	63.7
清洁剂	主要清洁剂	月桂醇聚醚硫酸酯钠、月桂醇聚醚硫酸铵	19
	辅助清洁剂	椰油酰胺丙基甜菜碱、椰油酰胺 MEA、甲基椰油酰基牛磺酸钠	6

续表

组分		所用原料	用量 / %
悬浮稳定剂		卡波姆 U20	0.4
增稠剂		氯化钠	0.5
发用调理剂	阳离子表面活性剂	山嵛基三甲基氯化铵	6.6
	阳离子聚合物	DBQ、M550	
	油脂	ST1213、PTG- 类脂柔润赋脂剂、乳化硅油 3609	
感官调整剂	珠光剂	乙二醇二硬脂酸酯	3
防腐剂		C200	0.1
pH 调节剂		精氨酸	0.1
赋香剂		香精	0.5
其他助剂		螯合剂 AS-L	0.1
发用功效剂		祛头屑 OCT	0.3

　　经过分析，该珠光洗发水的配方组成符合洗发水的配方组成要求。

　　本配方为闪亮珠光黏液，乙二醇二硬脂酸酯产生的珠光较强。配方搭配甲基椰油酰基牛磺酸钠，泡沫丰富细腻。两种水溶性油脂配合硅油，让头发滋润、滑爽、柔软、飘逸。

　　3. 配制样品

　　（1）操作关键点　需判断产品中的珠光物质的添加方式。如果是珠光片，要高温融化；如果是珠光浆，要低温加入。

　　若使用珠光片，在珠光剂加热熔化后需保温 30min，让珠光片形成较大颗粒的结晶，再降温，才能获得珠光效果。

　　（2）配制步骤及操作要求　珠光洗发水的配制步骤及操作要求见表 4-3。

表 4-3　珠光洗发水的步骤配制及操作要求

序号	配制步骤	操作要求
1	加入主表面活性剂	依次加入 AES 和 K12A，加入 85℃热纯水，均质溶解均匀后，加入 CT35，使其溶解。注意均质速度，以免将空气带入
2	加入发用调理剂等	按顺序加入尿囊素、EGDS、BT85、DBQ、卡波姆 U20，加热溶解，均质搅拌均匀
3	加入 pH 调节剂等	按顺序加入精氨酸和 CMEA，加热溶解，搅拌均匀
4	保温	由于配方使用珠光片，为了获得珠光效果，在上述样品溶解完后，降低搅拌速度，在 70~80℃之间保温 30min
5	加入水溶性油脂等成分	搅拌速度不变，降温到 45℃，依次加入 AS-L、乳化硅油 3609、OCT、ST-1213、PTG-1 类脂柔润赋脂剂、甘草酸二钾、M550，搅拌至分散均匀
6	加入 CAB	少量多次加入 CAB，搅拌速度不能太快，以减少样品产生的泡沫

续表

序号	配制步骤	操作要求
7	调节 pH 值	测定 pH 值，若低于 5.0，将氢氧化钠用水稀释后，少量多次加入样品中，边加入边测定 pH 值，直到达标，记录氢氧化钠用量。如果 pH 值超标，用柠檬酸回调
8	加入防腐剂和香精	降到室温，依次将防腐剂和香精加入样品中
9	调节黏度	少量多次加盐到样品中，分散均匀后，观察样品黏度，符合要求后记录盐的用量

4. 检验样品质量

珠光洗发水质量检验增加的项目及操作规范与要求见表4-4。

表4-4 珠光洗发水质量检验增加的项目及操作规范与要求

序号	检验项目	操作规范与要求
1	泡沫	按 GB/T 29679—2013《洗发液、洗发膏》6.2.6泡沫（洗发液）的规定测定产品泡沫高度
2	黏度	测定产品小样黏度，作为内控指标

5. 制定生产工艺

根据小试步骤，制定珠光洗发水的生产工艺为：

① 将 A 相加热至85℃，搅拌均匀；

② 依次加入 B 相、C 相，搅拌均匀；

③ 开循环冷却，冷却至45℃，加入 D 相，搅拌均匀；

④ 加入 E 相，搅拌均匀，用氢氧化钠调整 pH 值达标，过量时用柠檬酸回调 pH 值；

⑤ 加 G 相各料，搅拌均匀；

⑥ F 相中的盐用水溶解后，调整洗发水黏度，出料。

注意：为了保证各批次产品的珠光效果一致，一般采用珠光浆进行生产。

实战演练

见本书工作页 任务十一 配制珠光洗发水。

知识储备

一、头发和头皮简介

了解头皮和头发的结构、机理、种类等，可帮助研发人员在发用化妆品配方研发过程中选择合适的原料并确定其用量。

1. 头皮的构造

头皮也是皮肤，由表皮层、真皮层、皮下组织组成。为头发的生长提供必需

洗发水的简介和配方组成思维导图

的营养，保护头部（详见图4-1）。

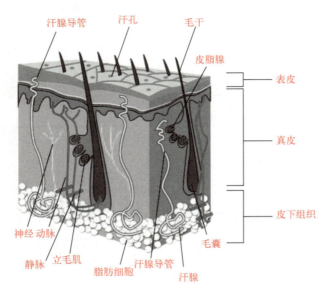

图4-1　头皮生态结构

（1）表皮（表皮层）　厚度为0.1mm，由浅到深分为角质层（由5～20层已经死亡的扁平细胞构成）、透明层、颗粒层、基底层；是头部隔绝外界的保护层，能产生黑色素，减少紫外线对头皮的损伤。

（2）真皮（真皮层）　厚度约为1～3mm，由浅到深分为：①乳头层：含丰富的毛细血管、毛细淋巴管和游离神经末梢；②网状层：较厚，位于乳头层下方，有较大的血管、淋巴管和神经穿行；③真皮组织：由纤维、基质和细胞成分组成，其中以纤维成分为主。胶原纤维韧性大，抗拉力强，但缺乏弹性。毛囊能给头发提供营养，使头发富有弹性；皮脂腺决定头皮/头发的干、油性，能调节头发水分的散失，是"头屑、头痒"等问题的根源。真皮层丰富的毛细血管保证了毛囊部分血液循环的通畅，能使头发更黑、更粗、更亮，生长得更快。

（3）皮下组织（皮下层）　位于真皮下方，与肌膜等相连，是头发营养供应的通道，由较粗大的血管、神经、淋巴管、肌肉及各种附属器（例如：头发、皮脂腺、汗腺等）和脂肪组织组成。

2. 头皮屑的产生

健康的头皮生态环境由三大平衡维持，即油脂平衡、菌群平衡、代谢平衡。当头皮油脂分泌失衡时，头皮就会容易出油变得油腻厚重；当头皮菌群环境失衡时，细菌就会大量滋生，就会出现头痒现象；当头皮代谢失衡时，角质层代谢过快则导致脱落过快，形成头皮屑。

头皮每天产生1～2g的皮脂，新鲜的皮脂对头皮与头发有保护作用，可滋润头发、保持发丝的光泽和柔软。洗发后的30～60min内，皮脂的量会恢复到以前的1/2，4h后即可完全恢复。皮脂长期残留在头皮表面，造成毛囊阻塞、头皮油腻、头皮产生臭味、头皮瘙痒等症状。也会造成湿疹、皮囊发炎或脂溢性（脂漏性）皮肤炎，从而导致头发脱落等严重的头皮、头发问题。

3. 头发的构造

头发由发根、毛球、毛乳头、毛干组成。头皮以内的部分称为发根。发根末端膨大部分称为毛球，包含在由上皮细胞和结缔组织形成的毛囊内。毛球下端的凹入部分称为毛乳头。毛囊位于真皮层和皮下组织中。头发位于头皮以外的部分称为毛干，见图4-2。

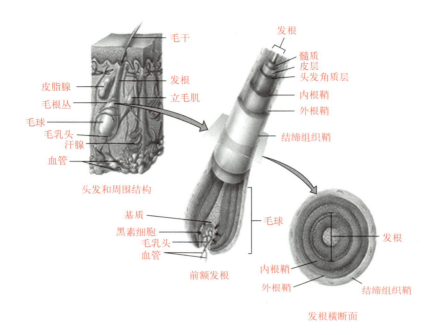

图4-2　头发的结构

头发（毛干）由表皮层、皮质层、髓质层组成，见图4-3。

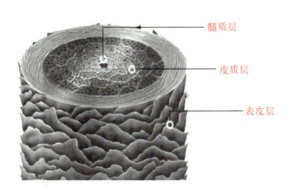

图4-3　毛干结构

（1）表皮层　由3～15层毛鳞片组成，纤细发质有3～5层毛鳞片，粗硬发质有10～15层毛鳞片，毛鳞片具亲水性，能吸水和排水，有扩张和收缩能力，用于保护头发，占头发质量的10%。在遇碱或水时，毛鳞片会张开。表皮层可保护皮质层免于受伤和水分流失，让头发变得光亮、柔和。

（2）皮质层　占头发质量的80%，含有很多螺旋状角质蛋白纤维素、麦拉宁色素、大量营养成分，给头发提供弹性，烫染均在此层起作用。

（3）髓质层　占头发质量的10%，由软蛋白组成，主要从头皮中吸收营养成分供毛发"生长"。对烫发和染发不起任何作用，但它决定了头发的可塑性。

头发呈伞状放射生长，以发涡为中心。头发直径一般在60～90μm，小于60μm为细发质，大于90μm为粗发质。亚洲人的头发有9万～12万根（其中：中国人的头发约有11万根），非洲人的头发有7万～9万根，美洲人的头发约有14万根。头发的pH值在4.5～5.5是最佳健康状态。头发的外观直接受其皮质层和表皮层状态的影响，如果皮质层或表皮层受到损伤，将直接影响头发的健康程度。

4. 毛发的主要成分

毛发主要由角蛋白构成，这是一种由多种氨基酸通过多肽链连接形成的蛋白质。在毛发的角蛋白中，胱氨酸含量最高，可占到15.5%，而蛋氨酸与胱氨酸的比例大约是1∶15。毛发的结构稳定性主要依赖于多肽链间的复杂相互作用，包括氢键、盐键（由氨基和羧基形成）以及关键的二硫键。胱氨酸含量的增加会直接导致二硫键数量增多，从而增强毛发的刚性。然而，紫外线、还原剂、强酸、强碱和氧化剂等外部因素都能破坏这些二硫键，对毛发造成损伤。

正常情况下，头发中的胱氨酸含量在15%～16%之间，这保证了头发的良好质地。但在烫发过程中，胱氨酸含量会显著下降至2%～3%，同时出现原本不存在的半胱氨酸，这表明烫发对头发质地有损害。

水分也是毛发的重要组成部分，通常占毛发总重量的10%～15%。洗发后，水分含量会暂时上升至30%～35%，导致头发暂时失去弹性。健康的头发在干燥后能自然恢复弹性，而受损的头发则会因水分含量降低而变得干枯，影响其光泽度。

5. 头发的发质

头发发质的分类方法很多。根据含油状况，可分为中性发质、油性发质、干性发质、混合性发质；根据毛干断面情况，可分为直发、曲发、卷发、自然卷；根据头发的硬度可分为稀软发质、柔软发质、粗硬发质、直而黑发质；根据是否受损，可分为受损发质、正常发质等。不同发质有不同特点，对洗发水的要求也不同。其中含油状况对洗发水的影响最大。

（1）中性发质　不油腻，不干燥，软硬适度，丰润、柔软、顺滑，有光泽，油脂分泌正常，只有少量头皮屑，是健康的发质。

（2）油性发质　油脂分泌过多，油腻，触摸有黏腻感，常有油垢，头皮屑多，头皮瘙痒，气味较大。

（3）干性发质　油脂少，僵硬，弹性较低，干枯干燥，无光泽、易打结，触摸有粗糙感，不润滑，易缠绕，松散，造型后易变形，发梢开叉，易有头屑。

（4）混合性发质　发根部分比较油腻，而发梢部分干燥、开叉，出现头皮多油和毛干干燥并存的现象。

二、洗发产品的历史和发展

洗发产品的历史发展经历了几个阶段。最初，人们主要使用以肥皂和脂肪酸皂为基础的粉末状表面活性剂来清洁头发。随着化学工业的发展，特别是合成表面活性剂技术的进步，从1955年到1965年，洗发市场经历了重大变革。这一时期，市场上开始出现以烷基硫酸盐为原料的粉末状洗发剂和新兴的凝胶状洗发剂，为消费者提供了更多选择。

洗发产品的普及和形态变革主要发生在1965年之后。随着烷基醚硫酸盐的大规模生产和广泛应用，洗发香波的性能得到显著提升，其形态也逐渐以液体为主，这极大地推动了洗发产品市场的繁荣和消费者体验的升级。液体洗发香波的普及不仅使用方便，也促进了洗发产品向更温和、高效、多功能的方向发展。

在中国，洗发产品的发展轨迹清晰。直到1980年以前，人们主要依赖肥皂清洁头发。1985年，国产洗发品牌如梦思、蜂花、美加净开始崭露头角，推出了面向低端市场的低价位洗发水，标志着国内洗发产品市场的初步兴起。1990年后，随着市场的成熟，宝洁、联合利华等国际品牌携带含硅油的二合一调理、去屑香波进入中国市场，这些产品以其卓越的性能，推动了市场的快速发展。随后，舒蕾、霸王、拉芳等民族品牌也推出了各自的二合一洗发水，加剧了市场竞争，促进了市场的全面升级。

进入21世纪，特别是2010年以来，洗发产品市场迎来了新一轮的创新和变革。基于消费者对健康和环保的关注，无硅油洗发产品应运而生，为消费者带来了温和、清爽的使用体验，逐渐受到市场的青睐。2015年起，无硫酸盐产品在无硅油的基础上，成为新的流行趋势，引领市场新风尚。

如今，洗发产品已成为日常生活的必需品，中国作为世界上洗发产品生产和销售量最大的国家，其市场规模庞大且竞争激烈。现代洗发产品在设计上更加注重满足消费者多样化需求，不仅要有良好的清洁能力，还需具备多种护理效果和功效性，如柔顺、滑爽、光亮、止头痒、去头屑、易梳理、抗静电、修复受损发质、增强头发韧性、防止分叉、增加光泽度、护色、防晒、祛除异味等，以期为消费者提供全面、优质的洗发体验。

三、洗发产品的清洁作用及其机理

头发的污垢有头皮分泌的陈旧皮脂和汗液，过剩的角质碎片（头屑），也有灰尘、沙尘、尘埃等从外部环境进来的附着物，以及在一定时期使用的头发用化妆品的残留部分等。

洗发产品的清洁作用主要指利用表面活性剂的渗透作用、乳化作用和分散作用将污垢除去。在去除污垢的过程中，表面活性剂溶液首先渗透到污垢和污垢附着的被洗涤物表面（头皮和头发纤维）之间，减弱污垢的附着力。同时污垢容易在物理力作用下变得细碎化，并脱离进入水中。在水中的油状污垢被表面活性剂乳化成水包油型乳液，微细的固体污垢表面吸附了表面活性剂，使得污垢在水中可稳定地分散，同时吸附在头发表面的调理成分可防止污垢重新附着在头发上。

四、珠光洗发水简介

珠光洗发水以其独特的珍珠光泽吸引了众多消费者的目光，这种光泽不仅让洗发水的外观显得高雅华贵，更在每一次使用时带来视觉上的愉悦享受。这种珠光效果是由洗发水中添加的具有高折射率的细微薄片平行排列而产生的。这些薄片是透明的，它们能够反射部分入射光线，同时传导和投射剩余光线至薄片下方，再通过多次平行反射，共同营造出迷人的珠光效果。

在珠光洗发水的生产过程中，珠光剂在高温下溶解并均匀分散于体系中，随后通过搅拌并冷却至一定温度以下，珠光剂会析出结晶，形成具有珠光效果的细微薄片。然而，这些珠光结晶并不稳定，容易在洗发水中发生沉降或聚集，影响产品的外观和稳定性。因此，在洗发水的配方中需要特别加入增稠悬浮剂，以确保珠光结晶能够稳定地悬浮在洗发水中，保持珠光效果的持久和均匀。

此外，由于珠光的遮盖作用，珠光洗发水可以在不影响产品外观的前提下，加入更多的头发调理成分。这些调理成分能够深入滋养发丝，改善发质，使头发更加柔顺、光滑、易于打理。因此，珠光洗发水不仅是一款外观出众的洗发产品，更是一款具有卓越头发护理功效的佳品。

五、洗发水的配方组成

洗发水的配方组成见表4-5。

文档扫一扫

更多典型配方
——洗发水

表4-5　洗发水的配方组成

组分		常用原料	用量 / %
溶剂		水	加至 100
清洁剂	主要清洁剂	月桂醇聚醚硫酸酯钠、2-磺基月桂酸甲酯钠、月桂醇硫酸酯铵、$C_{14} \sim C_{16}$烯烃磺酸钠、月桂酰肌氨酸钠、月桂酰谷氨酸钠	10 ～ 20
	辅助清洁剂	甲基椰油酰基牛磺酸钠、癸基葡糖苷、月桂酰两性基乙酸钠、椰油酰胺 DEA、椰油酰胺丙基甜菜碱、椰油酰胺 MEA、椰油酰胺甲基 MEA	1 ～ 5
悬浮稳定剂		TAB类、卡波姆类	0.2 ～ 2
增稠剂		氯化钠、氯化铵	0 ～ 1.5
发用调理剂	阳离子表面活性剂	硬脂基三甲基氯化铵、山嵛酰胺丙基二甲胺、山嵛基三甲基氯化铵（二十二烷基三甲基氯化铵）	0.5 ～ 3
	阳离子聚合物	聚季铵盐-7、聚季铵盐-10、瓜尔胶羟丙基三甲基氯化铵	
	油脂	聚二甲基硅氧烷、PEG-75牛油树脂甘油酯	
感官调整剂	珠光剂	乙二醇二硬脂酸酯、乙二醇单硬脂酸酯	0.01 ～ 3
	乳白剂	二氧化钛、苯乙烯/丙烯酸酯共聚物	
	色素	CI 14700、CI 15985、CI 42090	
防腐剂		2-溴-2-硝基丙烷-1,3-二醇、甲基异噻唑啉酮、羟苯甲酯、羟苯丙酯、苯甲酸钠、苯甲醇、苯氧乙醇等以及无防腐体系	0.1 ～ 1
pH 调节剂		柠檬酸、乳酸、氢氧化钠、精氨酸、三乙醇胺	适量
赋香剂		水溶性香精、油溶性香精、精油等	0.2 ～ 2
其他助剂		螯合剂、缓冲剂、抗氧化剂、紫外线吸收剂、抗冻剂等	0.1 ～ 1
发用功效剂		止头痒、祛头屑、控油、护色、祛除异味、抗过敏、营养、保湿、修护等	根据需要

1. 清洁剂

清洁剂不仅要具备清洁功能，还应产生丰富且稳定的泡沫。这样的泡沫不仅能提供良好的手感，而且在洗涤过程中有助于悬浮污垢，从而提高清洁效果。清洁剂根据其清洁能力和发泡能力的不同，可以被划分为两类：主要清洁剂和辅助清洁剂。主要清洁剂负责提供卓越的清洁效果和发泡能力，而辅助清洁剂则提供辅助性的清洁效果和稳定泡沫的功能。

（1）主要清洁剂的选择　主要清洁剂有：烷基硫酸酯盐、月桂醇聚氧乙烯醚硫酸酯钠、2-磺基月桂酸甲酯钠、$C_{14} \sim C_{16}$烯烃磺酸钠等。烷基聚氧乙烯醚硫酸盐比较廉价，供给丰富，洗涤力优良，对硬水稳定，用途最广，根据其所含阳离子的不同可分为钠盐、铵盐和三乙醇胺盐三种，这三种不同的盐对应的清洁剂的发泡性能逐渐降低，温和性逐渐升高。烷基聚氧乙烯醚硫酸酯盐比烷基硫酸酯盐的亲水性和温和性更好，泡沫较少。

（2）辅助清洁剂的选择　辅助清洁剂的主要作用包括提高泡沫的稳定性，确保洗发时泡沫丰富且持久；增加洗发液的黏度，使其更易于在头发上均匀分布；提升产品在低温环境下的稳定性，防止冻结或固化。为了实现这些功能，洗发水中常添加多种稳泡原料，如椰油酰胺DEA、椰油酰胺丙基甜菜碱和椰油酰胺MEA等，这些成分能有效提升泡沫的稳定性和洗发水的黏度。同时，为了应对低温下可能出现的果冻状凝固问题，还会加入抗凝固原料，如棕榈酰胺丙基三甲基氯化铵，以确保洗发水在不同气候条件下的稳定性和使用性能。

2. 悬浮稳定剂

洗发水一般都要求有一定的悬浮效果，因为洗发产品中有一些不溶物悬浮在其中，比如珠光剂以薄片状晶体的形存在，聚二甲基硅氧烷及其衍生物以液珠的形式存在，还有一些物质如ZPT（吡啶硫酮锌）以微小固体颗粒的形式存在。这些不溶物必须悬浮在产品中，否则产品将分层。能够提供较好悬浮效果的聚合物有：二（氢化牛脂基）邻苯二甲酸酰胺（TAB）、丙烯酸（酯）类/C_{10}～C_{30}烷醇丙烯酸酯交联聚合物（卡波姆U20）等。丙烯酸共聚物（SF-1）一般不适合在洗发水中作悬浮剂，主要是冲水时手感较涩且有粗糙感。

3. 增稠剂

增稠剂可以增加香波的稠度，获得理想的使用性能，提高香波的稳定性。常用的增稠剂包括氯化钠、氯化铵、硫酸钠等，能增加以阴离子表面活性剂为主的洗发水的稠度，特别是以AES为主的洗发水。

4. 发用调理剂

为了避免表面活性剂的过度清洁以及使头发缠结而难以梳理，洗发水中会加入调理剂。调理剂的主要作用是改善洗后头发的手感，使头发光滑、柔软、易于梳理。调理剂的调理作用是通过其在头发表面吸附而达到的。

（1）阳离子表面活性剂　阳离子表面活性剂的优点是通过静电吸引，使碳氢链吸附在头发表面，而不易被冲洗掉，使头发膨松、手感柔软，增加发丝丰满度。如果调理剂中含有亲水性酰胺键，水溶性会较好，可与阴离子表面活性剂、两性表面活性剂、非离子表面活性剂复配，使头发洗后柔软，无"干""硬"的感觉。常用的阳离子调理剂有：硬脂基三甲基氯化铵、山嵛酰胺丙基二甲胺、山嵛基三甲基氯化铵等。一般情况下烷基链长越长和数目越多，抗缠绕性、干湿梳理性越好，但水溶性越差。

（2）阳离子聚合物　阳离子聚合物通过静电作用紧密吸附在头发表面，形成一层透明而光滑的薄膜。这层薄膜不仅显著改善了干枯或化学处理过的头发的干湿梳理性，还赋予了头发丰满柔软的触感，优化了头发的卷曲效果。此外，阳离子聚合物还显著提升了产品的稳定性，促进了更丰富、更稳定的泡沫的生成，从而提升了整体的使用体验。

从化学结构上看，阳离子聚合物可分为天然改性聚合物和有机合成聚合物两大类。天然改性聚合物如季铵化羟乙基纤维素、季铵化羟丙基瓜尔胶和季铵化水解角蛋白等，利用自然界资源，通过化学改性获得新功能特性。有机合成聚合物则包括聚季铵盐-6至聚季铵盐-73，以及季铵盐-82、季铵盐-87、季铵盐-91等，这些产品通过精细的化学合成技术，实现对头发调理性能的精确控制。

阳离子聚合物与阳离子表面活性剂之间能形成独特的絮凝状态，这种相互作用有助于将其他不溶性调理成分更有效地固定在头发上，增强了整体的调理效果。相较于单一的阳离子表面活性剂，阳离子聚合物由于分子结构中富含多个阳离子吸附位点，其调理性能更为优越。

在评估阳离子聚合物的性质时，分子量和阳离子取代度是两个关键参数。分子量影响聚合物水溶液的黏度，进而影响其在头发上的附着力和成膜效果。阳离子取代度决定了聚合物的电荷密度和吸附能力，高取代度意味着更强的吸附性和抗静电效果，但也可能带来聚合物分子的过度集聚问题。因此，选用阳离子聚合物时，需要综合考虑这些参数以实现最佳的调理效果。

阳离子聚合物的这些特性使其在头发护理产品中发挥着重要作用，不仅改善了头发的梳理性和触感，还提升了产品的稳定性和使用体验。通过精细调控分子量和阳离子取代度，可以优化聚合物的性能，为消费者提供更优质的头发护理解决方案。

（3）油脂　在洗发水中加入油脂作为赋脂剂来护理头发，使头发光滑、顺畅。赋脂剂多为油、脂、醇、酯类原料，常用的有橄榄油、高级醇、高级脂肪酸酯、羊毛脂及其衍生物等。赋脂剂往往具有消泡作用，不同赋脂剂的消泡效果也不同。一般配方中多选择遇水能快速破乳的乳化硅油或乳化油脂，如SY-KMT（马来酸蓖麻油脂）、Cosmacol ELI（乳酸月桂脂）、蓖麻油异硬脂酸琥珀酸酯、植物甾醇辛基十二醇谷氨酸酯、山梨坦橄榄油酸酯等。

用作头发调理剂的硅油一般是乳化硅油。乳化硅油能改善头发光亮度和湿梳、干梳性能。选择硅油时要考虑乳化硅油的粒径、硅油的分子量或黏度。

① 硅油的粒径。小粒径的硅油在配方中更稳定，在冲洗过程中易被冲洗掉。硅油粒径小于$1\mu m$时，易于渗透，并附着在毛鳞片上，使毛鳞片排列整齐，在毛干受损部位形成网状，修复受损毛鳞片。大颗粒有利于硅油颗粒在头发表层的沉积，但颗粒大可能导致洗发产品体系的不稳定，一般将乳化硅油的粒径控制在$10\sim40\mu m$比较好。它以强吸附力和成膜性使头发更亮泽、更顺滑，不易被洗脱，在发丝上形成紧密的保护膜，赋予头发很好的光泽感和梳理性能。因此，实际应用时，可以大小粒径乳化硅油配合使用，以弥补缺陷，其总用量一般是2.0%～5.0%。

② 硅油的黏度。通常，硅油的分子量与其黏度呈正相关关系，即分子量越大，硅油的黏度也相应越高。这种高黏度特性使得硅油与头发之间的范德华吸引力显著增强，从而促进了硅油在头发表面的紧密黏附，提高了吸附量。然而，高黏度（或高分子量）的硅油虽然能提供较强的定型效果，但也可能带来一些负面体验，比如使头发感觉僵硬，不够自然。此外，高黏度硅油的流动性和铺展性相对较差，难以在头发上均匀分布，对改善湿梳理效果的作用有限。

为了克服这些不足，配方设计师们往往会采用一种策略：将较低黏度（低分子量）的硅油与高黏度硅油或不同黏度的硅油及硅胶进行混合。这种混合方式能够综合低黏度硅油良好的流动性和铺展性，以及高黏度硅油强大的定型能力，从而显著改善产品的整体梳理性能和头发的柔软触感。通过科学配比，不仅能够避免头发因使用高黏度硅油而产生的僵硬感，还能有效提升产品的综合品质，满足消费者对秀发柔顺、易于打理的需求。因此，在护发产品的配方设计中，合理选择与搭配不同黏度的硅油成分，是实现产品性能优化的关键之一。

5. 珠光剂

珠光剂，以乙二醇硬脂酸酯为主要成分，其在表面活性剂复合物体系中的行为独特而关键。当被加热并溶解或乳化于该复合物中时，随着温度的逐渐降低，乙二醇硬脂酸酯会析出微小的镜片状结晶。这些结晶在光线的照射下，能够产生迷人的珠光光泽，为产品增添视觉上的吸引力。

在液体洗涤产品的配方中，珠光剂的加入不仅能够显著增强产品的珠光效果，使产品外观更加诱人，还能有效提升产品的黏度，改善使用体验。此外，珠光剂还具备多重护肤功效，能够滋润皮肤，使洗后肌肤感觉柔滑不紧绷，同时其抗静电特性也有助于减少衣物或皮肤表面的静电积聚，提升穿着舒适度。

6. 防腐剂

为防止洗发水因微生物的生长而腐败，需加入防腐剂。常用的防腐剂包括卡松、DMDM乙内酰脲、羟苯酯类等。

7. 色素

色素赋予洗发水产品鲜艳、明快的色彩，注意选用的色素要符合法规要求。

8. pH调节剂

微酸性的洗发水对头发护理以及减少对头皮的刺激是有利的，为了使洗发水达到适宜的pH值，需要用pH调节剂调节其酸碱性。

9. 赋香剂

香精可以掩盖不愉快的气味，赋予产品愉快的香味，且洗后使头发留有芳香。要注意香精对洗发水黏度和色泽的影响，同时还要注意进行香气的稳定性测试。

六、洗发水的生产工艺

洗发水生产工艺的关键在于混合和分散，有间歇式和连续式两种不同的生产工艺，一般中小企业采用间歇式批量化生产工艺，部分大型企业采用程序控制、全自动化配送物料的自动化连续式生产工艺。

生产工艺流程如图4-4所示，其设备主要包括带搅拌的乳化罐（混合罐）、均质机、储料罐、计量罐、计量泵、冷却罐、成品储罐、过滤器。另外还包括物料输送泵和真空泵、包装和灌装设备。

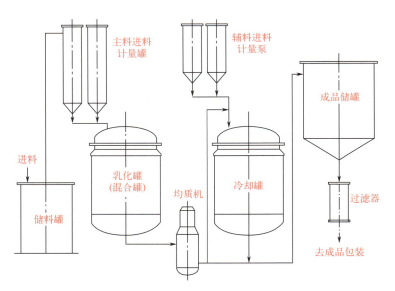

图4-4　洗发水的生产工艺流程图

1. 投料前的准备

按照生产计划单要求，用已消毒的胶袋或胶桶等准确称取原料，做好标签、标识，并做好原料的预处理。如有些原料应预先在暖房中熔化（冬季时或个别熔点较高的原料），有些原料应用水预溶，然后才能在主配料的乳化锅中混合。用高位槽计量用量较多的液体物料，用定量泵输送并计量水等原料，用天平或秤称量固体物料和用量筒量取少量的液体物料，一定要注意计量单位。

2. 混合或乳化

大部分洗发水通常以均相透明的混合溶液或乳状液的形式存在。无论是混合溶液还是乳状液，它们的制备都依赖于搅拌过程。搅拌是确保多种原料能够充分混溶、形成均匀一体的关键步骤。

在洗发水的生产过程中，所需的设备相对简单。一般而言，生产设备需要配备加热和冷却功能的夹套，并配备适当的搅拌配料锅。这样的设备配置足以满足洗发水生产过程中混合物料的需求。

洗发水的配制过程以混合为主，但各种类型的洗发水有其各不相同的特点，一般有两种配制方法：常温混合法和加热混合法。

（1）常温混合法　首先将去离子水加入混合锅中，然后将表面活性剂溶解于水中，再加入辅助清洁剂，待形成均匀溶液后，加入其他成分，如赋香剂、感观调整剂、发用功效剂、防腐剂等，最后用柠檬酸等pH调节剂调节至所需的pH值，黏度用CAB或无机盐（氯化钠或氯化铵）来调整。若遇到加赋香剂后不能完全溶解的成分，可先将它同少量辅助清洁剂6501混合后再投入溶液，或者使用赋香剂加增溶剂来解决。常温混合法适用于不含粉体、半固体、固体或难溶物质的配方。

（2）加热混合法　当配方中含有油脂、粉体、半固体、固体或难溶物质时，一般采用加热混合法。首先将表面活性剂溶解于热水或冷水中，在不断搅拌下加热到80℃，然后加入要溶解的固体原料，继续搅拌，直到溶液呈透明为止。当温度下降至45℃左右时，加色素、赋香剂和防腐剂等。pH值的调节和黏度的调节一般都应在较低的温度下进行。采用加热混合法温度不宜过高（一般不超过90℃），以免破坏配方中的某些成分。

3. 混合物料的后处理

无论是生产透明溶液还是乳液，在包装前还要经过一些后处理以提高产品的稳定性。这些处理可包括：

（1）过滤　在混合或乳化操作时，要加入各种物料，难免带入或残留一些机械杂质，或产生一些絮状物，这些都直接影响产品外观，所以物料包装前的过滤是必要的。

（2）均质　经过乳化的液体，其乳液稳定性较差，要再经过均质工艺，使乳液中分散相的颗粒更细小、均匀，得到高度稳定的产品。

（3）排气　在搅拌的作用下，各种物料可以充分混合，但不可避免地将大量气体带入产品中。由于搅拌的作用和产品中表面活性剂等的作用，有大量的微小气泡混合在成品中。气泡不断冲向液面的作用力，可导致溶液稳定性变差，包装计量不准。一般可采用抽真空排气工艺，快速将液体中的气泡排出。

（4）静置　也可称为老化，将物料在老化罐中静置储存24h，待其性能稳定并检验合格后再进行包装。

七、洗发水配制的注意事项

在洗发水制备过程中，还应注意如下问题。

1. 高浓度表面活性剂（如AES等）的溶解

必须把表面活性剂慢慢加入水中，而不是把水加入表面活性剂中，否则会形成黏稠性极大的团状物，造成溶解困难。适当加热可加速溶解。加料的液面必须没过搅拌桨叶，以避免过多的空气混入。

2. 水溶性高分子的处理

水溶性高分子物质如阳离子纤维素、阳离子瓜尔胶等，大都是粉末或颗粒，它们虽然溶于水，但溶解速度很慢。传统的制备工艺是长期浸泡或加热浸泡，造成能量消耗大，设备利用率低，某些天然产品还会在此期间变质。新的制备工艺是在高分子粉料中加入适量甘油，它能快速渗透使粉料溶解。方法是在甘油存在下，将高分子物质加入水相中，在室温下搅拌15min，即能彻底溶解；若加热，则溶解得更快。当然加入其他助稀释剂也可起到相同的效果。

3. 珠光剂的使用

洗发水中的珠光剂通常采用硬脂酸乙二醇酯。珠光效果的好坏，不仅与珠光剂用量有关，而且与搅拌速度和冷却速度有关。快速冷却和快速搅拌会使体系暗淡无光。通常是在70℃左右加入，待溶解后控制一定的冷却速度，可使珠光剂结晶增大，获得晶莹的珍珠光泽。

4. 黏稠度的调整

一般洗发水中加入无机盐（氯化铵、氯化钠等）作增稠剂。合适用量为0.8%，总加入量一般不超过3%。过多的盐不仅会影响产品的低温稳定性，还会增加产品的刺激性。

5. pH值的调整

pH调节剂（如柠檬酸、酒石酸、磷酸和磷酸二氢钠等）通常在配制后期加入。当体系降温至35℃左右时，加完香精、赋香剂和防腐剂后，即可进行pH值调节。首先测定其pH值，估算缓冲剂加入量，然后投入pH调节剂，搅拌均匀，再测pH值，未达到要求时再补加，直到满意为止。对于一定容量的设备或固定的加料量，测定pH值后可以凭经验估算缓冲剂用量，制成表格指导生产。另外，产品配制后立即测定的pH值并不完全真实，长期储存后产品pH值将发生明显变化，这些在控制生产时应考虑到。

八、质量标准及要求和常见质量问题及原因分析

1. 质量标准及要求

洗发产品的质量应符合GB/T 29679—2013《洗发液、洗发膏》，其感官、理化指标见表4-6。

表4-6　洗发水的感官、理化指标

指标名称		指标要求	
		洗发液	洗发膏
感官指标	外观	无异物	
	色泽	符合规定色泽	
	香气	符合规定香型	
理化指标	耐热	（40±1）℃保持24h，恢复至室温后无分层现象	（40±1）℃保持24h，恢复至室温后无分离析水现象
	耐寒	（-8±2）℃保持24h，恢复至室温后无分层现象	（-8±2）℃保持24h，恢复至室温后无分离析水现象

续表

指标名称		指标要求	
		洗发液	洗发膏
理化指标	pH 值（25℃）	成人产品：4.0～9.0（果酸类产品除外）。 儿童产品：4.0～8.0	4.0～10.0（含 α-羟基酸、β-羟基酸的产品可按企业标准执行）
	泡沫（40℃）/mm	透明型≥100；非透明型≥50 （儿童产品≥40）	≥100
	有效物 /%	成人产品≥10.0；儿童产品≥8.0	—
	活性物含量 （以 100% k12[①] 计）/%	—	≥8.0

①k12是十二烷基硫酸钠。

洗发水的生产
工艺及质量要求
思维导图

另外，洗发产品还需要达到以下质量要求：

① 外观和颜色赏心悦目，香气宜人，膏体均匀无杂质（有悬浮物的除外）；黏度适中，适合使用。

② 清洗过程起泡速度快，泡沫丰富细腻；有适度清洁能力，不会过度脱脂或造成头发干涩；易冲洗洁净，冲水过程中头发不涩、湿梳顺滑不打结；对皮肤和眼睛温和无刺激。

③ 在头发干后梳理性好，头发吹干（自然干）后蓬松、轻盈、柔软、顺滑、有光泽；保湿性能好，头发有弹性、不易断；第二天头发不发"硬"、不头痒、不起头屑、不泛油光。

④ 头发在电子显微镜下察看毛鳞片没有或很少拱起，修复效果好；各种发用调理剂（如抗静电剂、调理剂、体感增加剂和活性物）沉积适度；长期使用在头发上不积聚、不扁塌、不发硬。

2. 常见质量问题及原因分析

（1）黏度问题   洗发水黏度容易出现问题，包括生产出料前黏度不稳定和货架期间黏度发生变化两种情况。

① 生产出料前黏度不稳定

a. 原料批次不稳定，如表面活性剂有效物含量变化，或者其中含盐量变化，或者带入一些极性物质。

b. 高温料乳化不好，原料分散不均匀。

c. 原料中水溶性植物油脂增溶不够；珠光剂在高温时乳化温度较低，珠光效果不良或消失。

d. 生产过程中配料不准确。

e. 冷却速度和时间控制不好。

② 货架期间黏度发生变化

a. 产品pH值过高或过低，导致某些原料（如琥珀酸酯磺酸盐类）水解。

b. 单用无机盐作增稠剂，体系黏度随温度变化较大。

c. 个别水溶性油脂或聚合物分离析出。

d. 配方中个别原料没有完全分散或溶解。

（2）浑浊、分层　洗发水刚生产出来时各项指标均良好，但放置后一段时间后，出现浑浊甚至分层现象，主要原因有：

a. 体系中高熔点原料含量过高，低温下放置结晶析出；体系中油相含量太高，珠光严重变粗，悬浮力度不够。

b. 温度变化，改变了表面活性剂的亲水性，一些物质因产生固-液变化而分层。

c. 制品pH值过高或过低，表面活性剂水解。

d. 无机盐含量过高，低温下出现浑浊。

（3）变色、变味

a. 所用原料中含有氧化剂或还原剂，使有色制品变色。

b. 某些色素在日光照射下发生褪色反应。

c. 防腐效果不好，使制品霉变。

d. 香精与配方中其他原料发生化学反应，使制品变味。

e. 受阳离子、阳离子聚合物用量的影响，在受热（35℃以上）时产品会析出"胺"而变色或颜色变深。

f. 制品中铜、铁等金属离子含量高，与配方中某些原料如ZPT、OCT等发生变色反应。

（4）刺激性大，产生头皮屑

a. 表面活性剂用量过多，脱脂力过强。

b. 防腐剂用量过多或品种不好，刺激头皮。

c. 防腐效果差，微生物污染。

d. 产品pH值过高，碱性过强，刺激头皮。

e. 无机盐或香精含量过高，刺激头皮。

f. 阳离子表面活性剂或阳离子聚合物含量过高，刺激头皮。

（5）泡沫不稳定

a. 表面活性剂有效含量减少。

b. 油脂和硅油没有分散或乳化完全，带来消泡作用。

c. 珠光剂没有很好地析出而是被乳化为油脂，具有消泡作用。

（6）珠光效果不好

a. 珠光剂用量过少，表面活性剂增溶性太强。

b. 体系油性成分过多形成乳、霜等情况。

c. 加入珠光剂的温度过低，溶解不好。

d. 加入温度过高或制品pH值过低，导致珠光剂水解。

e. 冷却速度过快，或搅拌速度过快，未形成良好结晶。

f. 冷却到50～60℃时，搅拌速度过慢。

巩固练习

一、单选题

1. 在洗发水的配方中，下列（　　）不是感官调整剂。

A. 珠光剂　　　　　B. 香精　　　　　　　C. 色素　　　　　　　　D. 防腐剂

2. 水溶性高分子物质如阳离子纤维素、阳离子瓜尔胶等溶解速度很慢，可用（　　）预分散好后，再将它们加入水相。

A. 水　　　　　　　　B. 甘油　　　　　　　C. 乙醇　　　　　　　D. 氯化钠

3.洗发水的生产工艺有间歇式和连续式两种，一般中小企业采用（　　　）。

A. 间歇式批量化生产工艺　　　　　　B. 自动化连续式生产工艺

C. 半连续式生产工艺　　　　　　　　D. 管式反应釜生产工艺

4. 以下不是调理剂的是（　　　）。

A. 羟乙基纤维素　　　　　　　　　　B. 十六烷基二甲基苄基溴化铵

C.阳离子瓜尔胶　　　　　　　　　　D. 阳离子纤维素聚合物，JR-400

二、多选题

1.头发上的污垢包括（　　　）。

A. 头皮分泌的陈旧皮脂和汗液

B. 过剩的角质碎片（头屑）

C.外部环境进来的附着物（灰尘、沙尘、尘埃）

D.头发用化妆品的残留部分

2. 洗发产品中的清洁剂可分为（　　　）。

A. 主要清洁剂　　　　B. 辅助清洁剂　　　　C. 核心清洁剂　　　　D. 非核心清洁剂

3.洗发产品中主表面活性剂的作用是（　　　）。

A. 清洁　　　　　　　B. 发泡　　　　　　　C. 悬浮稳定　　　　　D. 滋润

三、判断题

1. 硅油可以使头发蓬松。（　　　）

2.珠光浆要在高温下加入。（　　　）

四、论述题

珠光洗发水要获得珠光效果，其制备的关键点在哪里？

任务二　　配制透明洗发水

学习目标

1.能说明珠光洗发水和透明洗发水的异同。

2.能说明透明洗发水和表面活性剂型沐浴露的异同。

情景导入

客户需要一款滋养头发，有效改善发质，赋予头发滋润、滑爽、柔软、飘逸的感觉，有助于干湿梳理性调整的透明洗发水。老王设计了该洗发水的配方，见表4-7。

小白需要把产品小样制备出来，根据小样的质量初步确定产品的内控指标，并跟进该产品的放大生产试验。

视频扫一扫

透明洗发水的
制备

表4-7　透明洗发水配方

组相	商品名	原料名称	用量 / %
A	去离子水	纯水	加至100
	AES	月桂醇聚醚硫酸酯钠	16.0
	K12A	月桂醇硫酸酯铵	6.0
	CT35	甲基椰油酰基牛磺酸钠	2.0
	EDTA-2Na	EDTA二钠	0.1
B	SOFT-6	瓜尔胶羟丙基三甲基氯化铵	0.15
	去离子水	水	5.0
C	PQ-L3000	聚季铵盐-10	0.2
	去离子水	水	2.0
D	尿囊素	尿囊素	0.3
	BAPDA	山嵛酰胺丙基二甲胺	0.3
E	DPO-65	椰油基葡糖苷、甘油油酸酯	1.5
	ST-1213	$C_{12}\sim C_{13}$醇乳酸酯	0.2
	WQPP	月桂基二甲基铵羟丙基水解小麦蛋白	0.5
	AS-L	羟乙二磷酸	0.1
	QF-6030	聚硅氧烷季铵盐-16，十三烷醇聚醚-12	0.5
	甘草酸二钾	甘草酸二钾	0.2
F	6501	椰油酰胺DEA	1.0
	CAB	椰油酰胺丙基甜菜碱	3.0
	JS-85S	水、蚕丝胶蛋白、PCA钠	1.0
G	盐	氯化钠	0.5
	去离子水	水	2.0
H	C200防腐剂	2-溴-2-硝基丙烷-1,3-二醇、甲基异噻唑啉酮	0.1
	香精	香精	0.8
I	柠檬酸	柠檬酸	0.08

任务实施

1. 认识原料

（1）瓜尔胶羟丙基三甲基氯化铵　特性：白色粉末，溶于水，能让头发有优越的梳理性能和亮泽滑爽的感觉。建议添加量：0.1%～0.5%。

（2）聚季铵盐-10　特性：淡黄色粉末，水溶性好，吸附能力强，刺激性较低，可修复受损的头发蛋白基体，保持头发滋润，赋予头发优越的梳理性能和亮泽滑爽的感觉。建议添加量：0.05%～0.5%。

（3）山嵛酰胺丙基二甲胺　特性：白色至淡黄色片状固体，兼有阳离子表面活性剂和非离子表面活性剂的特点，与阴离子表面活性剂的配伍性非常好，对皮肤及眼睛的刺激性较低。建议添加量：0.05%～1.0%。

（4）水、蚕丝胶蛋白、PCA钠　特性：白色胶状物，溶于水；修护保湿性强。建议添加量：0.05%～1.0%。

（5）椰油基葡糖苷、甘油油酸酯　特性：透明淡黄色黏稠液体，易溶于水；有助于表面活性剂增稠且冷操作即可；用作生产表面活性剂型清洁剂的脂质层增强剂。建议添加量：0.5%～5.0%。

（6）月桂基二甲基铵羟丙基水解小麦蛋白　特性：淡黄色液体，阳离子水解小麦蛋白，修护头发。建议添加量：0.5%～2.0%。

（7）聚硅氧烷季铵盐-16，十三烷醇聚醚-12　特性：一种季铵化有机硅聚合物的非离子乳液；季铵化有机硅能有效改善发质，调节发量和卷曲定型，深层修护受损的头发，具有优异的护发调理作用。建议添加量：0.2%～2.0%。

（8）柠檬酸　特性：无色晶体，无臭，易溶于水；溶液显酸性；可用作酸度调节剂和螯合剂。

2. 分析配方结构

分析透明洗发水的配方组成，分析结果见表4-8。

表4-8　透明洗发水配方组成的分析结果

组分		所用原料	用量 / %
清洁剂	主要清洁剂	月桂醇聚醚硫酸酯钠、月桂醇硫酸酯铵	22
	辅助清洁剂	甲基椰油酰基牛磺酸钠、椰油酰胺 DEA、椰油酰胺丙基甜菜碱	6
增稠剂		氯化钠	0.5
发用调理剂	阳离子表面活性剂	山嵛酰胺丙基二甲胺	2.85
	阳离子聚合物	聚季铵盐-10、瓜尔胶羟丙基三甲基氯化铵	
	油脂	QF-6030、DPO-65、ST-1213	
防腐剂		C200 防腐剂	0.1
pH调节剂		柠檬酸	0.08
赋香剂		水溶性香精	0.8
其他助剂（螯合剂）		EDTA 二钠、AS-L	0.2
发用功效剂		尿囊素、JS-85S、WQPP、甘草酸二钾	2

经过分析，该透明洗发水的配方组成符合洗发水的配方组成要求。

本配方为透明黏液，表面活性剂不多，泡沫却细腻丰富，多种水溶性油脂和多种蛋白的搭配，给头发提供营养，滋养头发，加以硅油的使用，有效改善发质，赋予头发滋润、滑爽、柔软、飘逸的感觉，有助于干湿梳理性的调整。

3. 配制样品

（1）操作关键点

① SOFT-6先用水预分散，然后加入物料中。

② PQ-L3000用水预分散后，迅速加入物料中，否则会凝固成果冻状。

③ JS-85S在水中溶解慢，可以先和CAB、6501等表面活性剂混合后，再加入物料中。

④ 注意控制搅拌速度和搅拌桨位置，尽量不要将空气搅拌带入，否则最终产品中的泡沫很难消除。

（2）配制步骤及操作要求　透明洗发水的配制步骤及操作要求见表4-9。

表4-9　透明洗发水的配制步骤及操作要求

序号	配制步骤	操作要求
1	加入主表面活性剂	称量AES和K12A，加入85℃热水，均质溶解后，加入CT35和EDTA二钠，溶解。注意均质速度，以免将空气带入
2	加入阳离子发用调理剂	保持85℃，分别将SOFT-6用水预分散，加入上述样品中，均质、搅拌至透明，将PQ-L3000用水分散后迅速加入样品中，均质、搅拌至透明，将尿囊素和BAPDA加入，均质至透明，继续在85℃下搅拌至料体透明
3	加入赋脂剂等	降温到45℃，加入E相，搅拌直至物料完全溶解
4	加入辅助表面活性剂	将F相混合后，加入样品中，均质至透明
5	加入防腐剂和香精	降温到40℃，依次将防腐剂和香精加入样品中，搅拌至透明
6	调节pH值	测定pH值，若低于5.0，将氢氧化钠用水稀释后，少量多次加入样品中，边加入边测定pH值，直到达标，记录氢氧化钠用量。如果pH值超标，用柠檬酸回调
7	调节黏度	盐少量多次加入样品中，分散均匀后，观察样品黏度，符合要求后记录盐的用量

4. 制定生产工艺

根据小试结果，制定透明洗发水的生产工艺为：

① 将A相加热至85℃，搅拌均匀；

② 加入B相，均质完全，继续加入C相、D相搅拌均匀；

③ 降温至45℃，加入E相搅拌分散均匀；

④ 降温至40℃，把F相、H相依次加入，搅拌分散均匀；

⑤ 加入I相，调整pH达标；

⑥ 加入G相，调整黏稠度达标，出料。

实战演练

见本书工作页 任务十二 配制透明洗发水。

知识储备

为了生产出透明度良好的洗发水，生产过程中需特别注意以下几个关键环节。

1. 精确控制AES的用量

洗发水中包含多种成分，如油溶性调理剂、水溶性油脂及香精等，其中部分成分的水溶性较差或完全不溶于水。AES在提升洗发水透明度方面起着重要作用。因此，必须严格控制AES的用量。当AES的用量低于10%时，由于其对油溶性成分的增溶能力不足，很难达到理想的透明效果。

2. 合理选择增溶剂并控制用量

透明洗发水中常含有油溶性原料，为保持其透明性，需加入适量的增溶剂。然而，增溶剂的使用需谨慎，过量添加可能导致洗发水配方黏度下降，进而影响产品的稳定性和使用感受，甚至可能增加对头皮的刺激性。因此，在选择增溶剂时，需综合考虑其溶解能力、对配方稳定性的影响及对皮肤的温和性。

3. 重视低温稳定性测试

洗发水的低温稳定性是评估其品质的重要指标之一。在低温（如5℃）条件下，若洗发水出现晶体或絮状物析出，往往是由某些原料如纤维类原料未充分溶胀或盐类、糖类原料因饱和度降低而析出所致。

4. 调节至合适的pH值

洗发水的pH值对其透明度和稳定性均有显著影响。某些表面活性剂在不同pH值条件下的溶解能力会有所变化，这可能导致洗发水中的某些成分析出，从而影响其透明度。因此，在生产过程中，需通过添加适量的酸碱调节剂，将洗发水的pH值调整至合适的范围内，以确保其溶解度和透明度的稳定性。

巩固练习

一、单选题

1. 透明洗发水中，如果AES用量低于（　　　）%，则很难透明。

A. 5　　　　B. 10　　　　C. 15　　　　D. 20

2. 洗发水出现浑浊、分层，最不可能是下面（　　　）的原因。

A. 体系黏度过低，其溶解性成分分散不好　　B. 微生物污染

C. 无机盐含量过高，某些成分析出　　　　　D. 香精被氧化

3. 无硅油洗发水是指不含有（　　　）以及改性硅油等化学成分的洗发水，一般以透明产品为主。

A. 硅酸盐　B. 聚二甲基硅氧烷　　C. 瓜尔胶　　　D. 阳离子季铵盐

二、多选题

1. 根据所含阳离子的不同，洗发产品中主要清洁剂可分为（　　　）。

A. 钠盐　　B. 铵盐　　　　C. 三乙醇胺盐　　D. 酯类

2. 洗发水生产工艺的关键在于（　　）。

A. 混合　　B. 分散　　　　C. 连续操作　　D. 间歇操作

3. 头发由（　　）组成。

A. 发根　　B. 毛球　　　　C. 毛乳头　　D. 毛干

4. 透明洗发水根据透明度可以分为（　　）洗发水。

A. 半透明　B. 全透明　　　C. 有悬浮物　　D. 磨砂状

三、判断题

1. 要保持洗发水透明，一定要加增溶剂。（　　）

2. 加盐可以提高透明洗发水的黏度，但盐不是越多越好。（　　）

四、论述题

做出透明洗发水的关键是什么？

任务三　配制护发素

学习目标

1. 能说明护发素和洗发水的异同。

2. 能说明护发素和膏霜的异同。

情景导入

　　劳动光荣，小白对这点深有体会。他参与开发的一款洗发水卖断货，就是对他辛勤劳动的肯定。自项目启动以来，小白常常要扛着沉重的物料，长时间站立操作，尽管腰酸腿疼，但他乐在其中。因为劳动，对他来说，不仅仅是一种生存的方式，更是一种生活的态度，一种对梦想的执着追求。

　　然而，新的挑战又来了。某公司欲开发一款护发素，要求产品具备修复头发、改善头发湿梳理性的功效，使头发不会缠绕。该产品老王已经设计完毕，现需要小白完成小样实验，并检查其配方效果，如果合格将跟进下一步放大实验。配方见表4-10。

视频扫一扫

护发素的制备

表4-10　漂洗型护发素配方

组相	商品名	原料名称	用量 / %
A	去离子水	水	加至 100
	16/18 醇	鲸蜡硬脂醇	7.0
	BAPDA	山嵛酰胺丙基二甲胺	2.0
	1831	硬脂基三甲基氯化铵（70%）	3.5

续表

组相	商品名	原料名称	用量 / %
B	尿囊素	尿囊素	0.3
	HHR-250	羟乙基纤维素	1.25
	去离子水	水	12.5
C	QF-862	氨端聚二甲基硅氧烷	2.0
	JS-85S	水、蚕丝胶蛋白、PCA 钠	2.0
D	C200 防腐剂	2-溴-2-硝基丙烷-1,3-二醇、甲基异噻唑啉酮	0.10
	香精	香精	0.8
E	乳酸	乳酸	0.65

任务实施

1. 认识原料

（1）关键原料

① 硬脂基三甲基氯化铵。特性：白色或淡黄色半固体，化学性质稳定，耐热、耐光、耐强酸强碱，HLB值约为15.7，能溶于醇，易溶于热水，震荡时产生大量泡沫，具有表面活性以及乳化、杀菌、消毒、柔软、抗静电性能；在《化妆品安全技术规范（2015版）》中作为限用组分，规定：a. 驻留类产品限量0.25%；b. 淋洗类产品限量2.5%。

② 山嵛酰胺丙基二甲胺。特性：白色至淡黄色片状固体，不溶于水，可溶于乙醇等有机溶剂，稳定性好；具有优良的乳化、分散、抗静电、增溶性能；兼有阳离子表面活性剂和非离子表面活性剂的特点，与阴离子表面活性剂的配伍性好；生物降解性好。建议添加量：0.5%～2.5%。

③ 氨端聚二甲基硅氧烷。特性：无色至微黄色液体或乳白色乳液，微溶于水，稳定性好；具有优良的成膜、吸附、乳化、润滑、消泡、抗静电能力；广泛应用于漂洗型护发素、发膜产品和免洗护发产品中。建议添加量：漂洗型护发素0.1%～10.0%，免洗护发素0.1%～5.0%。

（2）其他原料

① 2-溴-2-硝基丙烷-1,3-二醇、甲基异噻唑啉酮。特性：透明液，易溶于水。建议添加量：0.1%。

② 乳酸。特性：无色或微黄色透明液体，可与水、乙醇、甘油以任意比例混合；主要用作调理剂和头发的柔润剂，调节 pH 值的酸化剂。《化妆品安全技术规范》中限量为6%（以酸计）。

2. 分析配方结构

分析漂洗型护发素的配方组成。分析结果见表4-11。

表4-11 漂洗型护发素配方组成的分析结果

组分	所用原料	用量 / %
溶剂	水	80.7
发用调理剂	油脂（酯）：氨端聚二甲基硅氧烷	2
	阳离子聚合物：山嵛酰胺丙基二甲胺	2

续表

组分	所用原料	用量 / %
乳化剂	硬脂基三甲基氯化铵	3.5
增稠剂	16/18醇、羟乙基纤维素	8.25
发用功效原料	水、蚕丝胶蛋白、PCA钠	2
防腐剂	C200	0.1
pH调节剂	乳酸	0.65
赋香剂	香精	0.8

该产品配方组成符合护发素的配方组成要求。

配方采用长碳链的阳离子调理剂，深层滋养头发，使头发柔软，顺滑富有光泽。

3. 配制样品

（1）操作关键点　配方中的阳离子化合物在高温下会分解出"胺"，引起产品变色。所以制备时要控制温度不要超过85℃，同时减少加热时间。

（2）配制步骤及操作要求　漂洗型护发素的配制步骤及操作要求见表4-12。

表4-12　漂洗型护发素的配制步骤及操作要求

序号	配制步骤	操作要求
1	加入阳离子调理剂和蜡	将水加热到85℃，加入BAPDA和1831，搅拌分散5min，加入16/18醇、尿囊素，搅拌5min，为A组分
2	加入高分子增稠剂	将HHR-250加入冷水中，充分分散，加入至A组分中，在85℃下搅拌10min，均质（保证HHR-250充分溶胀分散）
3	加入保湿剂和硅油	降温到45℃，加入JS-85S和QF-862，混合均匀
4	加入香精和防腐剂	依次加入香精和防腐剂，香精和防腐剂建议用减量法称量
5	调节pH值	将乳酸用水溶解，分批加入，边加入边测量pH，pH值符合要求后，停止加酸，记录乳酸用量

4. 检验样品质量

漂洗型护发素的质量检测项目增加黏度。

5. 制定生产工艺

根据小试步骤，制定漂洗型护发素的生产工艺为：

① 往乳化锅中按配方加入去离子水，升温至85℃，加入A相，均质搅拌均匀；

② 将B相倒入A相中搅拌乳化，均质均匀，搅拌保温20min；

③ 降温至45℃，加入C相，搅拌均匀；

④ 加入D相搅拌均匀，加入E相调节pH值达标后出料。

实战演练

　　见本书工作页　任务十三　配制护发素。

知识储备

一、护发素简介

　　护发素也称润丝，是以阳离子表面活性剂、季铵盐类、油脂等为主要成分组成的护发产品。护发素属轻油类型护发化妆品，在使用过程中能有效铺展并停留在头发表面而不被水冲走，能有效抚平头发表面翘起的毛鳞片，同时降低头发表面的负电荷强度，使头发光滑柔顺。

图片扫一扫

护发素相关知识
思维导图

　　根据使用的方法不同，护发素分为漂洗型护发素和免洗型护发素。漂洗型护发素是在洗发后将适量护发素均匀涂抹在头发上，轻揉1min左右，再用清水漂洗干净。免洗型护发素是在洗发后，将头发吹干，将适量护发素用手心均匀涂抹在头发上，轻揉至头发完全吸收，不需要用清水漂洗。

二、护发素的配方组成

　　护发素的配方组成见表4-13。

文档扫一扫

更多典型配方
——护发产品

表 4-13　护发素的配方组成

组分	常见原料	用量 / %
溶剂	水、甘油、丙二醇	适量
发用调理剂	油脂（酯）：羊毛脂衍生物、植物油脂、硅油等	1～3
	阳离子聚合物：山嵛酰胺丙基二甲胺、季铵盐-82	1～3
乳化剂	PEG-20硬脂酸酯、西曲氯铵、硬脂基三甲基氯化铵	1～3
增稠剂	硬脂酸、十六醇、十六/十八醇（16/18醇）、纤维素类、蜂蜡类等	3～10
发用功效剂	营养剂、保湿剂、护色剂、护卷剂、抗过敏剂等	适量
配方助剂	螯合剂、缓冲剂、抗氧化剂、紫外线吸收剂等	0.1～1
感官调整剂	颗粒、闪粉、色素、植物提取液等	0.01～1
防腐剂	卡松、羟苯甲酯、羟苯丙酯等，以及无防腐体系	0.1～1
pH 调节剂	柠檬酸、乳酸、氢氧化钠、精氨酸、三乙醇胺等	适量
赋香剂	水溶性香精、油溶性香精、纯露、精油等	0.3～1

1. 发用调理剂

　　（1）阳离子物质　阳离子表面活性剂和阳离子聚合物可以增强头发的柔软度。配方设计时注意用量，如果阳离子表面活性剂和阳离子聚合物过多时，对头皮有刺激，洗后第二天头发会变硬、触摸时手感变粗糙。

（2）油脂　增加硅油、合成油脂、植物或动物油脂可以增加产品的滑感和光亮度。但过多的硅油和动物油脂会增加头发的厚重感，长期使用有累积效应。油脂一般是亲水改性油脂、合成油脂、硅油（包括挥发性硅油、乳化硅油、改性硅油、硅脂等）等相互配搭使用。

2. 乳化剂

护发素中含有大量的阳离子物质，为保证产品稳定性，应选用阳离子乳化剂和非离子乳化剂。

3. 增稠剂

通过增加多元醇、蜡类、硬脂酸以及聚合物调理剂来增加产品的黏度。以十六/十八醇与纤维素类配搭较多，黏度随着十六/十八醇与纤维素原料的用量增加而增加。黏度越高，料体在头发上的分散越差。一般配方中会增加5%～20%多元醇（甘油、丙二醇等）来提升产品分散性和湿发性能。护发素的黏度依据不同种类、不同包装、不同用途、不同配方而定，一般漂洗型护发素生产内控黏度为20000～80000mPa·s，最佳范围为30000～50000mPa·s。

4. 发用功效剂

蛋白质的天然氨基酸排列与头发的氨基酸结构能良好结合，在毛发上形成连续且牢固的蛋白膜，为毛发提供保湿、平滑以及亮泽等功效。角蛋白含有高浓度的胱氨酸，可以清除由污染和紫外线产生的自由基。常用的蛋白有蚕丝胶蛋白、月桂基二甲基铵羟丙基水解小麦蛋白等。

5. 感官调整剂

带阳离子性质的聚合物和化合物，在受热、光照、储存时间长等情况下易变黄，因此，护发素外观一般会以黄色为主，尽量不要调成蓝色，因为蓝色会受到变黄影响而变成绿色。

6. pH调节剂

护发素pH值应与头皮pH值近似，过酸会损伤头皮和毛囊。护发素pH值应在4.0～6.0，最佳范围是4.5～5.5。产品在储存过程中pH不应有变化。

三、护发素的生产工艺

护发素在市场上多为乳化型膏霜，其工艺流程图见图4-5。

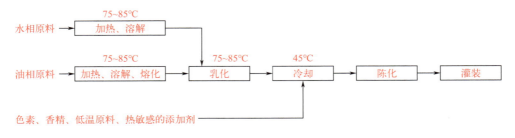

图4-5　护发素的生产工艺流程图

1. 准备工作

配制护发素的容器是真空均质乳化锅，生产过程中应采用不锈钢或塑料的容器和工具。

2. 水相的制备

先将去离子水加入水相锅中，再将阳离子表面活性剂、水溶性成分（如甘油、丙二醇、山梨醇等保湿剂）、水溶性乳化剂等加入其中，开启蒸汽加热，搅拌下加热至约75～85℃，维持

30min灭菌后待用。如配方中含有水溶性聚合物，应单独配制，将其溶解在水中，在室温下充分搅拌使其均匀溶胀，防止结团，如有必要可进行均质，在乳化前加入水相。要避免长时间加热，以免使原料受热引发化学变化。

3. 油相的制备

将油、脂、乳化剂、其他油溶性成分等加入油相锅内，开启蒸汽加热，在不断搅拌条件下加热至75～85℃，使其充分熔化或溶解均匀待用。要避免过度加热和长时间加热，以防止原料成分氧化变质。容易氧化的油分、防腐剂和乳化剂等可在乳化之前加入油相中，溶解均匀，即可抽至真空乳化锅中进行乳化。

4. 乳化和冷却

上述油相和水相原料通过过滤器按照一定的顺序加入乳化锅内，在规定的温度（75～85℃）条件下，进行一定时间的搅拌、均质和乳化。冷却至约45℃，搅拌加入香精、色素及"低温原料"或热敏感的添加剂等，搅拌混合均匀。冷却到接近室温，取样检验，感官指标、理化指标合格后出料。

5. 陈化和灌装

静置储存陈化2天后，耐热、耐寒和微生物指标经检验合格后，方可进行灌装。

四、质量标准及要求和常见质量问题及原因分析

1. 质量标准及要求

护发素质量应符合QB/T 1975—2013《护发素》，其感官、理化指标见表4-14。

表4-14　护发素感官、理化指标

项目		要求	
		漂洗型护发素	免洗型护发素
感官指标	外观	均匀，无异物（添加不溶颗粒或不溶粉末的产品除外）	
	色泽	符合规定色泽	
	香气	符合规定香型	
理化指标	耐热	（40±1）℃保持24h，恢复至室温后无分层现象	
	耐寒	（-8±2）℃保持24h，恢复至室温后无分层现象	
	pH 值（25℃）	3.0～7.0（不在此范围内的按企业标准执行）	3.5～8.0
	总固体/%	≥4.0	—

另外还要达到以下要求：

① 外观均匀亮泽，洁白或半透明、透明的乳液或膏霜。

② 香气怡人，稠度适宜，遇水易分散。

③ 保护头发的毛鳞片表面，防止产生静电，防止发尾的爆裂、分叉。

④ 赋予头发光泽，具有滋润的作用，使头发柔软、防止断裂，使头发不易打结。

2. 常见质量问题及原因分析

护发素常见质量问题及原因分析如下:

① 刺激大。护发素的pH值过高与过低或者阳离子调理剂过多。

② 膏体变色。在高温和光照的条件下,油脂容易发生氧化反应,导致颜色变化。同时,阳离子表面活性剂、阳离子聚合物以及阳离子化合物也可能受到影响。特别是在高温和光照的条件下,阳离子聚合物可能会释放出氨(或胺),这是由于高温和光照促使其分解或结构变化。这种氨(胺)的释放可能会影响产品的稳定性。

巩固练习

一、单选题

1. 护发素的常用配方成分之一阳离子表面活性剂如山嵛酰胺丙基二甲胺,所起的作用是(　　　)。

A. 增稠剂　　　　　　B. 保湿剂　　　　　　C. 调理剂　　　　　　D. pH调节剂

2. 易分散、易涂抹是护发素配方设计要点之一,一般漂洗型护发素的黏度控制范围应为(　　　)。

A. 10000～30000mPa·s　　　　　　B. 30000～50000mPa·s

C. 60000～90000mPa·s　　　　　　D. 80000～100000mPa·s

3. 护发素的常用配方成分之一蚕丝胶蛋白,所起的作用是(　　　)。

A. 增稠剂　　　　　　B. 保湿剂　　　　　　C. 调理剂　　　　　　D. pH调节剂

4. 在制备护发素的过程中,膏体颜色发生变化的原因不是(　　　)。

A. 脂氧化变色　　　　　　　　　　B. 阳离子聚合物析出"氨"

C. 有些功效成分有颜色　　　　　　D. 阳离子表面活性剂过多

二、多选题

1. 护发素常见质量问题之一是刺激性比较大,产生的原因可能是(　　　)。

A. pH值过高　　　B. pH值过低　　　C. 阳离子调理剂过多　D. 阳离子调理剂过少

2. 护发素的常用配方成分之一乳酸所起的作用包括(　　　)。

A. 增稠剂　　　　　　B. 保湿剂　　　　　　C. 柔软剂　　　　　　D. pH调节剂

3. 护发素对头发的作用主要有(　　　)。

A. 抗静电　　　　　　B. 柔软　　　　　　　C. 顺滑　　　　　　　D. 定型

三、判断题

1. 免洗型护发素产品标准中总固体要求大于4%。(　　　)

2. 阳离子聚合物可以增加头发的顺滑感,所以护发素中阳离子聚合物越多越好。(　　　)

3. 护发素在市场上多为乳化型膏霜,乳化型护发素的生产工艺流程与护肤膏霜相似。(　　　)

任务四　配制发油

学习目标

能说明发油和护发素的异同。

情景导入

客户需要一款改善头发梳理性，使头发滋润、易梳理的发油。老王设计了该发油的配方，见表4-15。

视频扫一扫

发油的制备

小白需要把产品小样制备出来，初步确定产品的内控指标，并跟进该产品的放大生产试验。

表4-15　易梳理发油的配方

组相	商品名	原料名称	用量 / %
A	异十二烷	异十二烷	加至100
	QF-1606	环五聚二甲基硅氧烷、聚二甲基硅氧烷醇	28
	QF-656	苯基聚三甲基硅氧烷	2.0
	DC-1403	聚二甲基硅氧烷醇、聚二甲基硅氧烷	30
B	0.1% 油溶紫	CI 60725	0.03
C	VE	生育酚（维生素E）	0.5
D	香精	香精	0.5

任务实施

1. 认识原料

（1）关键原料

① 异十二烷。特性：澄清、透明、无色、无味的液体，具有挥发性，无残留感，肤感清爽无刺激，性质稳定。

② 环五聚二甲基硅氧烷、聚二甲基硅氧烷醇。特性：无色透明黏稠液体，环五聚二甲基硅油作为载体，使高分子量的聚二甲基硅氧烷醇均匀地铺展在皮肤表面，然后环五聚二甲基硅氧烷挥发，留下由聚二甲基硅氧烷醇形成的有机硅薄膜。建议添加量：1.0%～50.0%。

③ 苯基聚三甲基硅氧烷。特性：无色透明液体，折射率高，不油腻，透气性好，与化妆品油脂的相容性好；能够显著提高光泽度；在发油或免洗护发产品中，可以有效改善头发的光泽度和丝滑感。建议添加量：1.0%～20.0%。

④ 聚二甲基硅氧烷醇、聚二甲基硅氧烷。特性：无色透明黏稠液体，具有成膜性，光亮不黏腻，能够显著提高顺滑度，改善梳理性，防止头发分叉。建议添加量：1.0%～50.0%。

（2）其他原料　CI 60725。特性：紫黑色粉末，不溶于水，溶于有机溶剂。对甲苯胺（p-toluidine）不超过 0.2%；1-羟基 -9,10- 蒽二酮（1-hydroxy-9，10-anthracenedione）不超过 0.5%；1,4- 二羟基 -9,10- 蒽二酮（1,4-dihydroxy-9,10-anthracenedione）不超过 0.5%；禁用于染发产品。

2. 分析配方结构

分析易梳理发油的配方组成。分析结果见表4-16。

表4-16　易梳理发油配方组成的分析结果

组分		所用原料	用量 /%
油脂类	其他油脂类	异十二烷	40.97
	硅油	聚二甲基硅氧烷、苯基聚三甲基硅氧烷、环五聚二甲基硅氧烷、聚二甲基硅氧烷醇	58
其他添加剂		抗氧化剂（VE）、色素（0.1% 油溶紫）、香精	1.03

易梳理发油的配方组成符合发油的配方组成要求。该配方添加很多硅油，使头发易梳理、滋润、有光泽。

3. 配制样品

（1）操作关键点　配制产品的烧杯等仪器要保持干燥。

（2）配制步骤及操作要求　易梳理发油的配制步骤及操作要求见表4-17。

表4-17　易梳理发油的配制步骤及操作要求

序号	配制步骤	操作要求
1	混合油脂	先混合三种硅油，再加入异十二烷。可以稍微加热助溶，温度不要高于45℃，注意烧杯保持干燥，油脂不能冒烟，搅拌溶解至产品透明
2	加入抗氧化物质	室温下用减量法加入抗氧化剂，搅拌至产品透明
3	加入香精	室温下用减量法加入香精，搅拌至产品透明
4	加入色素	减量法少量多次加入，直到颜色达标。记录色素用量

4. 检验样品质量

按照GB/T 13531.4—2013加测小样的相对密度。

5. 制定生产工艺

根据小试步骤，制定易梳理发油的生产工艺为：

① 将A相成分按配方比例添加，搅拌至完全分散均匀；

② 称取C相成分，加入A相的混合成分中，搅拌至分散完全；

③ 加入D相，搅拌均匀；

④ 加入B相，调整颜色达标，合格后采用干燥的400目过滤布出料。

实战演练

　　见本书工作页　任务十四　配制发油。

知识储备

一、发油简介

　　发油又称为头油，是一类无色或淡黄色透明的油性液体状化妆品。发油含油量高，不含乙醇和水，是全油型的护发化妆品。发油以油亮而不黏腻为佳。

图片扫一扫

发油相关知识
思维导图

　　我国妇女很早以来就习惯用茶籽油抹发，至今在我国南方少数山区，仍在沿用。而在欧美，习惯用橄榄油和杏仁油作发油。

　　发油能透过头发上的毛鳞片进入发丝中，帮助修复纤维组织，恢复头发活力，给头皮赋脂保湿、滋养，恢复洗发后头发所失去的光泽与柔软，防止头发及头皮过分干燥。它是一类既经济又有良好润滑作用的产品，但由于其有厚重的油腻感，使用者日益减少。

二、发油的配方组成

　　发油的配方组成见表4-18。

表4-18　发油的配方组成

组分		常见原料	用量 / %
油脂类	动植物油类	橄榄油、蓖麻油、花生油、豆油、杏仁油等	1～10
	矿物油	白油（异构烷烃含量较高者）	5～30
	其他油脂类	脂肪醇、脂肪酸酯、非离子表面活性剂等	5～20
	羊毛脂类	乙酸羊毛脂、羊毛脂异丙醇等羊毛脂衍生物	1～5
	脂肪酸酯类	肉豆蔻酸异丙酯、棕榈酸异丙酯等	5～50
	硅油	聚二甲基硅氧烷、苯基聚三甲基硅氧烷、氨端聚二甲基硅氧烷、环己硅氧烷、环五聚二甲基硅氧烷、聚二甲基硅氧烷醇	1～50
其他添加剂		防晒剂、抗氧化剂、色素、香精	0.1～0.5

　　1.动植物油脂

　　动植物油脂对毛发有良好渗透性，易被毛发吸收，可以达到修复效果。但是动物油因含较多不饱和键而不稳定，需加抗氧化剂；使用时有黏滞感，现较少用。

　　2.矿物油脂

　　使头发润滑性好，对头发的光泽和修饰能起良好作用；化学性质稳定，价格便宜，目前发油产品中多用。

　　3.其他油脂类

　　调节发油的黏度，提高香料在其中的溶解性能。

4. 羊毛脂

保护头发；增加头发的光泽。

5. 脂肪酸酯

改善油脂类基质性质，阻滞酸败；对头发既有赋予光泽又有滋润的作用。

6. 硅油

增加头发的滑感、光亮度、柔软度，修护粘连毛鳞片。

7. 其他

为了保证发油的稳定性，可以加入防晒剂、抗氧化剂、油溶性色素和香精。

三、发油的生产工艺

1. 准备工作

配制发油的容器应是不锈钢蒸汽加热锅或耐酸搪瓷锅，避免采用铁的容器和工具。

2. 按配方称量，搅拌加热

在装有简单螺旋桨搅拌机的夹套加热锅中，按配方先加入各种油脂，搅拌加热至40～50℃，完全熔化至透明；加入香精、色素，恒温搅拌至完全透明；开夹套冷却水，使物料冷却至30～35℃；取样化验，10℃时应保持透明，同时将产品留样保存数月后观察，不能有呈圆珠形的黄色香精沉于瓶底。

3. 静置过夜

在夹套锅内制造完的发油，送至发油贮存锅静置过夜，使发油中可能存在的固体杂质沉积于贮存锅底部。隔夜从放料管放出的发油即可装瓶。

4. 装瓶包装

要求包装玻璃瓶干净无水分。装瓶后的发油应清晰、透明、无杂质。

四、质量标准和常见质量问题及原因分析

1. 质量标准

发油的行业标准为QB/T 1862—2011《发油》，其感官、理化指标见表4-19。

表4-19　发油的感官、理化指标

项目		要求		
		单相发油	双相发油	气雾罐装发油
感官指标	清晰度	室温下清晰，无明显杂质和黑点	室温下油水相分别透明，油水界面清晰，无雾状物及尘粒	—
	色泽	符合规定色泽		
	香气	符合规定香型		
理化指标	pH 值（25℃）	—	水相4.0～8.0	—
	相对密度（20℃）	0.810～0.980	油相 0.810～0.980；水相 0.880～1.100	—

续表

项目		要求		
		单相发油	双相发油	气雾罐装发油
理化指标	耐寒	－10～－5℃保持24h，恢复至室温后与试验前无明显差别		－10～－5℃保持24h，恢复至室温能正常使用
	喷出率/%	—	—	≥95
	起喷次数（泵式）/次	≤5		—
	内压力/MPa	—		在25℃恒温水浴中试验应小于0.7

2. 常见质量问题及原因分析

发油的主要质量问题是透明度差和经过数月后有香精析出。主要原因：

① 白油或包装玻璃瓶中含有微量水分。

② 白油运动黏度高，含有少量蜡分。

③ 发油贮存数月后有香精析出，是因为香精用量过多或香精在白油中溶解度较差。

巩固练习

一、单选题

1. 发油为（　　），无色无味。

A. 膏状　　　　　　　B. 粉状　　　　　　　C. 乳状　　　　　　　D. 液体状

2. 发油能增加头发的油性，保持头发的（　　）。

A. 水分、光泽　　　　B. 亮丽、光泽　　　　C. 柔和、光泽　　　　D. 弹性稳定

3. 油性头发，洗发的次数增加可减少头发上的油脂或因油脂而产生的（　　）。

A. 头皮屑　　　　　　B. 分泌物　　　　　　C. 杂物　　　　　　　D. 污垢

4. 发油颜色调整达标，检验合格后用干燥的（　　）目过滤布出料。

A. 100　　　　　　　　B. 200　　　　　　　　C. 300　　　　　　　　D. 400

二、论述题

如何操作才能使产品留样保存数月后没有呈圆珠形的黄色香精沉于瓶底？

拓展阅读

绿色发展与生态文明：植物原料在洗发、护发产品中的应用与创新

植物原料在洗发、护发产品中的应用体现了生态文明建设和绿色发展的重要性。通过广泛的研究和实践，植物原料不仅在洗发、护发产品中得到了广泛应用，而且在促进头发健康、防治脱发等方面展现出了显著的效果。

植物油脂如鳄梨油、深海两节荠籽油、霍霍巴籽油、刺阿干树仁油和椰子油等被研究用于护发，这些油脂不仅能够改善头发的光泽和强韧性，还能提供综合的护发效果。

此外，草药如灵芝和汉防己也被用于开发具有去屑止痒和营养滋润效果的洗发香波，植物精油相对于矿物油、硅油，在改善头发强韧性和维护头发健康光泽方面具有明显优势。使用天然植物成分的洗发、护发产品，选择绿色、环保的生活方式，减少了对环境的污染，同时也保护了消费者的健康。

在洗发产品的开发中，含植物成分的产品被证明有洁发和护发的效果。例如，我国油茶种植面积达上千万亩，茶籽作为一种传统的洗发佳品，含有茶皂素、多种氨基酸和蛋白质，具有洁发和护发的效果。这些研究成果不仅丰富了洗发护发产品的种类，也为发展林业经济提供新思路。

植物原料在洗发、护发产品中的应用，符合科技创新和民生改善的要求。通过广泛的研究和实践，植物原料的应用为洗发、护发产品提供了更多的选择和更好的效果，同时也为促进头发健康提供了有效的解决方案。

项目五

面部彩妆产品

‹ **学习目标**

知识目标

1. 掌握面部彩妆产品的特点。

2. 掌握面部彩妆产品的配方组成。

3. 掌握面部彩妆产品的制备要求。

技能目标

1. 能初步审核面部彩妆产品的配方。

2. 能制备并评价面部彩妆产品。

素质目标

1. 培养文化自信。

2. 培养文化与经济相互促进，共同发展的意识。

‹ **知识导图**

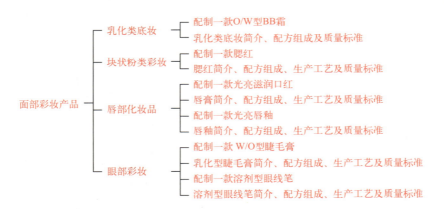

在彩妆艺术的领域中，面部彩妆是打造个性化妆容的基石。底妆作为化妆的第一步，通过粉底液、粉底霜或粉饼等产品，为我们提供了均匀肤色和遮盖瑕疵的完美画布。接下来，腮红以其自然的红润为面颊增添活力，让整个面部看起来更加生动。唇膏则以其多样的色彩和质感，不仅美化唇部，更成为表达个人风格的时尚声明。而眼部彩妆，包括眼影、眼线和睫毛膏，以其丰富的色调和层次感，重塑眼部轮廓，增强立体感，为妆容增添独特的个性和魅力。这些产品共同作用，不仅能够单独突出面部的美感，还能与整体妆容完美融合，无论是日常淡妆还是特殊场合的精致妆容，都能让我们在人群中脱颖而出，展现出自信和风采。选择适合自己肤色、肤质和场合需求的面部彩妆产品，是确保妆容和谐与完美的关键。

任务一　配制BB霜

学习目标

能说明乳化类底妆和膏霜产品的异同。

情景导入

小丽，一位化妆品技术专业毕业生，带着对美的向往和专业技能的追求，踏入了彩妆企业，开始了她的职业生涯。在这里，她有幸遇到了经验丰富的老刘，成为了她的指导老师。老刘不仅传授给小丽专业知识，更鼓励她守正创新，将彩妆与艺术相结合，通过学习美术知识来丰富自己的设计灵感。

面对客户对一款遮瑕度高、提亮效果好、肤感清爽且易卸除的底妆产品的迫切需求，老刘选择了O/W型BB霜，并将配方设计完成，其配方详情记录在表5-1中。经过一段时间的合作，老刘对小丽的工作能力和负责态度给予了高度认可，决定让她独立完成产品小样的制备工作，并根据小样的制备情况，初步确定产品的内控指标，这不仅为小丽提供了一个展示自己能力的平台，也是对她专业成长的一次重要考验。

视频扫一扫

粉底液的制备

表5-1　O/W型BB霜配方

组相	原料名称	用量 / %
A	去离子水	加至100
	丁二醇	5.0
	黄原胶	0.1
	羟苯甲酯	0.1
	丙烯酸（酯）类共聚物（SF-1）	0.5
B	硬脂醇聚醚-21	1.5
	硬脂醇聚醚-2	1.5
	季戊四醇四（乙基己酸）酯（PTIS）	4.0
	棕榈酸乙基己酯（2-EHP）	5.0
	鲸蜡硬脂醇	1.0

续表

组相	原料名称	用量 / %
B	聚二甲基硅氧烷	2.0
	异十三醇异壬酸酯	5.0
	云母（三乙氧基辛基硅烷处理）	4.0
	氮化硼（三乙氧基辛基硅烷处理）	2.0
C	$C_{12} \sim C_{15}$ 醇苯甲酸酯	5.0
	二氧化钛（CI 77891）（三乙氧基辛基硅烷处理）	12.0
	氧化铁类（三乙氧基辛基硅烷处理）	适量
	聚羟基硬脂酸	0.5
D	三乙醇胺	适量
E	苯氧乙醇，乙基己基甘油	适量
	香精	适量

任务实施

一、设备与工具

除常规设备外，增加三辊研磨机。

二、操作指导

1. 认识原料

（1）关键原料　遮瑕度高、提亮效果好的BB霜，其核心原料是二氧化钛、云母、氮化硼。上述粉体用全氟辛基三乙氧基硅烷处理后，具有疏水性强的特点，不溶于酯类、白油，易分散在硅油体系中，皮肤附着力好，肤感平滑，持妆时间久。

① 二氧化钛。特性：白色无定形粉末（高温下变成棕色），无臭无味，是一种白色无机颜料，具有无毒、最佳的不透明性、最佳白度，被认为是目前世界上性能最好的一种白色颜料。配方中作为遮盖剂、着色剂、美白剂。

② 云母。特性：云母粉是一组复合的水合硅酸铝盐的总称，质软、带有光泽，具有很强的贴附性和适度的光泽感及柔润感，提高白度的同时改善妆面的亮度和持久性，主要用于制造香粉、粉饼、腮红、粉底液等产品。

③ 氮化硼。特性：氮化硼是一种由氮原子和硼原子构成的晶体，具有多种晶型，其中化妆品里面常用的为六方氮化硼，晶体结构具有类似石墨的层状结构，具备良好光泽度、帖服性及很好的润滑性，常用于BB霜、口红等产品。

（2）其他原料

① 丙烯酸共聚物。别名SF-1。特性：水溶性聚合高分子乳液，也是碱溶胀性乳液，在皮肤

护理体系中可以悬浮分散色粉，适合水包油型含色粉体系。建议用量：0.5%～8%。

② 季戊四醇四（乙基己酸）酯。特性：无色无味的透明液体；具有丰满柔滑肤感，广泛用于皮肤护理剂、增稠剂、保湿产品。

③ 异十三醇异壬酸酯。特性：无色无味低黏性液体。具有丝滑柔软、清爽不油腻的肤感，是极佳的润肤剂，可解决硅油低温析出问题，对色料有很好的分散能力，用于各种高级护肤产品等。

④ C_{12}～C_{15}醇苯甲酸酯。特性：无色无味、无臭透明油状液体，具有良好的溶解能力和色粉分散能力，肤感清爽，并且极易乳化，可广泛用于各种膏霜和乳液中。

⑤ 氧化铁类。特性：主要分为铁红、铁黑和铁黄三组，粉末状固体，具有较强的着色力和遮盖能力。广泛用于粉底霜、粉饼、眼影、唇膏等面部或眼部产品中。

⑥ 聚羟基硬脂酸。特性：黄色至浅褐色黏稠状液体，易溶于油脂等非极性溶剂，微溶于乙醇，不溶于水和其他极性溶剂。可用于防晒产品、彩妆和清洁产品中，显著降低分散液的黏度。

2. 分析配方结构

分析遮瑕提亮的BB霜配方组成，分析结果见表5-2。

表5-2　遮瑕提亮BB霜配方组成的分析结果

组分	所用原料	用量 / %
油脂	季戊四醇四（乙基己酸）酯（PTIS）、棕榈酸乙基己酯（2-EHP）、异十三醇异壬酸酯、聚二甲基硅氧烷	16.00
乳化剂	硬脂醇聚醚-21、硬脂醇聚醚-2	3.00
保湿剂	丁二醇	5.00
增稠悬浮剂	黄原胶、鲸蜡硬脂醇、丙烯酸（酯）类共聚物（SF-1）	1.60
功能性粉末	云母（三乙氧基辛基硅烷处理）、氮化硼（三乙氧基辛基硅烷处理）、二氧化钛（CI 77891）（三乙氧基辛基硅烷处理）	18.00
其他成分	香精、溶剂（水）、防腐剂（羟苯甲酯、对羟基苯乙酮、苯氧乙醇，乙基己基甘油）、分散剂（C_{12}～C_{15}醇苯甲酸酯、聚羟基硬脂酸）、着色剂（氧化铁类）	56.40

遮瑕提亮BB霜配方组成符合乳化类底妆的配方组成要求。

配方中油脂选用铺展性好的异十三醇异壬酸酯、棕榈酸乙基己酯增加产品的延展性，少量滋润性油脂季戊四醇四（乙基己酸）酯保证产品润度，同时添加云母及氮化硼类原料使得配方具有优异的提亮效果。

3. 配制样品

（1）操作关键点　粉类原料加入前要充分润湿，具体操作为将粉质原料混合与C_{12}～C_{15}醇苯甲酸酯搅拌润湿，用三辊研磨机或者胶体磨研磨均匀后再加入油相中。

（2）配制步骤及操作要求　遮瑕提亮BB霜的配制步骤及操作要求见表5-3。

表5-3　遮瑕提亮BB霜的配制步骤及操作要求

序号	配制步骤	操作要求
1	油相、水相的制备	分别将油相和水相中的原料混合、搅拌、加热溶解
2	预分散粉质原料	将粉质原料与分散油脂混合搅拌均匀，三辊研磨机研磨三遍
3	将研磨好的粉质原料加入油相	保温搅拌分散均匀
4	乳化	将油相加入水相，保温搅拌、均质
5	调节pH值	适量加入三乙醇胺，均质，调节pH值
6	加入香精防腐剂	降温，加入香精和苯氧乙醇、乙基己基甘油

4. 检验样品质量

遮瑕提亮BB霜需要加测相对密度。

5. 制定生产工艺

根据小试步骤，制定肤感清爽易卸除的O/W型BB霜产品的生产工艺为：

① 分别将A、B相加热到80～85℃，搅拌溶解分散均匀；

② 将C相混合并搅拌润湿，用胶体磨或者三辊研磨机研磨使其均匀；

③ 将C相加入B相中，保温搅拌分散均匀；

④ 将（B+C）相物料倒入A相中，保温搅拌，均质3min；

⑤ 加入适量D相物料，均质3min，调节物料使其pH值在5.5～7.5；

⑥ 搅拌降温至45℃以下，加入E相物料，搅拌均匀，降温至35℃出料。

实战演练

见本书工作页　任务十五　配制粉底液。

知识储备

一、乳化类底妆简介

乳化类底妆包括BB霜、CC霜、粉底液等，以及气垫底妆产品（如气垫BB霜、气垫CC霜、气垫粉底液等）。

BB霜（blemish balm cream）主要运用在美容化妆上，明显遮盖，改善和弥补皮肤的各种缺陷，包括肤色暗沉、脸色发黄发黑、红血丝、斑点、毛孔粗大、轻度痤疮和皱纹，使皮肤看起来完美无瑕，因此而得名BB霜或遮瑕霜。

CC霜（color correcting cream）。大多数的CC霜会利用光反射的原理去提亮暗沉的肤色。其遮盖力比BB霜要轻薄，但在水润度、轻薄度，以及皮肤光泽度的提升上比BB霜具有更明显的优势。

粉底液（liquid foundation）与BB霜、CC霜产品相比，BB霜在妆效方面更强调自然裸妆，CC霜更强调光泽以及提亮作用，而粉底液则主要在于其不强调裸妆但具有明显的遮盖力，同时

图片扫一扫

粉底液相关知识
思维导图

具有提亮肤色的作用。而在外观形态上，粉底液相比BB霜和CC霜具有较低的黏稠度和流动性（气垫BB霜和CC霜因其特殊性除外）。

乳化类底妆的主要剂型有O/W型、W/O型、硅油包水型（W/Si）以及硅油+油包水型［W/（Si+O）］。不同剂型乳化类底妆配方的特点见表5-4。

表5-4　不同剂型乳化类底妆的特点

产品剂型	产品优点	产品缺点
O/W型	最清爽，易卸妆	持妆度差，防水抗汗性差，易脱妆
W/O型	滋润，防水抗汗性好，不易脱妆	相对较油腻，较易出现溶妆现象
硅油包水型（W/Si）	较清爽，防水抗汗性好，不易脱妆	相对偏干，易出现浮粉现象
W/（Si+O）	肤感介于W/O和W/Si之间，不易脱妆	配方体系复杂，稳定性影响因素较多

二、乳化类底妆的配方组成

乳化类底妆的配方组成见表5-5。

文档扫一扫

更多典型配方
——粉底

表5-5　乳化类底妆的配方组成

组分		常用原料	用量/%
油脂		环五聚二甲基硅氧烷、聚二甲基硅氧烷、辛酸/癸酸甘油三酯、异十三醇异壬酸酯、$C_{12}\sim C_{15}$醇苯甲酸酯	10～50
乳化剂	W/O型乳化剂	鲸蜡基PEG/PPG-10/1聚二甲基硅氧烷、PEG-10聚二甲基硅氧烷、PEG-9聚二甲基硅氧乙基聚二甲基硅氧烷、聚甘油-4异硬脂酸酯等	1～8
	O/W型乳化剂	聚山梨醇酯类（如聚山梨醇酯-60）、甘油硬脂酸酯/PEG-100硬脂酸酯、硬脂醇聚醚类（如硬脂醇聚醚-21）、鲸蜡硬脂基葡糖苷	
增稠悬浮剂		二硬脂二甲铵锂蒙脱石、蜂蜡、黄原胶、糊精棕榈酸酯等	0.1～5
保湿剂		甘油、丁二醇、丙二醇、透明质酸钠等	3～15
着色剂		二氧化钛、氧化铁系列	2～20
功能性粉末		氧化锌、硅粉（硅石）、云母、滑石粉、氮化硼	0～10
成膜剂		VP/十六碳烯共聚物、三甲基硅烷氧基硅酸酯	0～5
防腐剂		苯氧乙醇、羟苯甲酯等	适量
香精及其他		日用香精及其他如防晒剂、活性成分	适量

三、粉底液的生产工艺

乳化类底妆的生产工艺与乳化体生产相似，生产时需注意如下事项：

1. 粉类原料的分散

粉类原料加入前要充分润湿，加入后搅拌，均质均匀。如果粉类原料分散不均匀，容易产生色素聚集析出、飘色的现象，严重情况下会出现色粉颗粒析出。

2. 乳化温度

产品的乳化温度较大地影响了产品的稳定性，常见乳化温度为80～85℃，尤其当配方中含有固态的原料如蜡类等，在此温度下会使分散相分散更好。而当产品中无蜡类原料并且含有较多的挥发性的原料的时候，在乳化温度较低的情况下，产品的稳定性更佳。

3. 均质速度及时间

当乳化完成时，需要开启均质机，使分散相以细小的颗粒状态存在于连续相中，此时一般需要开启高速均质10～15min。若均质速度及时间不够，分散相粒径过大，容易产生聚集现象从而影响稳定性。

四、质量标准和常见质量问题及原因分析

1. 质量标准

粉底液类化妆品质量可参考广东省化妆品学会团体标准 T/GDCA 002—2020《粉底液》，其感官、理化指标见表5-6。

表5-6　粉底液的感官、理化指标

项目		指标要求		
		乳/液状	膏霜状	
			I 型	II 型
感官指标	外观	均匀的乳/液体（使用前需摇匀的产品，摇匀后再进行观察）	均匀一致的霜状（添加颗粒的产品符合规定外观）	均匀一致的固态膏体（多色产品符合规定外观）
	色泽	符合规定色泽，颜色均匀一致（为美观而形成的花纹除外）		
	气味	符合规定气味，无异味		
理化指标	pH 值（25℃）	4.0～8.5（水包油型）		
	耐热	（45±1）℃保持24h，恢复至室温后与试验前无明显性状差异、无出油、无分层、无颗粒析出（使用前需摇匀的产品，恢复室温后，摇匀再进行观察）		（45±1）℃保持24h，恢复至室温后与试验前无明显性状差异、无出油、无脱壁、无颗粒析出
	耐寒	（-15±1）℃保持24h，恢复至室温后与试验前无明显性状差异、无出油、无分层，无颗粒析出（使用前需摇匀的产品，恢复室温后，摇匀再进行观察）		（-15±1）℃保持24h，恢复至室温后与试验前无明显性状差异、无出油、无脱壁、无颗粒析出

2. 常见质量问题及原因分析

（1）W/O型底妆产品出油或破乳

① 乳化剂的种类选择与用量不合理。乳化剂的种类选择不合理，导致乳化剂与油相相容性

不好。乳化剂的添加量过少，使得分散相和连续相的界面膜较薄，引起分散相的聚集等从而导致破乳。

②油相各原料的相容性不好。如配方中使用了大量的硅油，却未添加适量的相容性油脂。

③增稠悬浮成分的添加，如增稠悬浮剂的添加量不够易造成粉类的沉降从而导致配方体系的出油现象。

④低温测试下破乳时，可通过添加适量的无机盐及多元醇，帮助在分散相及连续相的界面形成双电子层，并且降低水相的冰点来改善。

⑤生产工艺中如果均质及乳化的时间及强度不够，易导致破乳，可通过在乳化的时候增大乳化强度，以及增加乳化时间来改善。

（2）色粉聚集与沉降

①改善色粉的分散工艺，如使用胶体磨、研磨机等使得色粉在配方的油相中分散完全。

②配方中使用油脂与色粉的表面处理剂不相容时也会导致色粉的聚集，尽可能选用与色粉表面处理剂相容性好的油脂。

③配方的黏度偏低也容易导致色粉沉降，适当提高配方黏度可改善这种现象，可采用提高增稠悬浮剂的添加量、调整水相油相配比、增加水相的量等方法。

巩固练习

一、单选题

1. 在粉底液中一般添加（　　）可以使产品更好贴合皮肤，防止晕妆，防水抗汗效果更好。

A. VP/十六碳烯共聚物　　　　　　　　B. 蜡

C. 卡波姆　　　　　　　　　　　　　　D. 聚丙烯酸树脂

2. 粉底液属于（　　）底妆。

A. 散粉类　　　　　B. 乳化类　　　　　C. 油基类　　　　　D. 水剂类

3. 二氧化钛在W/O型粉底液中的作用是（　　）。

A. 保湿　　　　　　B. 遮瑕　　　　　　C. 乳化　　　　　　D. 增稠

二、多选题

1. 粉底液出现色粉聚集与沉降，主要原因有（　　）。

A. 色粉没有分散完全　　　　　　　　　B. 油脂与色粉相容性差

C. 体系悬浮效果差　　　　　　　　　　D. 保湿剂的影响

2. 以下原料，需要预处理的是（　　）。

A. 丁二醇　　　　　B. 钛白粉　　　　　C. 色粉　　　　　　D. 硬脂醇聚醚-21

三、判断题

1. 增稠悬浮剂的添加量不够易造成粉类的沉降从而导致配方体系的出油。（　　）

2. O/W型的粉底液滋润，防水抗汗性佳，不易脱妆。（　　）

四、论述题

同样配方的粉底液，有些同学能做出乳化状态非常好的产品，有些同学却做出破乳或者膏体粗糙的产品，请分析原因。

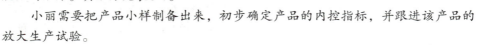

任务二　配制腮红

学习目标

能说明粉饼和散粉的异同。

情景导入

客户需要一款细腻自然、耐用、不易变质、肤感好的腮红。老刘设计了粉块腮红的配方。其配方见表5-7。

小丽需要把产品小样制备出来，初步确定产品的内控指标，并跟进该产品的放大生产试验。

视频扫一扫

粉饼的制备

表5-7　腮红的配方

组相	原料名称	用量 / %
A	滑石粉	加至100
	硅处理氧化锌	10.0
	硬脂酸锌	5.0
	碳酸镁	6.0
	高岭土	10.0
B	凡士林	2.0
	液体石蜡	2.0
	硅油	1.0
	无水羊毛脂	1.0
C	二氧化钛	3.0
	Red 6 钡色淀	2.5
D	苯氧乙醇	适量
E	香精	适量

任务实施

一、设备与工具

配制腮红的设备与工具包括电子天平、不锈钢粉碎机、压粉机等。

二、操作指导

1. 认识原料

（1）关键原料

① Red 6钡色淀。特性：CI 15850钡色淀，一种蓝光红色的粉末，不溶于水或油，色泽鲜艳，着色力强，光泽度高，流动性好，并具有良好的稳定性，无臭、无味。红色6号钡色淀的制备可以通过将钡离子和铬酸根离子反应而得到，钡和铬化合物对人体有毒性，可能对呼吸道、皮肤和消化系统造成刺激和伤害，因此在使用时需要采取安全措施，如佩戴眼镜、口罩和手套。避免与酸、氧化剂和易燃物接触，以免发生危险反应。在处理过程中要注意避免产生粉尘。法规限制和要求：2-氨基-5-甲基苯磺酸钙盐（2-amino-5-methylbenzensulfonic acid calcium salt）不超过0.2%；3-羟基-2-萘基羧酸钙盐（3-hydroxy-2-naphthalene carboxylic acid calcium salt）不超过0.4%；未磺化芳香伯胺不超过0.01%（以苯胺计）。

② 硅处理氧化锌。特性：亲油性粉末，具有良好的分散性。给产品带来一定的遮盖性能，又有较好的贴肤性及持妆性；可以增加粉饼的疏水性，做到湿用时表面不会结块，面妆也不会被汗水化开。

（2）其他原料

① 滑石粉。特性：白色粉末，结晶构造是呈层状的，具有特殊的润滑性；用于化妆品的滑石粉不得检出石棉。

② 硬脂酸锌。特性：白色细微粉末，有滑腻感。稍带刺激性气味；对皮肤有良好的吸着性，润滑性好。

③ 碳酸镁。性能：白色单斜结晶或无定形粉末；无毒、无味；可吸收皮肤表面的汗液和油脂。

④ 凡士林。标准中文名：矿脂。特性：由石油残油脱蜡精制而成；白色或淡黄色均匀膏状物，几乎无臭、无味；化学性质稳定。

⑤ 无水羊毛脂。特性：黄色半透明、油性的黏稠软膏状半固体；不溶于水；易被皮肤吸收；无毒，对皮肤没有不良作用。

（3）可能存在的安全性风险物质　滑石粉中可能存在的安全性风险物质为石棉，化妆品中不得检出石棉。

2. 分析配方结构

分析腮红的配方组成，分析结果见表5-8。

表5-8　腮红配方组成的分析结果

组分	所用原料	含量 / %
填充剂	滑石粉、硅处理氧化锌、高岭土、碳酸镁	83.5
着色剂	二氧化钛、Red 6钡色淀	5.5
黏合剂	粉：硬脂酸锌	5
	油脂：液体石蜡、凡士林、无水羊毛脂、硅油等	6
防腐剂	苯氧乙醇	适量
香精	日用香精	适量

可见该腮红的配方组成符合粉块腮红的配方组成要求。

该配方为保证产品的细腻性，不添加云母等大粒径的原材料，而是采用粒径小而肤感细腻的滑石粉，另外硅处理的氧化锌可以给产品带来一定的遮盖效果，能有效遮盖面部瑕疵，且具有较好的贴肤性及持妆性，适合一年四季使用。

3. 配制样品

（1）操作关键点

① 注意粉类原料要研磨细腻，分散均匀，避免结团。

② 压制粉饼时要做到平、稳，不求过快，防止漏粉、压碎，要根据配方适当调整压力。

（2）配制步骤及操作要求

腮红的配制步骤及操作要求见表5-9。

表5-9　腮红的配制步骤及操作要求

序号	配制步骤	操作要求
1	处理粉质原料	将填充剂混合均匀后，加入色粉，放入粉碎机磨细
2	处理油相	将油相加热，溶解均匀，保持液体状
3	混合油相和粉	从粉碎机中取约1/3粉体，将液体状的油相少量多次加入，边加边搅拌
4	加入防腐剂	继续加入防腐剂，边加边搅拌
5	加入香精	继续喷入香精，边加边搅拌
6	粉碎	将上述处理过的粉体重新放入粉碎机，与粉碎机中粉体混合，磨细
7	压制	确保压粉机使用正常，无漏油。将规定重量的粉料加入模具内，用适当的压力压制成型

4. 检验样品质量

粉块腮红要检验pH值，另外要检验的其他项目见表5-10。

表5-10　检验粉块腮红质量的项目及操作规范与要求

序号	检验项目	操作规范与要求
1	涂擦性能	预先将电热恒温鼓风干燥箱调节到（50±1）℃，将试样盒打开，置于干燥箱内。24h后取出，恢复至室温后用所附粉扑或粉刷在块面不断轻擦，随时吹去擦下的粉尘。每擦拭10次除去粉扑或粉刷上附着的粉，继续擦拭，共擦拭100次，观察块面的油块大小。要求油块面积≤1/4的粉块面积
2	跌落试验/份	准备一个表面光滑平整的正方形木板，厚度1.5cm，宽度30cm ① 取试样5份。依次将粉盒从花盒里取出，打开粉盒，再取出盒内的附件，如刷子等，然后合上粉盒。 ② 将粉盒置于50cm的高度，粉盒底部朝下，水平地自由跌落到正方形木板中央。打开粉盒观察。 ③ 依次逐份记录粉盒、镜子等破碎、脱落情况（简装粉块除外）、粉块碎裂情况。当出现破损不大于1份时则为合格
3	疏水性	从粉块表面将粉轻轻刮下，用80目筛子过筛，称取过筛物0.1g于100mL水中，观察30min，应无下沉

5. 制定生产工艺

根据小试情况，制定腮红的生产工艺为：

① 将A相混合搅拌均匀，加入C相，混合搅拌均匀、磨细、过筛；

② 将B相加热混熔均匀备用；

③ 将B相分3次喷入（A+C）相，搅拌均匀；

④ 加入D相，搅拌均匀；

⑤ 喷入香精，搅拌均匀；

⑥ 压制成型即得。

实战演练

见本书工作页　任务十六　配制腮红。

知识储备

一、腮红简介

腮红也称为胭脂，是一种修饰、美化面颊，涂敷于面颊适宜部位，使面颊呈现立体感，呈现红润、艳丽、明快、健康气色的美容化妆品。

图片扫一扫

腮红相关知识
思维导图

腮红在我国的历史可以追溯到五千多年前，这一时期胭脂的使用已经非常普遍，并且在古代文献中有着丰富的记载。例如，《齐民要术》和《农政全书》等重要农书中就有关于胭脂的详细描述，这些文献不仅记录了胭脂的别名、产地，还涉及其制作工艺。这表明，早在五千多年前，我国就已经有了对色彩的审美追求和化妆品的使用。

根据腮红的状态可分为液态、膏状与粉状三种，按剂型可分为乳化类、油基类、水基类和粉类。不同剂型腮红的肤感和上色都有明显差异。

① 肤感方面：粉类腮红干爽，乳化类腮红滋润，而油基类腮红则肤感较厚重。

② 上色方面：粉类腮红上色薄，乳化类腮红与油基类腮红更易上色，特别是水基类的，染色比较明显。

好的腮红质地柔软细腻、色泽均匀、涂抹性好。在涂敷粉底后施用腮红，易混合协调，通透有光泽感，对皮肤无刺激，香味纯正、清淡，易卸妆。

二、粉块腮红的配方组成

粉类腮红可以分为散粉状腮红和饼状腮红两种，其中饼状腮红较为常见。饼状腮红，也称为粉块腮红，包括常规压制成型、烤制成型、啫喱状、奶油腮红、腮红球、凝胶腮红等多种类型。

粉块腮红的配方组成见表5-11。

1. 着色剂

腮红的着色剂一般采用无机颜料和色淀。涂抹腮红的目的主要是提升气色，而颜色鲜艳的着色剂一般都是色淀，所以在腮红中采用的着色剂一般以有机红色色淀较为常见。

表 5-11　粉块腮红的配方组成

组分	常用原料	用量 / %
填充剂	滑石粉、云母、高岭土、淀粉等	≥ 60
着色剂	钛白粉、氧化铁系列、有机色粉系列	1 ～ 15
黏合剂	粉：硬脂酸镁、硬脂酸锌、肉豆蔻酸镁、肉豆蔻酸锌等	1 ～ 7
	油脂：液体石蜡、凡士林、角鲨烷、硅油等	5 ～ 15
防腐剂	苯氧乙醇、甲酯、丙酯	适量
香精	日用香精	适量

2. 填充剂

填充剂主要是粉体原料，起到填充和调节肤感的作用。腮红追求的妆效主要是通透而不是遮盖力，所以要求原料通透性比较高，可考虑选择粒径稍微小一点的粉体，如合成云母。而粉饼则要求具有一定的遮盖力，钛白粉的比例要高。

3. 黏合剂

黏合剂在化妆品生产中起着至关重要的作用，它不仅可以帮助压粉，防止粉饼干裂，还能增强粉块的强度和使用时的润滑性。然而，使用过量的黏合剂会导致粉块出现黏模现象，使得粉块难以涂抹均匀，因此在使用时需要谨慎选择用量。

黏合剂主要由油脂和粉类原料组成：

① 油脂：它能够提升产品的滋润度。对于使用粉扑上妆的粉饼，由于需要容易延展，通常选用黏度较低的油脂作为黏合剂。而腮红则使用刷子定妆，对妆效的持久性有较高要求，因此会选用黏度稍高的油脂来提高黏合效果。

②粉类：一些金属皂粉类，如硬脂酸锌、硬脂酸镁等，不仅有助于粉体压制成型，也是重要的黏合剂。这些粉类原料制成的腮红质地细腻、光滑，对皮肤的附着力强。但需要注意的是，它们需要较大的压力才能压制成型，并且金属皂的碱性可能对敏感性皮肤造成刺激。

三、腮红的生产工艺

腮红的生产需要用到粉体搅拌机、粉碎机、压粉机。主要生产工艺流程如图 5-1，生产程序如下：

① 先把粉的基料，如填充剂及防腐剂按配方比例称好后放入搅拌锅，高速搅拌至粉基料完全分散后，加入着色剂，高速搅拌使色粉能完全分散均匀，没有色素点；

② 将油相原料混合搅拌，如需要可加热溶解为液状且搅拌均匀；

③ 将预分散好的油相均匀喷洒到上述搅拌均匀的粉相，必须边喷油边搅拌，加入香精；

④ 料体通过粉碎机粉碎并过 60 目筛网；

⑤ 出料；

⑥ 压制成型是将规定重量的粉料加入模具内压制，用适当的压力压制成型。

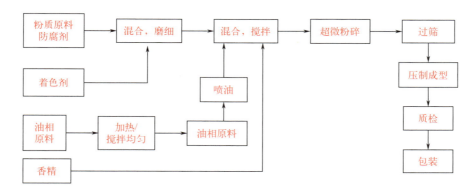

图 5-1　腮红的生产工艺流程图

四、质量标准和常见质量问题及原因分析

1. 质量标准

粉块类腮红的质量符合QB/T 1976—2004《化妆粉块》，其感官、理化指标见表5-12。

表 5-12　粉块类腮红的感官、理化指标

项目		要求
感官指标	外观	无异物
	香气	符合规定香型
	块型	表面应完整，无缺角、裂缝等缺陷
理化指标	涂擦性能	油块面积 ≤ 1/4 粉块面积
	跌落试验 / 份	破损 ≤ 1
	pH 值	6.0～9.0
	疏水性	粉质浮在水面保持30min不下沉

注：疏水性仅适用于干湿两用粉饼。

2. 常见质量问题及原因分析

（1）腮红表面有油块，不易涂擦

① 压制时压力过大，使腮红过于结实。

② 黏合剂用量过多，或者不匹配。

（2）表面疏松容易碎裂

① 黏合剂使用不当。

② 包装不当，运输时震动过于强烈。

③ 黏合剂用量过少，压制粉饼时的压力过小。

（3）色差

① 色料分散不完全，不均匀。

② 对色方法不当。

③ 加入着色剂后搅拌时间过长，调色过程过长。

（4）褪色　有机着色剂耐光、耐热性能差，随时间推移出现褪色、变黄的现象。

巩固练习

一、单选题

1. 在腮红的配方中，下列（　　）不是填充剂。

A. 云母　　　　　　　　B. 高岭土　　　　　　　　C. 淀粉　　　　　　　　D. 钛白粉

2. 下列属于乳化类腮红使用有机着色剂的是（　　）。

A. CI77492　　　　　　B. CI15850　　　　　　　C. CI77491　　　　　　D. CI77499

3. 以下哪一个不是黏合剂？（　　）

A. 苯氧乙醇　　　　　　B. 液体石蜡　　　　　　　C. 硬脂酸镁　　　　　　D. 硬脂酸锌

二、多选题

1. 粉块类腮红中粉体黏合剂的作用是（　　）。

A. 防止粉饼干裂　　　B. 提供滋润度　　　　　　C. 帮助压粉　　　　　　D. 调节肤感

2. 腮红按剂型可分为（　　）。

A. 粉块类腮红　　　　B. 乳化类腮红　　　　　　C. 油基类腮红　　　　　D. 水基类腮红

三、判断题

1. 腮红制作时黏合剂使用量越多越好。（　　　）

2. 制作油基腮红时应选择容易被皮肤吸收的油脂。（　　　）

四、论述题

粉块类腮红为什么容易碎裂？

任务三　配制唇膏

学习目标

能说明唇膏和膏霜的异同。

情景导入

老刘向小丽展示了古代汉语中用以形容红色的丰富词汇，如"绛""殷""朱""赤""丹"等。这些词汇不单纯是对色彩的描述，它们还蕴含着深邃的文化意蕴和审美情感。配方师应秉持创新和应用的精神，从中汲取灵感，进而设计出富有中国特色的彩妆产品。这样的设计不仅传承了中华文化，也满足了市场对具有个性和深度产品的需求。从而实现经济发展与文化繁荣相互促进。

客户需要一款艳红色，高亮，同时能提供滋润效果的口红产品。老刘设计了该口红的配方，见表5-13。助理小丽需要把产品小样制备出来，初步确定产品的内控指标，并跟进该产品的放大生产试验。

视频扫一扫

唇膏的制备

表 5-13　光亮滋润口红配方

组相	商品名	原料名称	用量 / %
A	白地蜡	地蜡	10.0
	蜂蜡	蜂蜡	6.0
	PE 400	聚乙烯	2.0
B	PAO 6	氢化聚癸烯	12.0
	新戊二醇二（乙基己酸）酯	新戊二醇二（乙基己酸）酯	12.0
	PB 1400	氢化聚异丁烯	8.0
	2-EHP	棕榈酸乙酸己酯（2-EHP）	10.0
	COYI 1668	月桂酸己酯	15.0
	TDTM	十三烷醇偏苯三酸酯	加至 100
C	TDTM	十三烷醇偏苯三酸酯	5.0
	TiO$_2$	二氧化钛	1.5
	Red 6 Ba Lake	Red 6 Ba Lake	1.0
	Yellow 5 Al Lake	Yellow 5 Al Lake	2.0
	Red 27 Al Lake	Red 27 Al Lake	0.15
	Red 6	Red 6	0.25
D	硅石	硅石	5.0
E	生育酚乙酸酯	维生素 E 乙酸酯（合成）	0.1
F	PP	羟苯丙酯	0.1

任务实施

一、设备与工具

在常规设备的基础上添加三辊研磨机、唇膏模具和口红折断力测试仪。

注意三辊研磨机和唇膏模具的操作和保养，掌握必要的维护技巧。

二、操作指导

1. 认识原料

（1）关键原料

① 氢化聚癸烯。特性：无色透明、无味、无挥发的液体；不溶于水；能与各类油脂完美相容；肤感清爽不油腻，配方中作为润肤剂；无毒、无刺激。

② 新戊二醇二（乙基己酸）酯。特性：透明液体，十字架结构的支链油脂，透气性佳，干爽，铺展性好，对颜料的分散性优异，热稳定性高。

③ 氢化聚异丁烯。特性：无色黏稠液体，轻微特征气味，耐热、耐光，在pH =3.0～11.0都有很好的稳定性；与白矿油、凡士林等正构烷烃相比，氢化聚异丁烯的透气性强，滋润不油腻，渗透力强；和天然角鲨烷的性质接近，但价格便宜许多；无毒、无刺激和低致敏性；用于口红，能帮助颜料分散，增加涂敷感，带来滋润而不油腻的手感，可作为保湿剂、润肤剂。

④ 月桂酸己酯。特性：无色或黄色透明液体，无味；清爽的低黏度油脂，分散性佳，易于涂抹。

⑤ 十三烷醇偏苯三酸酯。特性：淡黄色液体，无味，肤感厚重但不黏腻，亲肤性好，天鹅绒般的肤感和软垫感觉，与色料相容性好，能够和大多数油相成分相容。

（2）其他原料

① 地蜡。特性：白色、黄色至深棕色硬的无定形蜡状固体；有较好延展性，强吸油性，使其制品不会渗油；用作口红的硬化剂，可使口红在浇模时收缩而与模型分开。但用量多时，会影响口红表面光泽。

② 蜂蜡。特性：非结晶性蜡，其黏附性好，有很好的相溶性，使各组分混合均一。它能提高口红的熔点而不严重影响硬度，可缓和高熔点蜡含量过高所引起的脆化性。

③ 聚乙烯。特性：白色粉末，无味，具有优良的耐寒性、耐热性、耐化学性和耐磨性。在口红中应用可以改善产品的物理性能，如质地、光泽、耐用性和涂抹性能，同时也确保了产品的稳定性和安全性。

④ Yellow 5 Al Lake。

又名：CI 19140。特性：橙黄色细粉，不溶于水及有机溶剂。法规限制和要求，4-苯肼磺酸（4-hydrazinobenzene sulfonic acid）、4-氨基苯-1-磺酸（4-aminobenzene-1-sulfonic acid）、5-羰基-1-（4-磺苯基）-2-吡唑啉-3-羧酸（5-oxo-1-（4-sulfophenyl）-2-pyrazoline-3-carboxylic acid）、4,4′-二偶氮氨基二苯磺酸〔4,4′-diazoaminodi（benzene sulfonic acid）〕和四羟基丁二酸（tetrahydroxy succinic acid）总量不超过0.5%；未磺化芳香伯胺不超过0.01%（以苯胺计）。

⑤ Red 27 Al Lake。又名：CI 45410。特性：属于荧光素，当暴露于光线下时会表现出荧光特性，这使得产品除了具有红色色调外，还能在外观上提亮产品，法规限制和要求，2-（6-羟基-3-氧-3H-呫吨-9-基）苯甲酸〔2-（6-hydroxy-3-oxo-3H-xanthen-9-yl）benzoic acid〕不超过1%；2-（溴-6-羟基-3-氧-3H-呫吨-9-基）苯甲酸〔2-（bromo-6-hydroxy-3-oxo-3H-xanthen-9-yl）benzoic acid〕不超过2%。

⑥ Red 6。又名：CI 15850。特性：水溶性红色素。其他限制和要求与Red 6钡色淀一致。

⑦ 硅石。特性：球状微多孔二氧化硅硅粉，流动性佳，分散性好，提供润滑性；表面可吸附亲油性物质，均匀分散，形成稳定体系；微球粒度均匀，化学热稳定性高，无臭无味，不溶于水，无腐蚀性，在口红中作吸附剂、肤感调节剂，具有柔焦效果。

2.分析配方结构

光亮滋润口红的配方组成，分析结果见表5-14。

表5-14　光亮滋润口红配方组成的分析结果

组分	所用原料	用量 / %
油剂	氢化聚癸烯、棕榈酸乙酸己酯、月桂酸己酯、十三烷醇偏苯三酸酯、新戊二醇二（乙基己酸）酯	63.9

续表

组分	所用原料	用量 / %
脂类	氢化聚异丁烯	8
蜡剂	地蜡、聚乙烯、蜂蜡	18
粉剂	硅石	5
颜料 / 染料	Red 6、TiO$_2$、Red 6 Ba Lake、Yellow 5 Al Lake、Red 27 Al Lake	4.9
皮肤调理剂	生育酚乙酸酯	0.1
防腐剂	羟苯丙酯	0.1

　　光亮滋润口红的配方组成符合唇膏的配方组成要求。该配方加入了大量折射率高的油脂，实现亮光效果。

3.配制样品

（1）操作关键点

　　① 制备色浆：将颜料和用于分散色料的适量油搅拌并充分湿润后，过三辊研磨机研磨。为尽量使聚结成团的颜料碾碎，需反复研磨数次并达到要求的细度（一般要求色浆颗粒直径≤12μm）。

　　② 加入色浆：将色浆加入料体时，搅拌均匀，同时应尽量避免在搅拌过程带入空气。

（2）配制步骤及操作要求　　唇膏的配制步骤及操作要求见表5-15。

表5-15　唇膏的配制步骤及操作要求

序号	配制步骤	操作要求
1	预制色浆	将着色剂与十三烷醇偏苯三酸酯搅拌均匀后，过3次三辊研磨机，研磨至合适粒径，一般要求达到色浆颗粒直径≤12μm
2	溶解蜡剂	按顺序加入地蜡、蜂蜡、聚乙烯（蜡）至容器中，加热到90℃，恒温搅拌至澄清
3	加入油剂	顺序加入氢化聚癸烯、新戊二醇二（乙基己酸）酯、氢化聚异丁烯、2-EHP、月桂酸己酯、TDTM、羟苯丙酯，加热溶解，搅拌至澄清
4	加入色浆	搅拌的条件下加入预制色浆，恒温搅拌3～4min直至色浆分散均匀，没有色点
5	加入填充剂	搅拌下加入硅石，直至分散均匀
6	加入不耐热物质	降温到75℃后，搅拌加入维生素E乙酸酯（合成）、香精，直至分散均匀
7	模具处理	模具用液体石蜡或硅油擦油，以便于后期脱模。预热模具到35℃左右
8	浇铸	将膏体趁热灌入清洁模具，待膏体稍冷后，刮去模具口多余的膏料
9	冷却脱模	放到冰箱急冻15～20min，取出脱模
10	入套	将唇膏套插入容器底部，注意插正、插牢，不要造成膏体变形。然后插上套子

4. 检验样品质量

唇膏的质量检验应该增加折断力作为企业内控指标。

5. 制定生产工艺

根据小试情况，制定光亮滋润口红的制备工艺为：

① 将C相搅拌均匀后，过3次三辊研磨机，直至符合要求；

② 将A相加入容器中，加热到90℃，恒温搅拌至澄清；

③ 加入B相，F相，90℃下搅拌至澄清；

④ 搅拌加入C相，恒温搅拌3～4min直至色浆分散均匀，没有色点；

⑤ 搅拌加入D相，直至分散均匀；

⑥ 降温到75℃后，搅拌加入E相，直至分散均匀；

⑦ 将膏体灌入清洁的模具，在－5～－10℃条件下，急冻15～20min，脱模。

实战演练

见本书工作页　任务十七　配制口红。

知识储备

一、唇膏简介

在中国口红的历史源远流长，从古代的唇脂到现代的口红，它在中国文化中扮演着重要角色。古代的唇脂不仅美化嘴唇，还象征健康和活力。北魏时期，口红的制作工艺已经相当精细。贾思勰在《齐民要术》中记载了当时唇脂的制作方法，包括使用丁香和藿香等香料来增强口红的香气。现代口红不仅是化妆品，还是个性和情感的表达，色彩多样，如红色代表高贵端庄，橘色代表知性优雅，粉色代表青春活泼，裸色则代表低调内敛。近年来，中国口红市场迅速增长，反映了消费者对美的追求和口红的社会文化意义。

图片扫一扫

唇膏相关知识
思维导图

唇膏作为唇部化妆品，分为原色唇膏（口红）和无色唇膏（口白）。口红由色素和油蜡基制成，具有多种妆效，如丝绒哑光、水亮、金属等，同时滋润护唇。口白即润唇膏，主要用于护理唇部，增加光泽，部分含色素和珠光剂，使唇色健康。现代口红色彩丰富，紧随时尚潮流，强调个性匹配，部分添加珠光颜料，提高化妆效果。润唇膏则以滋润柔软嘴唇为主，含有植物油脂和营养成分。

二、唇膏的配方组成

润唇膏和口红在组成成分上大致相似，但功能和配方有所区别。口红的主要作用是为唇部增添色彩，使其更加美观，因此在配方中着色剂的用量较多。相比之下，润唇膏更注重滋润唇部，对色彩的要求不高，所以在配方中植物油脂的用量较高，而着色剂的用量相对较少。两者的配方组成见表5-16。

文档扫一扫

更多典型配方
——唇膏

表5-16　唇膏的配方组成

组分	常用原料	用量 / %	
		口红	润唇膏
油剂	氢化聚癸烯、棕榈酸乙酸己酯、月桂酸己酯、十三烷醇偏苯三酸酯、异十六烷、异十二烷、苯基聚三甲基硅氧烷、聚二甲基硅氧烷、二异硬脂酸苹果酸酯、蓖麻油、油橄榄果油、霍霍巴油、向日葵籽油、白池花籽油、澳洲坚果油、低芥酸菜籽油、辛甘醇、己二酸二异丙酯、辛基十二醇	30 ～ 60	
脂类	矿脂、羊毛脂、氢化聚异丁烯、植物甾醇酯类、植物甾醇类	5 ～ 25	
蜡剂	地蜡、纯地蜡、聚乙烯、聚丙烯、合成蜡、微晶蜡、石蜡、烷基聚二甲基硅氧烷、蜂蜡、白蜂蜡、小烛树蜡、巴西棕榈蜡、木蜡、氢化植物油类	10 ～ 25	
成膜剂	VP/十六碳烯共聚物、三十烷基 PVP	2 ～ 5	0 ～ 2
增稠剂	糊精棕榈酸酯、糊精硬脂酸酯、二甲基甲硅烷基化硅石	1 ～ 3	1 ～ 3
弹性体	聚二甲基硅氧烷交联聚合物、聚二甲基硅氧烷/乙烯基聚二甲基硅氧烷交联聚合物、乙烯基聚二甲基硅氧烷/聚甲基硅氧烷硅倍半氧烷交联聚合物	1 ～ 3	1 ～ 3
粉剂	滑石粉、绢云母、膨润土、锦纶-12、氮化硼、硅石、甲基丙烯酸甲酯交联聚合物、淀粉	0 ～ 20	0 ～ 5
颜料 / 染料	CI 15850、CI 77891、CI 77007、CI 45380、CI 45410、CI 77491、CI 77492、CI 77499、CI 77718、CI 15985	5 ～ 15	0 ～ 2
珠光颜料	云母、氧化锡、氧化铁类、合成氟金云母、硼硅酸钙盐、铝	0 ～ 10	0 ～ 2
芳香剂	果香型、花香型	适量	
皮肤调理剂	生育酚乙酸酯、透明质酸钠、抗坏血酸棕榈酸酯、神经酰胺、泛醇、氨基酸	适量	
防腐剂	羟苯甲酯、羟苯乙酯、羟苯丙酯、羟苯丁酯	0.01 ～ 0.1	
抗氧化剂	BHA、BHT、季戊四醇四（双 - 叔丁基羟基氢化肉桂酸）酯	0.01 ～ 0.1	

1. 基质组分

唇膏的基质，通常称为蜡基，是由油、脂、蜡类原料混合而成的，其在配方中的含量通常占70% ～85%。油的作用是润肤和增加膏体的亮泽；脂则起到黏合作用，提升膏体的质感；蜡作为增稠剂，有助于配方的固型。基质不仅要能溶解染料，还应具备一定的触变特性，便于涂抹，防止外溢，并能在嘴唇上形成均匀的薄膜。这使得嘴唇看起来滋润有光泽，同时感觉舒适，不油腻。在选择基质组分时，需要考虑这些因素以确保唇膏的质量和使用效果。

① 耐高温稳定性好，不易变色、变味。

② 肤感轻盈不油腻、延展性极好，能有效分散色料，可以选用多羟基的油脂，如二异硬脂酸苹果酸酯。

③ 油脂蜡相容性好，使唇膏能经得起温度的变化，高温不析出油，低温不析出结晶。

④ 软、硬蜡搭配使用，做到硬度与韧性的平衡，便于使用。

2. 着色剂

着色剂的作用是令唇部着色，是配方的重要成分。唇膏的着色剂，应按我国关于可食用色素的规定执行。唇膏中很少单独使用一种色素，多数由两种或多种调配而成。使用珠光颜料，可以增加唇膏亮泽度，赋予产品闪亮效果。

3. 成膜剂

因唇膏/润唇膏是蜡基结构，成膜剂必须为与油相相溶的油性成膜剂或硅树脂类成膜剂。如若配方中含有较多的极性油脂则选用油性成膜剂，若配方中含有硅油原料较多则选用硅树脂类成膜剂。

4. 香精

唇膏选用的香精常为淡花香、水果香和流行混合香型。由于唇膏直接与人的嘴唇接触，对香精的要求如下：

① 安全、无毒和无刺激作用，一般要求是食品级香精。

② 不刺鼻，能遮盖油脂的气味，且香气宜人。

③ 香精应较稳定，并可与其他组分匹配。

5. 其他

在唇膏配方中，增稠剂的主要作用是增加产品的稠度并帮助其他成分悬浮。弹性体的加入有助于改善使用时的肤感；粉剂用于填充细纹，使皮肤看起来更加光滑；皮肤调理剂则有助于解决和改善各种皮肤问题。这些成分共同作用，以达到产品的最佳效果。

三、唇膏的生产工艺

1. 膏体配制工艺

膏体配制工艺流程图见图5-2。其生产程序如下：

① 制备色浆，在不锈钢混合机内加入颜料，再加入适量用于分散色料的油，搅拌并充分湿润后，过三辊研磨机，一般要求达到色浆颗粒直径≤12μm。

② 将蜡加入原料混合锅，加热至90℃左右，熔化并充分搅拌均匀。

③ 将油脂加入原料混合锅，恒温在90℃左右，充分搅拌均匀。

④ 将色浆加入原料混合锅，搅拌至均匀，尽量避免搅拌过程中带入空气，必要时可抽真空。如配方中含有珠光原料，不能研磨珠光原料。

⑤ 检测膏体涂抹感及颜色，并按要求调色。

⑥ 依次添加防腐剂、功效原料、香精。

⑦ 过滤出料。

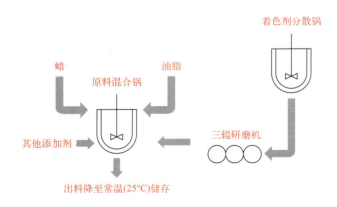

图5-2　唇膏配制工艺流程图

2. 唇膏灌装工艺

膏体灌装工艺流程图见图5-3。其生产程序如下：

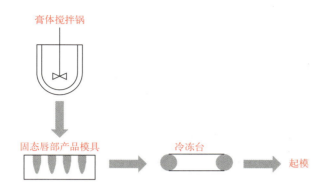

图5-3　唇膏灌装工艺流程图

① 准备工作。所有使用到的设备、工具必须清洗干净、消毒、干燥。预热模具至35℃左右，并对其擦油，有助于脱模。

② 膏体加热。将膏体加入到膏体搅拌锅，按工艺要求的灌装温度升温，搅拌均匀。

③ 保温浇铸。浇铸过程要保温（约80℃）搅拌，使浇铸时颜料均匀分散，同时搅拌速度要慢，以避免混入空气。唇膏一次灌装的时间最好控制在4h内，否则香味容易变坏。

浇铸唇膏的模具有铝合金模具和硅胶模具两种。用铝合金模具浇模时将模具放在灌装机底部出料口。常将模具稍稍倾斜避免或减少可能混入的空气，并且料体不应直接灌入模具底部，应让料体从倾斜高的那边流入低的。同时注意膏体厚度比模具孔的平面高，以免膏体冷却收缩形成大的收缩孔，造成膏体容易折断。

④ 冷冻成型。待膏体稍冷后，刮去模具口多余的膏料，置于冷冻台上冷却。急冻是很重要的，这样可获得较细的、均匀的结晶结构，膏体表面的光泽度也更好。

⑤ 将唇膏套插入容器底座，注意插正、插牢（戴皮指套，以防唇膏表面损坏），注意不要造成膏体变形。然后插上套子，贴底贴，装盒。

四、质量标准及要求和常见质量问题及原因分析

1. 质量标准及要求

口红与润唇膏的产品执行标准不同，口红的质量应符合QB/T 1977—2004《唇膏》，其感官、理化指标见表5-17。润唇膏的质量应符合GB/T 26513—2023《润唇膏（啫喱、霜）》，其感官、理化指标见表5-18。

表5-17　唇膏的感官、理化指标

项目		要求
感官指标	外观	表面平滑无气孔
	色泽	符合规定色泽
	香气	符合规定香型

续表

项目		要求
理化指标	耐热	（45±1）℃保持24h，恢复至室温后无明显变化，能正常使用
	耐寒	−10～−5℃保持24h，恢复至室温后能正常使用

表5-18 润唇膏的感官、理化指标

项目		要求		
		模具型润唇膏（Ⅰ型）	非模具型润唇膏	
			（Ⅱ型旋出）	（Ⅱ型非旋出）
感官指标	外观	棒体表面光滑，无肉眼可见外来杂质（添加护唇或美化作用的粒子和特殊花纹的产品符合规定要求）	棒体顶部表面光滑。棒体无凹塌裂纹，无肉眼可见外来杂质（添加护唇或美化作用的粒子和特殊花纹的产品符合规定要求）	表面光滑，无肉眼可见外来杂质（添加护唇或美化作用的粒子和特殊花纹的产品符合规定要求）
	色泽	符合规定色泽		
	香气	符合规定香气，无油脂异味		
理化指标	耐热	（45±1）℃，24h，无变形或弯曲软化，能正常使用		（45±1）℃，24h，恢复至室温后，性状与原样保持一致
	耐寒	（−8±1）℃，24h，恢复至室温后，性状与原样保持一致		
	过氧化值/%	≤0.2		

另外，唇膏产品还需要达到以下质量要求：

① 表面光滑，颜色均匀，没有气孔、色点、颗粒、油斑等异常。

② 色泽饱和，易涂抹，附着力强、不晕染，持久。

③ 香气清新自然。

④ 产品在货架期内稳定性好，不变色、无形状变化、高温不析油、低温不变粗。

⑤ 润唇膏润护效果明显，可以改善唇部的皮肤状态，减轻如干燥、开裂、脱皮等不良现象。

⑥ 安全、无毒、无刺激。

2. 质量问题及原因分析

（1）膏体表面出汗

① 油脂蜡相容性不好，易造成出汗；

② 在生产过程中，浇模温度或冷却速度过慢，形成大而粗的结晶，易出现出汗现象；

③ 颜料色淀颗粒与油蜡基质之间可能存在空气间隙；由于毛细现象，油脂可能会从这些间隙中渗出。

（2）膏体表面有色带　配方分散性能不足，色料未经润湿、分散处理，导致色料在油蜡里分散不均匀、不完全，造成色素聚集。

（3）膏体的韧性和硬度不够，易断裂

① 油脂与蜡的比例不当。

② 在配方中，如果作为增塑剂的蜡含量不足，会负面影响产品的整体物理性能。此外，如果配方中混合了多种蜡，例如长链烃或酯类蜡，它们之间熔点的显著差异可能会导致混合物的黏度不均匀。这不仅影响产品的稳定性，还可能在使用过程中导致产品容易破裂。

③ 填充剂（高岭土，二氧化硅，云母，硅粉，合成填料）过量，口红棒脆且易断。

（4）耐热40℃ 24h唇膏变形　配方中的各种蜡用量比例不够协调，或蜡用量不够，熔点不够高。

（5）耐寒0℃ 24h恢复室温后不易涂擦　配方中硬蜡用量过多，使唇膏质量带有硬性，不易涂擦。

（6）唇膏有哈喇味

① 配方中的植物油脂杂质较多，抗氧化性差，造成唇膏长期放置后变质。

② 膏体制备或灌装过程高温时间太长。

巩固练习

一、单选题

1. 在唇膏的配方组成中，向日葵籽油、白池花籽油、澳洲坚果油成分的加入，需要添加（　　）防止上述物质氧化。

A. 纯地蜡　　　　　　　　　　　　　　B. 丁基羟基茴香醚BHA

C. 透明质酸钠　　　　　　　　　　　　D. 二异硬脂酸苹果酸酯

2. 在唇膏的配方组成中，（　　）组分在该配方中主要起增稠、使配方固型的作用。

A. 弹性体　　　　　B. 增稠剂　　　　　C. 成膜剂　　　　　D. 蜡剂

3. 在唇膏的配方组成中的弹性体，例如球状有机硅弹性体粉末的非离子乳液，具有轻质、易铺展，有粉质哑光、丝滑感觉，尤其是和粉类原料配合，可降低粉原料的黏涩感，提高色粉的涂抹性、铺展性和色彩的持久性。以下属于弹性体的是（　　）。

A. 聚二甲基硅氧烷　　　　　　　　　　B. 二甲基甲硅烷基化硅石

C. 聚二甲基硅氧烷交联聚合物　　　　　D. 合成氟金云母

4. 在唇膏的配方组成中以下哪个组分不是构成唇膏/润唇膏的基本框架？（　　）

A. 乳化剂　　　　　B. 芳香剂　　　　　C. 油剂　　　　　D. 增稠剂

二、多选题

1. 下列属于化妆品的是（　　）。

A. 洗面奶　　　　　B. 脱毛膏　　　　　C. 口红　　　　　D. 润唇膏

2. 下面哪些项是唇膏必须具备的？（　　）

A. 膏体均匀，表面细洁光亮有良好的触变性和滋润效果

B. 香气适宜，没有异味

C. 耐受气温的剧烈变化

D. 对人体无毒、无害、无刺激

3. 以下属于唇膏基质的是（　　）。

A. 油脂　　　　　B. 蜡　　　　　C. 油　　　　　D. 颜料

三、判断题

1. 唇膏中的溴酸红常借助于橄榄油、酯类、乙二醇、聚乙二醇、单乙醇酰胺等溶解。（　　）

2. 唇膏因含有大量的油脂而闪亮，非常受大众欢迎。（　　　）

3. 彩妆化妆品名称中可使用美化、遮瑕、修饰、美唇、润唇、护唇、睫毛纤密、卷翘等词语。（　　　）

四、论述题

唇膏配方中可以加入珠光剂吗？加入的作用是什么？

任务四　配制唇釉

学习目标

能说明唇釉和唇膏的异同。

情景导入

客户需要一款光亮型、不黏腻唇釉产品。配方师将配方设计完成，其配方见表5-19。助理小丽需要把产品小样制备出来，初步确定产品的内控指标，并跟进该产品的放大生产试验。

视频扫一扫
唇釉的制备

表5-19　光亮唇釉配方

组相	原料名称	用量/%
A	地蜡	2.0
	合成蜡	4.0
B	甲基丙烯酸甲酯交联聚合物	3.0
	双二甘油多酰基己二酸酯-2	10.0
	双甘油（癸二酸/异棕榈酸）酯	3.0
	VP/十六碳烯共聚物	1.0
	异壬酸异壬酯	10.0
	二异硬脂酸苹果酸酯	15.0
	辛酸/癸酸甘油三酯（GTCC）	10.0
	季戊四醇四异硬脂酸酯（PTIS）	加至100
C	硅石	2.0
	聚甲基硅倍半氧烷	3.0
	磷酸氢钙	2.0
D	氧化铁棕	0.40
	D&C Red 7 Ca Lake	1.00

续表

组相	原料名称	用量 / %
D	氧化铁红	0.65
	二氧化钛	0.50
	CI 77492　氧化铁黄	0.13
	FD&C Yellow 5 Al Lake	0.85
E	BHA	0.1
	羟苯丙酯	0.1

任务实施

一、设备与工具

唇釉的设备与工具在常规设备基础上，增加不锈钢打粉机、三辊研磨机。

二、操作指导

1. 认识原料

（1）关键原料

① 异壬酸异壬酯。别名：蚕丝油。特性：无色透明油状液体，无味无臭；使用了多支化脂肪酸、多支化醇，对硅油的溶解性好；黏度低。

② 二异硬脂酸苹果酸酯。特性：无色至淡黄色透明黏稠状液体；可作为蓖麻油的取代油剂，与其他增稠剂、润肤剂相容性好；高黏度，高极性；对色料、蜡的溶解性高，耐热性佳、具有特殊的触感、肤感轻盈不油腻，延展性极好，具优异的色料分散能力，可提高口红表面和涂抹的光泽度；是在固态或液态唇部化妆品配方中使用较频繁的油脂；也可作为溶剂与着色剂预混合制作色浆。

③ 季戊四醇四异硬脂酸酯。别名 PTIS。特性：大分子量液体油脂，可提供滋润不油腻的肤感。

④ 聚甲基硅倍半氧烷。特性：球形白色微粉，能增强化妆品的延展性和顺滑度，为其增加光泽；在配方中，用来防止结块、平滑表面、提升触感。

（2）其他原料

① 合成蜡。别名：聚乙烯蜡或低分子量聚乙烯。特性：白色或微黄色粉末或颗粒，外观呈蜡状，耐寒性、耐热性、耐化学药品性、耐磨性均较好，熔点高，少量添加到其他各种蜡中可提高其熔点。

② 甲基丙烯酸甲酯交联聚合物。特性：由 MMA（甲基丙烯酸甲酯）单体悬浮聚合而成的白色粉末或颗粒。具有比表面积大、吸附性强、凝聚作用大等性质，在化妆品中可以改进流动性，良好的触感和分散性、消光性。

③ 双二甘油多酰基己二酸酯 -2。特性：植物羊毛脂，黄色膏体、黏丝状物质；熔点为40℃；具有典型脂肪和中性味道，其吸水率至少为170%；可与油脂蜡互溶和配伍；具有触变性、稳定性高，与皮肤的黏附性良好，且肤感舒适。

④ 双甘油（癸二酸/异棕榈酸）酯。特性：淡黄色液体，性能类似于维生素E。

⑤ VP/十六碳烯共聚物。特性：白色粉末，作为黏合剂和成膜剂。建议用量0.5%～5%。

⑥ 磷酸氢钙。特性：白色晶体，无臭，无味；溶于稀盐酸、稀硝酸、乙酸，微溶于水，不溶于乙醇。

⑦ 氧化铁棕。特性：棕色粉末、无毒、不晕染、不容易吸潮。

⑧ D&C Red 7 Ca Lake。特性：紫红色粉末，无臭，不溶于水，可以分散在油相呈红色；耐热性较差，在生产过程中尽量控制在90℃以下；耐光性差，光照很容易褪色。

⑨ 氧化铁红。特性：一种无机彩色颜料，为红色粉末，粉粒细腻，具有很高的遮盖力和较强的着色力，良好的分散性，良好的耐光性、耐候性。

⑩ 氧化铁黄。商品名：CI 77492。特性：黄色粉末，无臭，不溶于水及有机溶剂，溶于浓无机酸，耐碱性、耐光性很好。

⑪ FD&C Yellow 5 Al Lake。特性：黄色粉末，不溶于水，可以分散在油相呈黄色，耐热性较差，耐光性差，光照容易褪色，在生产过程中尽量控制在90℃以下。

⑫ BHA。标准中文名：丁基羟基茴香醚。特性：白色至微黄色结晶或蜡状固体，略微有特殊气味，熔点58～60℃。用量：0.005%～0.01%。

2. 分析配方结构

分析光亮唇釉的配方组成，分析结果见表5-20。

表5-20　光亮唇釉配方组成的分析结果

组分	所用原料	用量/%
蜡剂	地蜡、合成蜡	6
润肤剂	异壬酸异壬酯、二异硬脂酸苹果酸酯、GTCC、PTIS、双-二甘油多酰基己二酸酯-2、双甘油（癸二酸/异棕榈酸）酯	79.27
填充剂	磷酸氢钙、硅石	4
成膜剂	VP/十六碳烯共聚物、甲基丙烯酸甲酯交联聚合物	4
弹性体	聚甲基硅倍半氧烷	3
着色剂	氧化铁棕、D&C Red 7 Ca Lake、氧化铁红、二氧化钛、CI 77492氧化铁黄、FD&C Yellow 5 Al Lake	3.53
防腐剂	羟苯丙酯	0.1
抗氧化剂	BHA	0.1

可见该款光亮唇釉的配方组成符合唇釉的配方组成要求。

这是一款光亮不黏腻唇釉，配方中选用大量折射率较高、肤感清爽、延展性好的油脂如异壬酸异壬酯以达到亮光、不黏腻的效果。成膜剂VP/十六碳烯共聚物的添加，可提升配方的持久性并对光亮度的提升有协同作用。

3. 配制样品

（1）操作关键点　颜料物质要预分散。

（2）配制步骤及操作要求　光亮唇釉的配制步骤及操作要求见表5-21。

表5-21　光亮唇釉的配制步骤及操作要求

序号	配制步骤	操作要求
1	配制色浆	将所有色粉用打粉机混匀，混合5份二异硬脂酸苹果酸酯，用三辊研磨机研磨均匀
2	溶解油和蜡	将蜡和油混合，并加热至90℃，搅拌均匀
3	加入填充剂	在90℃恒温、搅拌下加入填充剂，直至分散均匀
4	加入色浆	恒温90℃，加入处理好的色浆，并搅拌至色浆分散完全
5	加入防腐剂和抗氧化剂	降温到80℃后，搅拌加入防腐剂和抗氧化剂，搅拌均匀，出料

4.制定生产工艺

根据小试情况，制定光亮型唇釉的制备工艺为：

① A相加热至90℃溶解透明；

② 将B相加入A相，恒温90℃并搅拌均匀；

③ 恒温加入C相，搅拌均匀；

④ 加入预先分散好的D相，恒温搅拌均匀至色料分散完全；

⑤ 降温到80℃后，加入E相，搅拌均匀，过滤出料。

实战演练

见本书工作页　任务十八　配制唇釉。

知识储备

一、唇釉简介

　　唇釉是近年来出现的一类新的液态唇部化妆品。唇釉与唇彩/唇蜜的配方、外观较为相似。

　　唇蜜与唇彩是传统的液态唇部化妆品，是修饰唇形、唇色的稍稠密的液体，此类型产品的光泽度极高，上色度一般。唇彩/唇蜜与唇膏一样是油蜡基配方，但油脂含量更高，蜡的含量相对低，对唇部的滋润度更好；缺点是质地比较黏稠，有油光感，上妆后黏腻感也较强。易溢出唇纹，使嘴唇轮廓模糊。近年来市场接受度越来越低。

　　唇釉可改善传统唇彩、唇蜜产品的缺点，上色度更高、色彩更饱和、持妆效果好、肤感更清爽。可以说唇釉是由固态唇膏转化的液态产品。

二、唇釉的配方组成

　　唇釉的配方组成见表5-22。

图片扫一扫

唇釉相关知识
思维导图

文档扫一扫

更多典型配方
——唇釉

表5-22　唇釉的配方组成

组分	常用原料	用量 / %
蜡剂	地蜡、纯地蜡、聚乙烯、聚丙烯、合成蜡、微晶蜡、烷基聚二甲基硅氧烷、蜂蜡、白蜂蜡、小烛树蜡、巴西棕榈蜡	0 ~ 6.5
润肤剂	肉豆蔻酸异丙酯、氢化聚癸烯、棕榈酸乙酸己酯、月桂酸己酯、十三烷醇偏苯三酸酯、异十六烷、异十二烷、三山嵛精、苯基聚三甲基硅氧烷、聚二甲基硅氧烷、二异硬脂酸苹果酸酯、氢化聚异丁烯、异硬脂酸、双甘油（癸二酸/异棕榈酸）酯、异壬酸异壬酯	40 ~ 80
填充剂	锦纶-12、司拉氯铵水辉石、硅石、硼硅酸钙、氮化硼、氢氧化铝、氧化铝	0 ~ 2
成膜剂	VP/十六碳烯共聚物、三十烷基PVP	10 ~ 20
增稠剂	糊精棕榈酸酯、糊精硬脂酸酯、二甲基甲硅烷基化硅石	1 ~ 3
弹性体	聚二甲基硅氧烷交联聚合物、聚二甲基硅氧烷/乙烯基聚二甲基硅氧烷交联聚合物、乙烯基聚二甲基硅氧烷/聚甲基硅氧烷硅倍半氧烷交联聚合物	1 ~ 3
着色剂	CI 15850、CI 77891、CI 77007、CI 45380、CI 45410、CI 77491、CI 77492、CI 77499、CI 77718、CI 15985	5 ~ 15
珠光剂	云母、氧化锡、氧化铁类、合成氟金云母、硼硅酸钙盐、铝	0 ~ 10
芳香剂	按照产品需求添加	0 ~ 0.2
皮肤调理剂	生育酚乙酸酯、透明质酸钠、抗坏血酸棕榈酸酯、神经酰胺、泛醇、氨基酸	0 ~ 2
防腐剂	羟苯甲酯、羟苯乙酯、羟苯丙酯、羟苯丁酯	0.01 ~ 0.1
抗氧化剂	BHA、BHT、季戊四醇四（双叔丁基羟基氢化肉桂酸）酯	0.01 ~ 0.1

1. 蜡剂

在制作唇釉时，应避免使用硬度过高的蜡剂，这可能会影响唇釉的流动性，并可能导致分散不均匀，从而引起产品结块。与唇膏相比，唇釉的配方中通常会减少蜡的含量，以保持其良好的流动性和均匀性。

2. 润肤剂

① 选择折射率高的油脂使产品有光泽。

② 考虑产品的肤感和延展性，选择清爽性油脂，如异壬酸异壬酯，硅油类。

3. 着色剂

唇釉配方要求有较高的上色度，着色剂添加量较多。而高含量的着色剂、珠光剂会导致配方不稳定，在配方中添加填充剂可以对其稳定性起到一定的作用。

4. 弹性体

大量硅弹体或弹性粉末，使产品更有质感和柔滑感。同时也对配方的清爽度有帮助。

三、唇釉的生产工艺

唇釉的生产用加热的搅拌锅即可。唇釉的生产工艺如下：

① 将蜡加入原料熔化锅，加热至90℃左右，熔化并充分搅拌均匀。

②将油脂原料加入原料熔化锅，恒温在90℃左右，充分搅拌均匀。

③将色浆加入原料熔化锅，搅拌至均匀。此时应尽量避免在搅拌过程带入空气，必要时可通过真空去泡，如配方中含有珠光原料，注意不能研磨珠光原料。

④检测膏体涂抹感及颜色，并按要求调色。

⑤依次添加防腐剂、功效原料、香精，搅拌溶解。

⑥过滤出料。

四、质量标准和常见质量问题及原因分析

1. 质量标准

唇釉因体系结构与唇彩、唇油类似，其执行标准可用《唇彩、唇油》（GB/T 27576—2011）。其感官、理化指标见表5-23。

表5-23　唇釉的感官、理化指标

项目		要求	
		液体唇彩	膏体唇彩
感官指标	外观	细腻均一的黏稠液体（灌装成特定花纹的产品除外）	细腻均一的冻胶状膏体
	色泽	符合规定色泽，颜色均匀一致	
	香气	符合规定香气，无油脂气味	
理化指标	耐热	（45±1）℃,24h,恢复至室温后，无浮油、无分层，性状与原样保持一致	（45±1）℃，24h，恢复至室温后性状与原样保持一致
	耐寒	−10～−5℃，24h，恢复至室温后性状与原样保持一致	−5～5℃，24h，恢复至室温后性状与原样保持一

2. 质量问题及原因分析

（1）分层出油　油脂之间的相容性欠佳是最主要原因，可以考虑加入助溶剂使其更稳定，也可适量加入一些吸油值较高的粉剂使产品减少出油，增加稳定性。

（2）褪色、变色　色素对光照敏感，在光照下容易褪色、变色。需要在密封、避光的环境下保存，一般建议采用完全避光的包材。

巩固练习

一、单选题

1. 唇釉中高含量的色粉会导致配方不稳定，在配方中添加填充剂可以提高稳定性。（　　）可在配方中作为填充剂。

A. 纯地蜡　　　　　　　　　　B. 丁基羟基茴香醚（BHA）

C. 硅石　　　　　　　　　　　D. 二异硬脂酸苹果酸酯

2. 在唇釉的配方中，多选用（　　）的油脂。

A. 清爽性　　　B. 滋润性　　　C. 高黏度　　　D. 低黏度

3. 以下唇釉原料中，（　　）是成膜剂。

A. 司拉氯铵膨润土　　　　　　　　　B. 聚二甲基硅氧烷交联聚合物

C. VP/十六碳烯共聚物　　　　　　　D. 合成氟金云母

4. 在唇釉的配方组成中以下哪些组分不是构成唇釉的基本框架？（　　）

A. 抗氧化剂　　　　B. 润肤剂　　　　C. 蜡剂　　　　D. 防晒剂

二、多选题

1. 以下配方和外观相似的产品是（　　）。

A. 唇釉　　　　B. 唇彩　　　　C. 口红　　　　D. 唇蜜

2. 在唇釉配方中，硅弹体起到（　　）作用。

A. 使唇釉更有质感　　　　　　　　　B. 使唇釉更有柔滑感

C. 使唇釉更加清爽　　　　　　　　　D. 增加唇釉黏性

3. 以下属于唇釉基质的是（　　）。

A. 润肤剂　　　　B. 蜡　　　　C. 珠光颜料　　　　D. 色素

三、判断题

1. 唇釉的执行标准可以采用《唇彩、唇油》的标准。（　　）

2. 唇釉配方中蜡剂含量占比最高。（　　）

3. 唇釉中粉体填充剂的作用是增加配方的稳定性。（　　）

四、论述题

唇釉配方中油脂的选择有什么注意事项？

任务五　配制乳化型睫毛膏

学习目标

能说明睫毛膏和唇膏的异同。

情景导入

　　配方师设计一款使睫毛浓密，产品易涂抹、无黏结、快干的睫毛膏。配方见表5-24。需要小丽打出小样，进行质量评价，同时跟进放大生产。

视频扫一扫

乳化型睫毛膏
的制备

表5-24　W/O型睫毛膏配方

组相	原料名称	用量 / %
A	蜂蜡	3.0
	小烛树蜡	1.0
	硬脂酸	4.0
	山梨坦异硬脂酸酯（司盘120）	4.0

续表

组相	原料名称	用量 / %
A	硬脂醇聚醚 -2	4.0
	异十二烷	10
	碳酸二辛酯	10
	氢化聚异丁烯	5.0
B	水	加至 100
	羟乙基纤维素	0.2
C	炭黑分散液	13
	氧化铁分散液	5.0
D	聚乙酸乙烯酯	2.0
	聚丙烯酸酯乳液	15
	乙醇	5.0
E	硅石	5.0
	锦纶 -12	2.0
F	生育酚	0.5
	苯氧乙醇	0.1

任务实施

一、设备与工具

睫毛膏的设备与工具在常规设备基础上，增加三辊研磨机。

二、操作指导

1. 认识原料

（1）关键原料

① 小烛树蜡。特性：灰色至棕色蜡状固体，脆硬，有光泽，带芳香气味，略有黏性；较容易乳化和皂化；熔融后，凝固很慢，有时需要几天后才可达到其最大硬度；加入油酸等可延缓其结晶和使其很快地变软；可溶于热的乙醇、苯、四氯化碳、氯仿、松节油和石油醚等，冷却后呈胶冻状；可提高油膏类产品的熔点、硬度、韧性和光泽，有降低黏性、塑性的作用。

② 锦纶 -12。特性：白色粉末，质感柔和润滑；尼龙粉的耐磨性、自润滑性、柔韧性优良，吸湿性小；耐碱性很好，热稳定性优良；作为增量剂、不透明剂、黏度控制剂、高分子粉体，可增加产品滑柔感，大幅降低彩妆浮粉情况。

（2）其他原料

① 山梨坦异硬脂酸酯。商品名：司盘120。特性：淡黄色液体，W/O型乳化剂；用于二氧

化钛、氧化锌及其他无机色料的分散剂。建议量：0.5%～5%。

② 硬脂醇聚醚-2。特性：蜡状，白色片状或颗粒固体，微有特殊气味，HLB值约为4.9，分散于水，稳定性高，W/O型乳化剂。

③ 聚乙酸乙烯酯。特性：无色黏稠液体，溶于苯、丙酮和三氯甲烷等溶剂。2017年10月27日，世界卫生组织国际癌症研究机构公布的致癌物清单，聚乙酸乙烯酯在3类致癌物清单中。3类致癌物是指在科学研究中具有一定致癌风险的物质，但其致癌性证据尚不充分。

④ 聚丙烯酸酯乳液。特性：是一种高分子聚合物的水分散体，防水性好、稳定性高、黏合性高。

2. 分析配方结构

分析W/O型睫毛膏的配方组成，分析结果见表5-25。

表5-25 W/O型睫毛膏配方组成的分析结果

组分	所用原料	用量 / %
溶剂	去离子水、乙醇	16.2
黏合剂	羟乙基纤维素	0.2
增稠剂	蜂蜡、小烛树蜡、硬脂酸	8
润肤剂	异十二烷、碳酸二辛酯、氢化聚异丁烯	25
乳化剂	硬脂醇聚醚-2、司盘120	8
成膜剂	聚丙烯酸酯乳液、聚乙酸乙烯酯	17
着色剂	氧化铁分散液、炭黑分散液	18
防腐剂	苯氧乙醇	0.1
抗氧化剂	生育酚	0.5
填充剂	硅石、锦纶-12	7

该睫毛膏的配方组成符合睫毛膏配方组成的要求。配方中添加小烛树蜡可以在配方成型的同时提供均匀浓厚的上妆效果，使睫毛浓密；添加硅石、锦纶-12可缓解浓厚感带来的难涂抹、黏结的问题；乙醇的添加起到调整膏体涂抹的快干性并有助缓解低温结块。

3. 配制样品

（1）操作关键点　用均质器分散乳化膏体和色素。

（2）配制步骤及操作要求　W/O型睫毛膏的配制步骤及操作要求见表5-26。

表5-26 W/O型睫毛膏的配制步骤及操作要求

序号	配制步骤	操作要求
1	配制黏合剂和水	取一个烧杯，称量水，将羟乙基纤维素加入水中，分散均匀后，加热到80～85℃，恒温慢速搅拌，形成透明黏稠溶液

续表

序号	配制步骤	操作要求
2	配制蜡基和表面活性剂混合液	另取一个烧杯，加入油、蜡及表面活性剂，加热至80~85℃直至物料完全溶解，液体澄清透明
3	混合	将配制好的蜡基和表面活性剂混合液缓慢倒入配制好的黏合剂和水溶液中，用均质机高速分散乳化3min左右，直至膏体细腻无颗粒
4	降温	降温到50℃以下
5	加入着色剂	缓慢加入着色剂，根据所调配的颜色适量添加，用均质机高速分散直至均匀
6	降温	降温到45℃左右
7	加入成膜剂	缓慢加入成膜剂的乙醇溶液，缓慢搅拌直至膏体均匀
8	加入填充剂	依次缓慢加入硅石、锦纶-12，搅拌均匀
9	加入防腐剂和抗氧化剂	搅拌降温到40℃，依次将防腐剂和抗氧化剂加入样品中，并搅拌均匀

4. 检验样品质量

睫毛膏的质量检验需要添加的项目见表5-27。

表5-27　睫毛膏的质量检验项目及操作规范与要求

序号	检验项目	操作规范与要求
1	牢固度	取半片假睫毛，用同一速度和手法刷7次睫毛膏，等睫毛干后，在白纸上轻压，不应有膏体附在白纸上
2	防水性能	取半片假睫毛，用同一速度和手法刷7次睫毛膏，等睫毛干后，放水中静置，甩干水，在白色打印纸上拖动轻擦，不应有明显印痕

5. 制定生产工艺

根据小试情况，制定W/O型睫毛膏的生产工艺如下：

① 将B相预分散均匀后加热至80~85℃，恒温慢速搅拌；

② 将A相加热至80~85℃直至澄清透明；

③ 将A相缓慢加入到B相中，用均质机高速分散乳化3min左右，直至膏体细腻无颗粒；

④ 降温到50℃以下，缓慢加入C相，用均质机高速分散直至均匀，继续降温；

⑤ 待降温至45℃左右，可以缓慢依次加入D相，缓慢搅拌直至膏体均匀；

⑥ 搅拌均匀后降温到40℃，依次缓慢加入E相，F相，搅拌均匀后出锅。

实战演练

见本书工作页　项目十九　配制乳化型睫毛膏。

知识储备

一、乳化型睫毛膏简介

图片扫一扫

乳化型睫毛膏相
关知识思维导图

　　睫毛膏和睫毛液是专为眼睫毛设计的液态或半固态化妆品，旨在美化修饰睫毛，甚至促进其生长。它们能提供浓密、纤长或卷翘的妆效，显著提升眼部魅力。市场上的创新产品融入了纤维成分，为了增强妆效。除了传统的黑色和深棕色，还有蓝色等多种色彩，以及珠光剂增添闪耀光泽。

　　从配方角度来看，睫毛膏和睫毛液可以根据其剂型分为乳化型、油剂型和水剂型三大类。油剂型睫毛膏防水性最佳，乳化型睫毛膏也有良好的耐水性，而水剂型睫毛膏由于其较低的黏稠度，更常见于睫毛生长液之中。

　　进一步细分乳化型睫毛膏/液，可将其归为 W/O 型（油包水型）与 O/W 型（水包油型）。O/W 型睫毛膏因其轻盈的使用感受和良好的耐水性，在市场上广受欢迎，成为消费者的主流选择。它能在睫毛表面形成一层均匀且柔软的薄膜，有效增粗、增长睫毛，同时对眼部肌肤温和、无刺激，卸妆时可通过温水、眼唇专用卸妆液或普通卸妆液轻松去除。

　　相比之下，W/O 型睫毛膏因其油相为外相的特性，虽然防水性能优越，但往往伴随着较强的油腻感、较慢的成膜速度以及形成的膜层较为厚重且难以卸妆等问题。因此，W/O 型睫毛膏更适合专业化妆场合使用，市场上相对少见。油包水型睫毛膏的质地通常比水包油型更为浓稠，是打造浓密或多效妆效的理想选择，尤其适合需要长时间保持妆效的场合。

二、乳化型睫毛膏的配方组成

文档扫一扫

更多典型配方
——乳化型睫毛膏

　　O/W 型睫毛膏和 W/O 型睫毛膏的配方组成见表5-28、表5-29。

表5-28　O/W 型睫毛膏的配方组成

组分	常用原料	用量/%
溶剂	去离子水、甘油、乙醇、丙二醇、二丙二醇、丁二醇、1,2-戊二醇	40～60
黏合剂	羟乙基纤维素、黄原胶、阿拉伯胶	1～5
增稠剂	蜂蜡、白蜂蜡、小烛树蜡、巴西棕榈蜡、鲸蜡醇、羊毛脂醇、硬脂酸、山嵛酸	2～4
润肤剂	异十二烷、异十六烷、矿油、辛酸/癸酸甘油三酯、异壬酸异壬酯	10～30
填充剂	锦纶-12、云母、硅石	0～5
O/W 型乳化剂	PEG-40硬脂酸酯、硬脂醇聚醚-20、异鲸蜡醇聚醚-20、聚山梨醇酯-80	1～5
成膜剂	聚丙烯酸酯乳液、聚氨酯、聚乙酸乙烯酯	10～30
着色剂	氧化铁类、炭黑	按颜色要求
防腐剂	羟苯甲酯、羟苯丙酯	适量
抗氧化剂	季戊四醇四（双叔丁基羟基氢化肉桂酸）酯、抗坏血酸四异棕榈酸酯	适量

表5-29　W/O型睫毛膏的配方组成

组分	常用原料	用量 / %
溶剂	去离子水、甘油、乙醇、丙二醇、二丙二醇、丁二醇、1,2-戊二醇	40～60
黏合剂	羟乙基纤维素、黄原胶、阿拉伯胶	3～8
增稠剂	蜂蜡、白蜂蜡、小烛树蜡、巴西棕榈蜡、鲸蜡醇、氢化聚异丁烯醇、聚乙烯	2～4
润肤剂	异十二烷、异十六烷、矿油、辛酸/癸酸甘油三酯、异壬酸异壬酯、环聚二甲基硅氧烷	10～30
填充剂	锦纶-12、云母、硅石	0～5
W/O 型乳化剂	山梨坦倍半油酸酯、硬脂醇聚醚-20、山梨坦三硬脂酸酯	1～5
成膜剂	聚丙烯酸酯乳液、聚氨酯、聚乙酸乙烯酯	10～30
着色剂	氧化铁类、炭黑	按颜色要求
防腐剂	羟苯甲酯、咪唑烷基脲、羟苯丙酯、多元醇	适量
抗氧化剂	季戊四醇四（双叔丁基羟基氢化肉桂酸）酯、抗坏血酸四异棕榈酸酯	适量

1. 增稠剂

增稠剂是主要的配方骨架，起成型作用。一类是蜡基，如蜂蜡、小烛树蜡有助于提高膏体的硬度、稠度；另外一类是皂基，就是脂肪酸加入碱发生皂化反应，形成皂基，同样可以增加膏体的硬度。常用的脂肪酸有肉豆蔻酸、棕榈酸、硬脂酸。碳链越长，饱和度越高，形成的皂基越硬，若选择硬度过高的蜡类或高级脂肪酸，容易出现在配制时膏体乳化不完全，膏体存放一段时间后结团的现象，消费者使用上妆就会产生诸如颗粒、苍蝇腿等问题，所以通常会搭配使用。皂化用的碱一般选用钠盐、钾盐和铵盐，形成的脂肪酸皂的硬度是脂肪酸钠＞脂肪酸钾＞硬脂酸铵。

2. 填充剂

填充剂可以增加配方的浓密度，上妆时增加涂抹的厚度。部分填充剂如硅石、锦纶-12等延展好，可以提升配方的顺滑度。

3. 成膜剂

水溶性成膜剂市面上一般有丙烯酸类和聚氨酯类两大类，可使用在乳化型睫毛膏配方中。配合各种不同成膜剂的特性调节成膜的软硬程度、延展性。并且水溶性成膜剂的快干性也极佳，可以在睫毛上快速成型。

4. 乳化剂

配制O/W型睫毛膏需要选择HLB值较高的非离子乳化剂，增加配方的固型效果；而配制W/O型睫毛膏则选用HLB值较低的表面活性剂使配方延展性增加。

5. 润肤剂

润肤剂提供滋润感和光泽度。

三、乳化型睫毛膏的生产工艺

因睫毛膏大部分是水包油（O/W）型配方，生产工艺以水包油（O/W）型为例。生产工中必须用到熔料搅拌锅、粉碎机、碾磨机。经过混合、碾磨和高温溶解。生产工艺如图5-4。

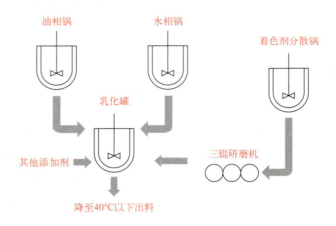

图5-4　O/W型睫毛膏的生产工艺流程图

① 预分散色浆：将色料与分散油脂按合适的比例混合搅拌均匀，经三辊研磨机研磨均匀。

② 将油脂、蜡、乳化剂加入油相锅，加热至80~85℃直至加热溶解。

③ 将溶剂、增稠剂、悬浮剂等加入水相锅，加热至80~85℃直至加热溶解，待用。

④ 将油相和水相在乳化罐中乳化，水包油型产品将油相原料缓慢加入水相，而油包水型产品则相反，并采用均质器高速均质直至均匀。

⑤ 持续搅拌膏体，降温直至膏体温度降至50℃以下，缓慢加入色浆，均质。

⑥ 对色，如需要调整颜色。

⑦ 降温至合适的温度，加入其他添加剂，搅拌均匀。

⑧ 在40℃以下出料，送检合格后出料保存或灌装。

四、质量标准和常见质量问题及原因分析

1. 质量标准

睫毛膏的质量标准执行国家标准GB/T 27574—2011《睫毛膏》，具体见表5-30。

表5-30　睫毛膏的感官指标、性能指标和理化指标

检验项目		标准要求
感官指标	外观	均匀细腻的膏体
	色泽	符合规定色泽，颜色均匀一致
	气味	无异味
性能指标	牢固度	无脱落
	防水性能（防水型）	无明显印痕
理化指标	pH 值（W/O 型）	5.0 ~ 8.5
	耐热	（40±1）℃保持24h，恢复至室温后能正常使用
	耐寒	−10 ~ −5℃保持24h，恢复至室温后能正常使用

另外，还要达到以下质量要求：

① 膏体均匀，有适当的光泽和硬度，不结团，颜色均匀，无异味。

② 膏体干燥速度适当，干燥后不会沾下眼皮，不感到脆硬，但应有时效性，有一定耐久性。

③ 刷染时附着均匀，不会结块和粘连，也不会渗开、流失和沾污，干燥后不会被汗液、泪水和雨水等冲散。

④ 易卸妆。

⑤ 无微生物污染，无毒性和无刺激性，即便不慎进入眼中，也不会伤害眼睛。

⑥ 稳定性好，有较长的货架寿命，不会沉淀分离、结块和酸败。

2. 质量问题及原因分析

（1）在低温环境存放一段时间后膏体变硬、变干

① 包材密封性不好，或包材的材质不合适，膏体挥发，造成失重。

② 配制过程中乳化不完全，或蜡剂析出导致膏体部分结团。

（2）膏体粗糙，有颗粒　主要原因是生产过程中乳化不完全，或降温速度过快、过急。

（3）膏体放置一段时间出现白色絮状物　主要原因是成膜剂选择不适当，或蜡剂析出。

巩固练习

一、多选题

1. 乳化型睫毛膏（液）可分为W/O型和O/W型，其中市场上最常见，最受欢迎，且使用感比较轻薄的是（　　）。

A. W/O型　　　　　　　B. O/W型　　　　　　　C. 水包油型　　　　　　D. 油包水型

2. 睫毛膏的配方按照剂型可分为（　　）。

A. 乳化型　　　　　　　B. 油剂型　　　　　　　C. 水剂型　　　　　　　D. 气溶胶

3. 以下关于油剂型睫毛膏（液）的表述正确的是（　　）。

A. 油剂型睫毛膏、睫毛液为防水型产品

B. 通过添加的油溶性成膜剂使产品在睫毛上快干成膜

C. 配方是全油性的，但成膜剂、增稠剂可以是水溶性的

D. 难卸妆，一般需要卸妆油才能卸干净

二、判断题

1. 睫毛膏、睫毛液是涂在睫毛上，能修饰美化并促进睫毛生长的液态或半固态化妆品。（　　　）

2. 睫毛膏能带给睫毛浓密、纤长或卷翘的三种妆效。（　　　）

3. 睫毛膏的颜色以黑色、棕色和青色为主，一般采用炭黑和氧化铁棕。（　　　）

4. 睫毛膏只有乳化型一种。（　　　）

5. 生产睫毛膏用到的设备主要有搅拌锅、粉碎机、碾磨机等。（　　　）

6. O/W型睫毛膏的配方中，一般采用亲油性乳化剂。（　　　）

7. 睫毛膏的着色剂主要用氧化铁类或炭黑。（　　　）

任务六　配制溶剂型眼线液

学习目标

能说明眼线液和睫毛膏的异同。

情景导入

"美目盼兮""长波妒盼""目如秋水"，古代诗词中，眼睛被赋予丰富象征意义和审美价值。老刘据此灵感，设计了一款溶剂型眼线液，配方见表5-31。小丽负责根据配方制备小样并测试，确保色泽、使用性和防水性达标。满意后，小丽将监督放大生产，确保品质稳定。通过这一系列工作，小丽做到了将古代审美与现代美妆结合，传承文化的同时满足现代需求。

视频扫一扫

溶剂型眼线液的制备

表5-31　溶剂型眼线液的配方

组相	原料名称	用量 / %
A	水	加至 100
	黄原胶	1.0
	丁二醇	2.0
B	乙醇	3.0
	1,2- 己二醇	2.0
C	EDTA 二钠	适量
	三乙醇胺（TEA）	适量
	山嵛醇聚醚 -30	3.0
D	苯乙烯 / 丙烯酸（酯）类共聚物	25
	炭黑分散液	20
E	生育酚乙酸酯	0.1
	苯氧乙醇	0.1

任务实施

1. 认识原料

（1）关键原料　苯乙烯/丙烯酸（酯）类共聚物。特性：无色至浅黄色的固体，可在溶剂中形成胶体溶液；具有较高的耐水性和耐溶剂性，具有良好的热稳定性、黏结性和附着力，成膜性强。

（2）其他原料　山嵛醇聚醚-30。特性：白色至微黄色的固体，HLB值为18.1，亲水性乳化剂，可形成具有良好耐热性的乳液。

（3）可能存在的安全性风险物质　苯乙烯/丙烯酸（酯）类共聚物中的丙烯酰胺。丙烯酰胺单体在驻留类体用产品中最大残留量0.1mg/kg；在其他产品中最大残留量0.5mg/kg。

2. 分析配方结构

分析溶剂型眼线液配方组成，结果见表5-32。

表5-32　溶剂型眼线液配方组成的分析结果

组分	所用原料	用量 / %
溶剂	水、乙醇、1,2-己二醇、丁二醇	加至100
增稠剂	黄原胶	1
螯合剂	EDTA二钠	适量
乳化剂	山嵛醇聚醚-30	3
pH调节剂	三乙醇胺	适量
成膜剂	苯乙烯/丙烯酸（酯）类共聚物	25
着色剂	炭黑分散液	20
防腐剂	苯氧乙醇	0.1
抗氧化剂	生育酚乙酸酯	0.1

溶剂型眼线液成膜性、快干性会比乳化型眼线液好，上妆后溶剂部分自然挥发，只留下一层轻薄和不溶于油脂的膜。由于人体的眼睑部分的分泌物为油溶性，因此溶剂型眼线液的持久性也会相对较佳。但是由于此类型眼线液配方的表面张力较小，容易引起产品出料过多或者涂抹时在画的线条边缘有料体外渗的现象。

3. 配制样品

（1）操作关键点　成膜剂注意要分散后加入，加入时避免高温，加入速度和搅拌速度要慢。

（2）配制步骤及操作要求　溶剂型眼线液的配制步骤及操作要求见表5-33。

表5-33　溶剂型眼线液的配制步骤及操作要求

序号	配制步骤	操作要求
1	配制黏合剂溶液	用丁二醇分散黄原胶后，再加入水中，搅拌分散均匀。可用均质器帮助分散
2	加入其他溶剂	加入乙醇等
3	加入乳化剂等	加入螯合剂、碱、乳化剂，搅拌均匀
4	加入成膜剂等	将成膜剂溶解于炭黑分散液，然后缓慢加入，慢速搅拌直至均匀
5	加入抗氧化剂和防腐剂	最后加入抗氧化剂和防腐剂

4. 检验样品质量

眼线液的质量检验项目增加性能指标，具体见表5-34。

表5-34　眼线液的检验项目及操作规范与要求

序号	检验项目	操作规范与要求
1	使用性能测试	取试样，按使用方法，正常施于前臂内侧观察，应涂抹流畅，易上色
2	防水性能测试	① 取试样均匀涂布于受试者洁净的手前臂内侧，试验面积至少为2cm×2cm； ② 在相对湿度小于75%的室温下，保持约3min，直至干燥； ③ 在室温下，立即用经纯水充分浸润的面巾纸湿敷于涂布样品的区域5min； ④ 观察白色面巾纸是否留有明显晕染或脱落；当白色面巾纸上留有明显晕染或脱落，该眼线液（膏）未能通过防水测试；当白色面巾纸上没有明显晕染或脱落，该眼线液（膏）通过防水测试

5. 制定生产工艺

根据小试结果，制定该眼线液的生产工艺为：

将黏合剂与溶剂预先分散均匀，缓慢加入成膜剂，慢速搅拌直至均匀。最后加入抗氧化剂和防腐剂，搅拌均匀后，卸料待用。

知识储备

一、溶剂型眼线液简介

眼线液是涂于眼皮边缘，沿上下睫毛根部，由眼角向眼尾描画的眼部化妆品。眼线液主要用于勾勒和加深眼部轮廓，使眼睛更黑亮有神。

图片扫一扫

溶剂型眼线液相关知识思维导图

1. 眼线液的包材

传统眼线液是灌装于有蘸取式刷子的瓶子包材中，通过细长的刷头蘸取后上妆，上妆不好控制，如果刷子蘸料不均匀会影响上妆，因此蘸取式眼线液在化妆品市场的占有率已经逐渐减少。

现时的市面上最受消费者欢迎的则是眼线液笔。原理类似写字用的钢笔，是将液体内料直接灌注到笔型包材里面，密封性比蘸取式眼线液产品高，使用时液体从笔尖均匀出液，使用方便，容易勾勒形状。

2. 眼线液的分类及特点

眼线液有溶剂型和乳化剂型两种，前者涂描于眼睑处，干燥后形成一韧性薄膜，且具剥离性，优点是易于卸妆；后者则无剥离性，卸妆时需用化妆水、清洁霜洗除且抗泪水与汗水性能较差，有易被冲失、污染眼部之弊，但它具有使用时无异物感的优点。

溶剂型眼线液配方轻薄、不容易在上妆时产生颗粒，可以在眼部迅速成膜，快干性极好。在绝大部分的眼线液包材中均可使用。配方的关键在于选择水性成膜剂及其配比。而乳化剂型眼线液配方比溶剂型要浓稠，适合于蘸取型眼线液包材或包材出水芯出水量较大的眼线液笔包材。乳化剂型眼线液由于表面张力较高并且快干性一般，上妆时容易产生颗粒。配方的关键是调整配方的表面张力，并且加入一定的可挥发性溶剂加快成膜。

眼线液配方通常采用溶剂型，也有少量的乳化剂型配方，但在市场上不多，消费者的接受度也不高。

二、溶剂型眼线液的配方组成

溶剂型眼线液的配方组成见表5-35。

表5-35　溶剂型眼线液的配方组成

组分	常用原料	用量 / %
溶剂	水、甘油、二丙二醇、乙醇、变性乙醇、1,2-戊二醇、己二醇、乙基己基甘油、乙基己二醇	60 ～ 80
增稠剂	羟乙基纤维素、羟丙基瓜尔胶、黄原胶、卡波姆	1 ～ 3
螯合剂	EDTA二钠、EDTA四钠	0.05 ～ 0.5
乳化剂	山嵛醇聚醚-30	1 ～ 5
pH 调节剂	三乙醇胺、氨甲基丙醇	适量
成膜剂	聚丙烯酸酯乳液、聚氨酯、聚乙酸乙烯酯	10 ～ 25
着色剂	炭黑分散液、氧化铁类分散液	10 ～ 35
防腐剂	苯氧乙醇、苯甲酸钠、羟苯甲酯、羟苯丙酯	适量
抗氧化剂	生育酚乙酸酯	适量

1. 着色剂

眼线液产品黑色占比最大，有部分深棕色、棕色，也有少量彩色。这些眼线液的配方通常会使用炭黑、氧化铁类、二氧化钛类分散浆配制。炭黑分散浆在原料市场上较为普遍，稳定性也极高。而氧化铁类、二氧化钛类的分散浆则容易发生沉降，长期放置会令上妆颜色不均一或有堵塞包材出水口的风险。所以分散剂应选择包裹处理的氧化铁类、二氧化钛类分散浆或在配方中添加一些有助于悬浮分散浆的表面活性剂以解决分散浆沉降的问题。

2. 增稠剂

① 眼线液产品的黏度一般通过添加水溶性的黏合剂增稠，如黄原胶、阿拉伯胶，这类黏合剂添加量多，肤感黏性会增加，同时会影响快干性，甚至会因黏性强引起眼部不适。

② 溶剂型眼线液的增稠剂多采用纤维素衍生物如羟甲基纤维素、羟乙基纤维素等天然高分子化合物，以及水溶性的聚乙烯醇（PVA）等合成高分子化合物，还常以乙醇为溶液，使成膜快速干燥。

3. 成膜剂

水性成膜剂是溶剂型眼线液中配方成型的关键。不宜选择一些成膜较硬、柔韧性差的原料，这类原料容易在上妆后形成块状膜剥落，甚至在剥落后有入眼的风险。

三、溶剂型眼线液的生产工艺

溶剂型眼线液的生产工艺见图5-5。

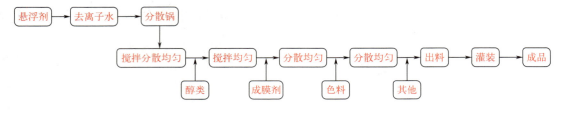

图5-5　溶剂型眼线液的生产工艺

无论是纯水剂型还是纯油剂型或乳化剂型眼线液，生产过程与其他同类型化妆品没多大的差异。重点是色料前期要分散好，成膜剂避免在高温下加入。

此类配方一般黏度很低，灌装注意事项与工艺和常规的没有大的区别，只是需要用针状灌装嘴。

四、质量标准及要求和常见质量问题及原因分析

1. 质量标准及要求

眼线液（膏）的质量指标应符合国家标准GB/T 35889—2018《眼线液（膏）》的要求，其感官、理化指标见表5-36。

表5-36　眼线液（膏）的感官、理化指标

指标名称		要求	
		眼线液	眼线膏
感官指标	外观	可流动液体	膏状
	色泽	与对照样一致，均匀一致	
	气味	与对照样一致	
理化指标	pH 值	4.0～8.5	—
	耐热	（40±1）℃保持24h，恢复至室温，与实验前比较性状无明显差异，能正常使用，产品应无渗漏	
	耐寒	（5±2）℃保持24h，恢复至室温，与试验前比较性状无明显差异，能正常使用	（-8±2）℃保持24h，恢复至室温，与试验前比较性状无明显差异，能正常使用
性能指标	使用性能	涂抹流畅，易上色	
	防水性能	通过测试	

另外，还需要做到：

① 流动性好，颜色均一，颜料不沉降，液体不分离，无异味。

② 涂抹性好，易上色且均匀，不断液（眼线液笔还必须不漏液）。

③ 速干、不晕妆、不渗色、不干裂。

④ 笔触舒适，软硬适中，不易开叉。

⑤ 容易卸妆。

⑥ 安全、无刺激、无污染。

2. 质量问题及原因分析

（1）贴合性差，在涂抹后出现收缩现象　眼线液的表面张力导致液滴收缩，可添加少量的乳化剂调整眼线液的表面张力，或添加一定量的水性增稠剂帮助其贴合皮肤。

（2）晕妆　乳化剂的选择和用量是导致出现这一现象的关键因素。在水性配方中，如果乳化剂使用过多，会使得配方更容易与皮肤分泌的油脂发生乳化作用，进而导致妆容晕开。因此，在选择乳化剂时，应倾向于选择那些乳化能力较弱的乳化剂，并严格控制其用量，以避免出现晕妆的情况。

巩固练习

一、填空题

1. 涂于眼皮边缘，沿上下睫毛根部，由眼角向眼尾描画的眼部化妆品是（　　）。

2. 眼线液有溶剂型和乳化剂型两种，其中干燥后形成一韧性薄膜，且具剥离性，优点是易于卸妆的是（　　）。

二、判断题

1. 眼线液主要是用于勾勒和加深眼部轮廓，使眼睛更黑亮有神。（　　）

2. 眼线液配方通常采用溶剂型，也有少量的乳化剂型配方。（　　）

3. 眼线液的pH值要求在4.0～8.5之间。（　　）

4. 眼线液（膏）的国标中耐热要求为（40±1）℃保持24h，恢复至室温，与实验前比较性状无明显差异，能正常使用，产品应无渗漏。（　　）

5. 眼线液的质量要求；流动性好，颜色均一，颜料不沉降，液体不分离，无异味。（　　）

6. 眼线液配方中的EDTA四钠，其作用主要是作为增稠剂。（　　）

7. 眼线液要求涂抹性好，易上色且均匀，不断液，但眼线液笔允许少量漏液。（　　）

8. 眼线液配方中三乙醇胺、氨甲基丙醇的主要功能是pH调节剂。（　　）

拓展阅读

酥油口红：鄂尔多斯非遗文化的时尚演绎与国货美妆的全球崛起

在鄂尔多斯的辽阔草原上，牛羊自由漫步，而这片土地上的传统瑰宝——酥油，历经千年依旧散发着迷人的香醇。如今，这份传统以一种创新的方式焕发新生——酥油口红，它将草原的芬芳轻轻涂抹在人们的唇齿之间。

这款口红以传统酥油为原料，巧妙地融合了现代审美和民族风情。其设计灵感来源于鄂尔多斯新娘手捧酥油灯的温馨画面，一抹明黄，不仅展现了浓郁的民族特色，更在"乐享鄂尔多斯"的草原盛宴中惊艳问世，迅速成为热门的文创佳品。它不仅装点了容颜，更传递了深厚的文化底蕴，让非遗文化在时尚潮流中熠熠生辉，成为连接过去与未来的美丽桥梁。

与此同时，国产彩妆品牌正经历着一场崛起与蜕变。在成都市武侯区的"她妆美谷"，一家MCN机构在"双11"期间见证了国货彩妆的显著增长。从2019年外资品牌主导市场的局面，到如今国货品牌在直播间占据主导地位，预计销售额占比超过80%，这一变化体现了国产彩妆的强劲发展势头。国货彩妆之所以能够迅速崛起，得益于其对市场需求的快速响应和产品迭代，以及对细分市场的精准定位。例如，针对大学生群体推出了速效粉底等产品。同时，营销策略的转变也起到了关键作用，通过强调产品适合中国肤质，并融入朱雀、仙鹤等国潮文化元素，增强了产品的文化认同感和特色。

这种趋势已经显著影响了消费者的选择，使国货彩妆逐渐成为国际品牌的高性价比替代品。这不仅提升了国货彩妆的市场竞争力，也推动了国内彩妆市场向更高的水平发展。

国货美妆品牌的崛起不仅是对传统文化的传承和创新，更是对高质量发展和国际合作的积极响应。近年来，国内化妆品企业凭借深厚积淀与持续创新，在国际舞台上崭露头角。融合中式美学的创意产品，如轩窗型盒体、同心锁口红等，在海外赢得广泛赞誉，不仅满足多元美妆需求，更传播了中国文化。这些品牌通过高质量产品、精准的市场定位及本土化策略，迅速提升国际知名度。随着《区域全面经济伙伴关系协定》（RCEP）的生效，国货美妆出口激增，2022年对RCEP成员出口额增长53.8%，彰显其与国际品牌同台竞技的强大实力，预示着国货美妆在全球美妆市场的广阔前景。

彩妆产品不仅仅是化妆品，它们是非遗文化的传承与创新的载体，是国货品牌崛起的象征，是文化与经济融合的典范，更是全球视野下中国品牌的自信宣言。它们展现了文化自信和经济发展战略的辉煌成就。

项目六

其他类型产品

学习目标

知识目标

1. 掌握甲用化妆品、芳香化妆品、口腔清洁用品的特点。
2. 掌握甲用化妆品、芳香化妆品、口腔清洁用品的配方组成。
3. 掌握甲用化妆品、芳香化妆品、口腔清洁用品的制备要求。

技能目标

1. 能初步审核甲用化妆品、芳香化妆品、口腔清洁用品的配方。
2. 能制备并评价甲用化妆品、芳香化妆品、口腔清洁用品。

素质目标

1. 坚定制度自信。
2. 培养开放创新的意识。

知识导图

　　在化妆品中，除了常见的洁肤、护肤化妆品，发用化妆品和面部彩妆外，还存在一些特定的产品类别，它们虽然在日常生活中的提及频率不如前者，但同样具有其特定的用途和价值。这些产品包括甲用化妆品、芳香化妆品，而口腔清洁用品也被纳入化妆品监管的体系。

　　甲用化妆品，主要指用于指甲的美容和护理产品，如指甲油和指甲护理液，它们可以改善指甲的外观，提供保护和装饰作用。芳香化妆品，通常指的是香水和花露水等，它们通过散发香气，能够影响人的情绪和环境氛围。口腔清洁用品，如牙膏和漱口水，是人们日常口腔卫生护理的重要组成部分，有助于维护口腔健康，预防口腔疾病。

这些产品虽然在功能和使用上各有侧重，但它们共同构成了化妆品市场的多样化选择，满足了不同消费者在不同场合的需求。

任务一　配制有机溶剂型指甲油

学习目标

培养严守生产规程，生产安全第一的理念。

情景导入

从元末明初的"金凤花开色更鲜，佳人染得指头丹"，我们可以看出古代女性就已经开始注重美甲，用色彩装点指尖。这一传统延续至今，指甲上的颜色不仅为现代女性增添了不同风情，如可爱、成熟或性感，更成为了个性和风格的表达。

小周作为一名热爱美甲的化妆品技术专业毕业生，刚加入一家指甲油生产企业工作。在这里，资深配方师老吴耐心地为小周解答各种疑惑，同时老吴根据顾客的需求和不同的使用场合，准备指导小周制备一款有机溶剂型指甲油——靓丽指甲油。他们还要初步确定产品的内控指标，确保质量稳定。随后，小周会在老吴的指导下，跟进该产品的放大生产试验，确保从实验室到生产线的每一步都能精准控制，以满足市场的需求。靓丽有机溶剂型指甲油的配方见表6-1。

表6-1　靓丽有机溶剂型指甲油的配方

组项	原料名称	用量 / %
A	异丙醇	5.2
	硝化纤维	13.5
	邻苯二甲酸酐/偏苯三酸酐/二元醇类共聚物	8.0
B	乙酸乙酯	40.55
	乙酸丁酯	18.2
	乙酰柠檬酸三丁酯	6.5
C	司拉氯铵水辉石	3.0
	柠檬酸	0.05
D	红色7号色锭	0.5
	红色6号色锭	1.6
	二氧化钛	0.5
E	珠光颜料	2.4

一、设备与工具

增加研磨设备，卡尔费休水分测定仪，气相色谱。

二、操作指导

1. 认识原料

（1）关键原料

① 硝化纤维。特性：白色或微黄色棉絮状物；不溶于水，溶于甲醇、丙醇、冰醋酸等；含氮量在12.5%以下的硝化纤维是易燃固体，含氮量在12.5%以上的硝化纤维是爆炸品；极易燃烧，且速度极快；遇光分解变色；搬运时应轻拿轻放，防止包装破损；作为增塑剂、黏合剂，能够提高产品的性能和稳定性。

② 邻苯二甲酸酐/偏苯三酸酐/二元醇类共聚物。特性：白色块状或颗粒状固体；溶于热水及丙酮，溶于无水乙醇并发生反应；在指甲油里主要作用是成膜剂；与硝化纤维复配，达到双重的固化效果，产品涂抹后更加靓丽和持久。

③ 司拉氯铵水辉石。特性：一种白色至灰色的粉末状物质，用作稳定剂和增稠剂，可以防止产品沉淀和分层。

（2）其他原料

① 异丙醇。特性：无色液体；溶于水，也溶于醇、醚、苯、氯仿等有机溶剂。

② 乙酸乙酯。特性：无色澄清液体，有芳香气味，易挥发，沸点为77.2℃，微溶于水，溶于醇、酮、醚、氯仿等多数有机溶剂。

③ 乙酸丁酯。特性：无色透明有愉快果香气味的液体，沸点126.1℃，与醇、醚、酮等有机溶剂混溶，易燃；用于成膜剂的溶剂。

④ 乙酰柠檬酸三丁酯。特性：无色透明液体；溶于多数有机溶剂，不溶于水；常用作增塑剂，能增加弹性和柔软性。

⑤ 红色7号色锭。特性：紫红色粉末，无臭；不溶于水，可以分散在油相呈现红色。

⑥ 红色6号色锭。特性：红色粉末，无臭；不溶于水，可以分散在油相呈橙红色。

⑦ 珠光颜料。特性：白色至淡黄色片状或块状物；不溶于水，用于产生珠光光泽。

2. 分析配方结构

分析靓丽有机溶剂型指甲油的配方组成，分析结果见表6-2。

表6-2　靓丽有机溶剂型指甲油配方组成的分析结果

组分		所用原料	用量/%
成膜剂		硝化纤维、邻苯二甲酸酐/偏苯三酸酐/二元醇类共聚物	21.5
增塑剂		乙酰柠檬酸三丁酯	6.5
增稠剂		司拉氯铵水辉石	3.0
溶剂	主溶剂	乙酸乙酯、乙酸丁酯	63.95
	助溶剂	异丙醇	

续表

组分	所用原料	用量 / %
着色剂	红色7号色淀，红色6号色淀，二氧化钛	2.6
珠光剂	珠光颜料	2.4
pH调节剂	柠檬酸	0.05

可见靓丽有机溶剂型指甲油的配方组成符合有机溶剂型指甲油的配方组成要求。此款配方是一款国际性品牌比较流行的配方，使用的悬浮剂能够达到相对的稳定性，使用多元醇类共聚物来提升成膜性能，容易达到双重的固化效果，产品涂抹后更加靓丽和持久。

3.配制样品

（1）操作关键点

① 由于油性指甲油为热力学不稳定的悬浮液体系，为保证制备过程颜料、悬浮剂等组分能分散均匀，配制过程需要充分搅拌。

② 注意防爆。

（2）配制步骤及操作要求　靓丽有机溶剂型指甲油的配制步骤及操作要求见表6-3。

表6-3　靓丽有机溶剂型指甲油的配制步骤及操作要求

序号	配制步骤	操作要求
1	A相润湿	原料预处理，用稀释剂或助溶剂将硝化纤维润湿
2	B相混合溶解	将溶剂、增塑剂混合溶解
3	A相、B相混合	将B相加入A相中，搅拌使其完全溶解，备用
4	加入悬浮剂及pH调节剂	在A相、B相混合体系中加入C相，搅拌均匀
5	调色	将D相和部分（A+B+C）相混合，碾磨均匀，加入上述体系，并进行目测比色
6	加入珠光浆	将E相加到产品体系中，并搅拌均匀，使产品具有明显的珠光效果

4.检验样品质量

试用产品小样，评估其使用效果是否符合预期设计目标。

根据QB/T 2287—2011《指甲油》对指甲油的质量进行检验，技术指标包括色泽（符合企业标准），干燥时间（≤10min），牢固度（薄膜绣花针划线法、无脱落），净含量允许误差[≤（10±1）g]。除此以外，还应包括表6-4所列的项目。

表6-4　指甲油的检验项目及操作规范与要求

序号	检验项目	操作规范与要求
1	固含量	测定溶剂蒸发后的固体含量。在105℃和恒温箱中烘2h，烘前和烘后质量差计算固含量

续表

序号	检验项目	操作规范与要求
2	稳定性试验	在40℃恒温箱中存放，在1d、2d、3d时观察瓶中产品是否发生沉降、离浆或分层，试验温度亦可根据产品要求选择25℃、40℃、45℃和50℃。一般可在荧光灯下进行，同时评估热和光的稳定性。如有需要可进行冻-融循环试验
3	黏度测量	测量受剪切前（静置后）和后的黏度，估算触变指数
4	水分含量	测定配方中水分含量，用Karl Fisher（卡尔费体）水分测定法测定
5	挥发性组分含量	证实配方中挥发性组分含量，用气相色谱法测定

5.制定生产工艺

根据小试结果，制定指甲油的生产工艺为：

① 将A相用胶体磨或者三辊研磨机研磨使其均匀；

② 将B相混合溶解，加入A相中，搅拌分散均匀；

③ 在（A+B）相混合体系中加入C相，搅拌使其完全溶解；

④ 取部分（A+B+C）相，加入D相碾磨均匀，再加入剩下（A+B+C）相，混合均匀，用板框式压滤机过滤；

⑤ 将E相加入到混合物中，搅拌分散均匀。

知识储备

一、指甲简介

1. 指甲的构造

指甲是由皮肤衍生而来，是由胚胎体表外胚层和侧板壁层及其体节生皮节的间充质在胚胎9周以后逐渐分化形成的。指（趾）甲分为甲板、甲床、甲皱、甲母、甲根、甲弧影等部分，如图6-1。甲板相当于皮肤角质层，甲皱是皮肤弯入甲母部分。甲床由相当于表皮的辅层、基底层及真皮网状层构成，其下与指骨骨膜直接融合。后甲母覆盖甲根移行于甲上皮。甲床前为甲下皮。甲床、甲皱不参与指甲板生长，指甲生长是甲根部的甲基质细胞增生、角化并越过甲床向前移行而成。但甲床控制着指甲按一定形状生长，甲床受损则指甲畸形生长。甲床及甲根部有着丰富的血管，这些为指甲再生提供了丰富的营养。

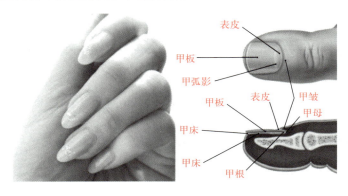

图6-1　指甲的构造

健康的指甲应该是光滑、亮泽、圆润饱满、呈粉红色，指甲每个月生长3mm左右，新陈代谢周期为半年。指甲的生长速度随季节发生变化，一般夏季生长速度较快，冬季较缓慢。

2. 指甲的作用

指甲作为皮肤的附件之一，有着其特定的功能。首先它有"盾牌"作用，能保护末节指腹免受损伤，维护其稳定性；增强手指触觉的敏感性；协助手抓、挟、捏、挤等；甲床血供丰富，有调节末梢血供、体温的作用。其次，指甲又是手部美容的重点，漂亮的指甲增添女性的魅力。

指甲是由硬的角蛋白为主要成分的甲板构成的皮肤附属器官，在指的末端对手指起着保护作用。

二、指甲油简介

QB/T 2287-2011《指甲油》中对指甲油的定义为指甲油是以溶剂、成膜剂等原料制成的美化、修饰、护理指甲（趾甲）用的稠状液体产品。

有机溶剂型指甲油相关知识思维导图　水性型指甲油相关知识思维导图

目前，市售的指甲油按纹理多样性可分为漆光、乳状、哑光、珠光、亮片等类型；按材质可分为有机溶剂型指甲油和水性型指甲油。有机溶剂型指甲油和水性型指甲油在气味、溶剂、质地、持久度、流动性、化学成分、卸除方式等方面都不同，见表6-5。

表6-5　有机溶剂型指甲油和水性型指甲油的性能比较

性能比较	有机溶剂型指甲油	水性型指甲油
气味	有很大的气味	几乎没有气味
溶剂	含有丙酮、乙酸乙酯和甲醛等溶剂	以水和丙烯为主要溶剂，富含天然植物维生素和活性物质，不含苯和甲醛等有机溶剂，对人体无害
质地	比较浓稠	比较稀
持久度	持久性更好	容易涂抹均匀，但更容易脱落
流动性	流动性小	流动性大
化学成分	含有大量的化学成分	化学成分较少
卸除方式	使用卸甲水卸除	使用酒精卸除

与有机溶剂型指甲油相比，水性型指甲油以水为介质，无毒、无味、不燃、不爆、不污染环境以及危害生命健康。同时，水性型指甲油涂敷性好，涂膜具有优良的弹性、屈挠性和透气性。但是，水性型指甲油也有缺点：室温成膜困难、干燥速度慢、表面平整性差、低表面硬度、低黏附强度、低耐久性与低防水能力等。

更多典型配方——溶剂型指甲油

三、有机溶剂型指甲油的配方组成

有机溶剂型指甲油配方组成见表6-6。

表6-6　有机溶剂型指甲油的配方组成

组分		常用原料	用量 / %
成膜剂		硝化纤维、乙酸纤维素、乙酸丁酸纤维素、乙基纤维素、聚乙烯以及丙烯酸甲酯聚合物	5～15
增塑剂		樟脑、蓖麻油、苯甲酸苄酯、磷酸三丁酯、磷酸三甲苯酯、邻苯二甲酸二辛酯、柠檬酸三乙酯、柠檬酸三丁酯	1～20
树脂		醇酸树脂、氨基树脂、丙烯酸树脂、聚乙酸乙烯酯树脂和对甲苯磺酰胺甲醛树脂、虫胶、达马树脂	0～25
增稠剂		二甲基甲硅烷基化硅石，有机改性膨润土	0.5～2
溶剂	主溶剂	乙二醇一乙醚（溶纤剂）、乙二醇二乙醚（丁基溶纤剂）、乙酸乙酯、乙酸丁酯、丙酮、丁酮、二甘醇单甲醚和二甘醇单乙醚	5～40
	助溶剂	乙醇、丁醇等醇类	
	稀释剂	甲苯、二甲苯等烃类	
着色剂		CI 15850、CI 77891、CI 77007、CI 45380、CI 45410、CI 77491、CI 77492、CI 77499、CI 77718、CI 15985	0～5
珠光剂		云母、氧化锡、氧化铁类、合成氟金云母、硼硅酸钙盐、铝	0～2
芳香剂		按照产品需要添加	0～0.2

指甲油由固体和溶剂组成，前者约占30%，后者约占70%，具体包括成膜剂、树脂、增塑剂、增稠剂、溶剂以及色素。

1. 成膜剂

成膜剂是指甲油中的主要基础材料，是指甲油涂抹后能在指甲上形成一层薄膜的物质。具备这种性质的物质有硝化纤维、乙酸纤维素、乙酸丁酸纤维素、乙基纤维素、聚乙烯以及丙烯酸甲酯聚合物等。其中硝化纤维是最常用的成膜剂。

硝化纤维是由纤维素经硝化而制得的软毛状白色纤维物质，是易燃物质，储存和使用时要特别注意防火、防爆。现在常用在指甲油中的硝化纤维的质量运动黏度为$1/2～1/4cm^2/s$，氮元素含量为$11.5\%～12.2\%$，且易溶于酯类和酮类等溶剂中，这时其成膜的物理性质良好。

硝化纤维在成膜的硬度、附着力和耐摩擦等方面都显得较为优良，其缺点是容易收缩变脆、光泽较差、附着力还不够强，因此需加入树脂以改善光泽和附着力，加入增塑剂增加韧性和减小收缩，使涂膜柔软、持久。

2. 树脂

树脂能增加硝化纤维薄膜的亮度和附着力，是指甲油成分中不可缺少的原料之一。指甲油用的树脂有天然树脂（如虫胶）和合成树脂，由于天然树脂质量不稳定，所以近年来已被合成树脂代替。常用的合成树脂有醇酸树脂、氨基树脂、丙烯酸树脂、聚乙酸乙烯酯树脂和对甲苯磺酰胺甲醛树脂等。其中对甲苯磺酰胺甲醛树脂对膜的厚度、光亮度、流动性、附着力和抗水性等均有较好的效果。

3. 增塑剂

增塑剂能使涂膜更加柔软和持久，同时减少膜层的收缩和开裂现象。在选择指甲油增塑剂时，必须确保其与溶剂、硝化纤维和树脂的溶解性良好，且挥发性小、稳定、无毒、无臭味，还要与所使用的颜料有良好的相容性。然而，增塑剂含量过高可能会影响成膜的附着力，因此添加量需精确控制。

指甲油中常用的增塑剂包括磷酸三甲苯酯、苯甲酸苄酯、磷酸三丁酯、柠檬酸三乙酯、邻苯二甲酸二辛酯、樟脑和蓖麻油等，其中邻苯二甲酸酯类因其广泛适用性而常被选用。然而，比较理想的增塑剂是樟脑和柠檬酸类物质，它们不仅满足所有关键性能要求，还能为指甲油增添自然触感或清新香气，提升产品的整体品质。

4. 增稠剂

指甲油中的增稠剂，能够使固体颗粒在液体中均匀分散，形成悬浮液。指甲油主要使用的悬浮剂是改性膨润土，可使颜料保持悬浮状态，避免颗粒凝结，摇晃时即可分开。

5. 溶剂

溶剂是有机溶剂型指甲油的主要成分，占70%～80%。指甲油用的溶剂必须能溶解成膜剂、树脂、增塑剂等，能够调节指甲油的黏度获得适宜的使用感觉，并要求具有适宜的挥发速度。溶剂挥发太快，影响指甲油的流动性、产生气孔、残留痕迹，影响涂层外观；挥发太慢，会使流动性太大，成膜太薄，干燥时间太长。能够满足这些要求的单一溶剂是不存在的，一般使用混合溶剂。

指甲油的溶剂成分由主溶剂、助溶剂和稀释剂三部分组成。

① 主溶剂又称为"真溶剂"，是对某物具有真正溶解作用的溶剂，按溶剂沸点的高低，真溶剂可分为低沸点溶剂、中沸点溶剂和高沸点溶剂三类，其特点见表6-7。

表6-7　真溶剂的分类及特点

沸点分类	沸点温度	原料种类	特点	缺点
低沸点溶剂	100℃以下	丙酮、乙酸乙酯和丁酮	蒸发速度快	硝化纤维溶液黏度较低，皮膜干燥后，容易"发霜"变浑浊
中沸点溶剂	100～150℃	乙酸丁酯、二甘醇单甲醚和二甘醇单乙醚	流展性好	硝化纤维溶液黏度较高，能抑制"发霜"变浑浊现象
高沸点溶剂	150℃以上	乙二醇一乙醚（溶纤剂）、乙酸溶纤剂、乙二醇二丁醚（丁基溶纤剂）	不易干，涂膜光泽好	硝化纤维溶液黏度高，流展性较差，密着性高，不会引起"发霜"变浑浊

② 助溶剂与硝化纤维有亲和性，单独使用时没有溶解性，但与主溶剂加合使用时，能增加对硝化纤维的溶解性，有提高使用感的效果。常使用的助溶剂有乙醇、丁醇等醇类。

③ 稀释剂单独使用时对硝化纤维完全没有溶解力，但配合到溶剂中可增加对树脂的溶解性，还可调整使用感，常用的有甲苯、二甲苯等芳香烃类，稀释剂价格低，添加它可降低成本。

6. 色素

颜料除给指甲油以鲜艳的色彩外，还能起不透明的作用，一般采用不溶性的颜料和色淀，可溶性染料会使指甲和皮肤染色，一般不宜选用。如要生产透明指甲油，则一般选用盐基染料。

有时为了增加遮盖力，可适当添加一些无机颜料如钛白粉等。产品中若使用适量的珠光颜料，可使指甲油产生珍珠光泽效果。

液体状指甲油含有不溶性颜料和小量二氧化钛。有机颜料从FDA所规定的色素中选择，无机颜料也要控制重金属的含量。

四、指甲油的生产工艺

1. 生产流程

指甲油的生产工艺流程图如图6-2所示。

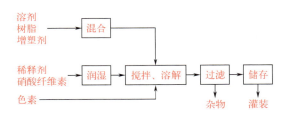

图6-2　指甲油生产工艺流程图

指甲油的生产流程包括润湿、混合、色素碾磨、搅拌过滤、包装等工序。指甲油制作方法可以分为以下几步：

① 润湿：用稀释剂或助溶剂将硝化纤维润湿。

② 混合：另将溶剂、树脂、增塑剂混合，并加入硝化纤维中，搅拌使其完全溶解。

③ 色素碾磨：将色素加入到球磨机中碾磨均匀，然后加入颜料浆，灌装小样品对色。

④ 搅拌过滤：经压滤机或离心机处理，去除杂质和不溶物，储存静置。

⑤ 包装：静置后的料体，开始灌装和包装，灌装到正确的包材中，多数为玻璃瓶包材。

2. 注意事项

指甲油的生产过程对安全性要求很高，特别注意以下事项：

（1）颜料分散设备、碾磨设备要求　颜料的颗粒必须碾磨得较细，以使其悬浮于液体中，常用球磨机或三辊研磨机粉碎颗粒。研磨的方法是把颜料、硝化纤维、增塑剂和足够的溶剂混合成浆状物，然后经研磨数次以达到所需的细度。

（2）生产过程中环境和安全要求　指甲油的主要原料是纤维状的硝化纤维，属于特级危险品，稍加摩擦所产生的热量或遇到火星都极易燃烧，所以生产硝化纤维的工厂，将其加入溶剂中溶解成液体后才能运输，而且操作者要经过训练，掌握有关知识和操作技术。

配料场地要有通风设备，使室内溶剂气味降低到最少的限度。通风设备和研磨颜料的球磨机电机均应采用封闭式的，照明灯都要有防爆装置，工厂要配有防爆仓库和防爆车间，保障其生产的安全性。

指甲油是一种易燃物，在整个生产过程中要注意安全，采取有效的防燃、防爆措施，防止意外。

（3）指甲油包装要求　指甲油通常装在带刷子的小瓶中，密封性是关键设计考量。密封不佳会导致溶剂挥发，使指甲油干涸，影响使用效果并可能引发安全隐患，降低使用的便捷性和安全性。

五、质量标准和常见质量问题及原因分析

1. 质量标准及要求

指甲油质量应符合QB/T 2287—2011《指甲油》,其感官、理化指标见表6-8。

表6-8　指甲油的感官、理化指标

项目		要求	
		(Ⅰ)型	(Ⅱ)型
感官指标	外观	透明指甲油:清晰,透明。有色指甲油:符合企业标准规定	
	色泽	符合企业标准规定	
理化指标	牢固度	无脱落	—
	干燥时间/min	≤ 8	

注:(Ⅰ)型指甲油不测微生物指标。(Ⅰ)型指甲油为有机溶剂型指甲油;(Ⅱ)型为水性型指甲油。

另外,还需符合以下要求:

① 指甲油必须是安全的,对皮肤和指甲无害,不会引起刺激和过敏。

② 指甲油涂抹容易,干燥成膜快,形成的膜要均匀,无气泡。

③ 颜料均匀一致,光亮度好。

④ 有牢固的附着力,不易剥落,不开裂,能牢固地附着在指甲上。

⑤ 有较长的货架寿命,质地均匀,不会分离和沉淀,不会变色,不会氧化酸败,微生物不会引起变质。

2. 质量问题及原因分析

(1)黏度不适当,过厚或太薄

① 各类溶剂配比失当,引起硝化纤维黏度变化。

② 硝化纤维含氧量增加,黏度也增加,但放置时间长久后,黏度会减小,引起指甲油黏度变化。

(2)黏着力差

① 涂指甲油时,事先未清洗指甲,上面留有油污。

② 硝化纤维与树脂配合不好。

(3)光亮度差

① 指甲油黏度太大,流动性就差,涂抹得不均匀,表面不平,光泽就差。

② 黏度太低,造成颜料沉淀,色泽不均匀,涂膜太薄,光泽变差。

③ 树脂与硝化纤维配合不当,颜料粉末不细,也影响亮度。

(4)指甲油分层　指甲油中的树脂黏度不够,增稠剂的量不够。

巩固练习

一、单选题

1. 生产含挥发性有机溶剂的化妆品(如香水、指甲油等)的车间,应配备相应(　　　)。

A. 抽烟机　　　　　　B. 防爆设施　　　　　　C. 吸收器　　　　　D. 吸湿器

2. 邻苯二甲酸二丁酯在指甲油中属于（　　　）。

A. 抗氧剂　　　　　　B. 溶剂　　　　　　　　C. 增塑剂　　　　　D. 油脂

3. 指甲油中（　　）易燃，在生产中要注意防火。

A. 骨胶原　　　　　　　　　　　　　　　B. 硝化纤维素

C. 羧甲基纤维素　　　　　　　　　　　　D. 邻苯二甲酸二丁酯

4. 以下哪种不是白色指甲油的原料？（　　　）

A. 二氧化钛　　　　B. 氧化锌　　　　　　　C. 高岭土　　　　　D. 氧化铁

5. 下面哪一项不是指甲油配方中的溶剂？（　　　）

A. 真溶剂　　　　　　B. 助溶剂　　　　　　　C. 稀释剂　　　　　D. 增溶剂

6. 常用的指甲油增塑剂是（　　　）。

A. 氨基树脂　　　　　B. 硝化纤维素　　　　　C. 邻苯二甲酸二辛酯　D. 丁醇

7. 常用的指甲油成膜剂是（　　　）。

A. 氨基树脂　　　　　B. 硝化纤维素　　　　　C. 邻苯二甲酸二辛酯　D. 丁醇

二、判断题

1. 指甲油的主要成膜剂就是闪亮家具漆中的氨基树脂。（　　　　）

2. 指甲油的干燥时间要求 ≤ 5min。（　　　　）

3. 指甲油可以修饰和增加指甲美观，易于涂敷，干燥成膜快，光亮度好，耐摩擦，并有保护指甲的作用。（　　　）

任务二　配制水性型指甲油

学习目标

能说明水性型指甲油和有机溶剂型指甲油的异同。

情景导入

老吴根据顾客需求和使用场合，指导小周设计出一款水性型指甲油的配方和制备工艺，在此基础上，初步确定产品的内控指标，并跟进该产品的放大生产试验。

文档扫一扫
更多典型配方
——水性型指甲油

水性型指甲油的配方见表6-9。

表6-9　水性型指甲油的配方

组相	商品名	原料名称	用量 / %
A	水	水	10
	己二醇	己二醇	10
	硅氧烷	硅氧烷消泡剂	0.1

续表

组相	商品名	原料名称	用量 / %
B	丙烯酸酯	丙烯酸/丙烯酸丁酯/甲基丙烯酸甲酯共聚物三乙醇胺盐乳液（含固量30%）	71.2
	DEP	邻苯二甲酸二乙酯	5.0
	膨润土	膨润土	0.5
C	CI 16035	红色40号色锭（水溶性）	3.0
D	香精	香精	0.1
E	苯甲醇	苯甲醇	0.1

任务实施

1. 认识原料

（1）关键原料　丙烯酸/丙烯酸丁酯/甲基丙烯酸甲酯共聚物三乙醇胺盐乳液（含固量30%）

特性：白色或灰白色乳液；无毒害或易燃风险；黏度低，玻璃化温度低，不加增塑剂也能形成较为满意的膜，耐候性、耐水性和耐碱性强，对各种材料都能显示出很好的黏结性；形成的膜较柔软并易进行碱增黏。

（2）其他原料

① 硅氧烷消泡剂。特性：白色乳状液体，溶于水；不需要添加其他助溶剂，直接用于消泡。

② 邻苯二甲酸二乙酯。特性：无色透明液体；溶于乙醇、醚及其他有机溶剂，不溶于水；具有良好的稳定性，在常温下不易分解、不易受潮和氧化，常作纤维素树脂增塑剂，具有良好的低温柔软性和耐久性。

③ 膨润土。特性：浅黄色或乳白色细粉；是一种天然胶质的水合硅酸铝；不溶于水和有机溶剂，但能吸收12倍容积的水而溶胀。

④ 红色40号色锭。特性：暗红色粉末，分散于水、甘油和丙二醇。

2. 分析配方结构

分析水性型指甲油的配方组成，分析结果见表6-10。

表6-10　水性型指甲油配方组成的分析结果

组分	所用原料	用量 / %
成膜剂	丙烯酸/丙烯酸丁酯/甲基丙烯酸甲酯共聚物三乙醇胺盐乳液（含固量30%）	71.2
溶剂	水，己二醇	20
增稠剂	膨润土	0.5
防腐剂	苯甲醇	0.1
着色剂	红色40号色淀（水溶性）	3

续表

组分	所用原料	用量 / %
芳香剂	香精	0.1
增塑剂	邻苯二甲酸二乙酯	5.0
消泡剂	硅氧烷消泡剂	0.1

　　该指甲油配方组成符合水性型指甲油的配方组成要求。此配方采用多重丙烯酸共聚物来提升成膜性能，产品抗水、耐磨、黏附性能和保湿效果良好，产品表面光亮度较好。

　　3. 配制样品

　　（1）操作关键点　制备过程中，每一次混合都要搅拌分散均匀。

　　（2）配制步骤及操作要求　水性型指甲油的配制步骤及操作要求见表6-11。

表6-11　水性型指甲油的配制步骤及操作要求

序号	配制步骤	操作要求
1	A 相溶解	将去离子水、己二醇、硅氧烷等混合，搅拌溶解
2	B 相混合均匀	将增塑剂、增稠剂及丙烯酸酯混合，并搅拌分散均匀
3	A 相、B 相混合	将B相加入A相中，搅拌使其完全溶解，备用
4	调色	将水溶性红色40号色锭碾磨均匀，加入上述体系，并进行目测比色
5	香精	香精最后加入，添加温度低于45℃，赋香
6	添加防腐剂	将防腐剂加入上述产品体系

知识储备

　　水性型指甲油的配方组成

　　水性型指甲油的配方组成见表6-12。

表6-12　水性型指甲油的配方组成

组分	常用原料	用量 / %
成膜剂	聚氨酯、聚丙烯酸酯、水性树脂乳液、丙烯酸树脂，丙烯酸（酯）类共聚物	5 ～ 15
溶剂	水、甘油、丙二醇、二丙二醇、乙醇、变性乙醇、1,2-戊二醇、乙基己基甘油、乙基己二醇、己二醇	1 ～ 80
增稠剂	乙基纤维素、羟丙基瓜尔胶、卡波姆，膨润土、羟丙基纤维素、羟乙基纤维素、羟乙基纤维素钠、卡拉胶	1 ～ 10
皮肤调理剂	天然植物维生素、活性物、精华素、尿囊素、生育酚、辣薄荷油、薄荷醇、水解蛋白、钙化剂等	1 ～ 5

续表

组分	常用原料	用量 / %
防腐剂	苯甲醇、苯酚、羟苯甲酯、羟苯丙酯、羟苯丁酯	0.01～0.1
着色剂	CI 15850、CI 77891、CI 77007、CI 45380、CI 45410、CI 77718、CI 15985、CI19410、CI 42090、CI16035	0～5
珠光剂	云母、氧化锡、氧化铁类、合成氟金云母、硼硅酸钙盐	0～2
芳香剂	按照产品需要添加	0～0.2

1. 成膜剂

水性型指甲油使用聚氨酯、聚丙烯酸酯等水性树脂乳液作为成膜剂，这些成分能增强附着力、提供光泽、促进黏合，并在指甲表面形成持久、坚硬的保护膜。其持久硬度、良好附着力和耐摩擦性对产品性能至关重要。

这种指甲油不含苯、醛等有毒性化学物质，保证了产品的安全性和环保性，避免了对健康和环境的危害。在使用体验上，水性型指甲油无毒无味、快干且持久，涂抹后指甲表面均匀亮泽，紧密贴合指甲，提供透气空间。同时，它易涂易洗，长期使用不会损伤指甲，满足了消费者对美甲产品安全、健康、便捷的需求。

2. 溶剂

水性型指甲油的溶剂主要是水、乙醇、多元醇等，起到溶解成膜剂、调理皮肤、防腐增效等作用。

3. 增稠剂

增稠剂包括纤维素类、卡波姆类及微粉增稠剂，其主要作用是使颜料保持悬浮状态，避免颗粒凝结。

4. 皮肤调理剂

皮肤调理剂起到滋养和保护指甲及其周围的皮肤的作用。

5. 珠光剂

珠光化妆品因其绚丽的天然光泽而成为现代人追求的理想选择。在指甲油中，通常选用天然矿物珠光粉作为珠光剂，这种成分不仅赋予产品珍珠般的光泽，还能显著提升指甲油的光泽度和闪亮效果。使用珠光剂的指甲油不仅外观美丽动人，而且对皮肤安全无害，没有任何毒副作用。

6. 着色剂

以水为介质添加表面活性剂分散而成的颜料填浆称为水性色浆。纯水为原料保障了产品的环保和健康特性。

巩固练习

一、单选题

1. 根据 GB/T 18670—2017，下列哪一种化妆品与其他三种不同？（　　　）

A. 护甲水　　　　　　B. 香水　　　　　　　C.烫发剂　　　　　　　D. 指甲油

2. 下面属于美容化妆品的是（　　　）。

A. 防晒霜　　　　　　　B.指甲油　　　　　　　C.润肤霜　　　　　　D.香水

3.化妆品指甲油中可能含有的风险性物质是（　　　）。

A. 白油　　　　　　　　B. 水　　　　　　　　C.乙醇　　　　　　　D.邻苯二甲酸酯类

二、判断题

1.水性型指甲油干后成膜状即黏附于指甲表面，卸妆用水冲洗即可卸掉。（　　　）

2.指甲油由固液组成，属于热力学稳定的悬浮体系。（　　　）

任务三　配制香水

学习目标

能说明香水制备的注意事项。

情景导入

小陈的家乡以盛产素心兰而闻名，当地政府将这一特色作为旅游名片来精心打造。为了进一步宣传和推广当地的文化旅游事业，工程师老郑精心设计了一款现代素心兰型香精的配方，见表6-13。

助理小陈需要调配出该香精，初步确定产品的内控指标，并跟进该产品的放大生产试验。

小陈很开心地接受了任务，因为通过劳动，他不仅能够将老郑的创意和设计付诸实践，而且能让素心兰的芬芳传播得更远，吸引更多的游客前来体验和欣赏他美丽的家乡。

表6-13　现代素心兰香型香精配方

香原料名称	用量 / %	香原料名称	用量 / %
二氢茉莉酮酸甲酯	40	茉莉花净油 1%	1
己基肉桂醛	9	柠檬精油	2
琥珀香基 10%	1	铃兰醛	5
黄葵内酯	1	甲基紫罗兰酮	2
香柠檬精油	5	麝香 T	5
乙基芳樟醇	5	广藿香叶精油	2
合成橡苔素 10%	1	桃子香基	1
白花醇	5	玫瑰香基	5
新洋茉莉醛	2	岩蔷薇净油 10%	0.5
龙涎酮	7	花青醛 10%	0.5

任务实施

一、设备与工具

制备香水的设备与工具包括：天平、烧杯、玻璃棒、水浴锅、滴管、称量纸、闻香纸等。

二、操作指导

1. 认识原料

（1）核心原料

① 新洋茉莉醛

a. 香型：具有花香、清香、醛香和臭氧样香气。

b. 理化性质：无色至淡黄色油状液体；沸点282℃，不溶于水，溶于乙醇等有机溶剂。

c. 应用：用于兔耳草花、紫丁香等花香型日用香精；允许使用的食品香料。

② 花青醛

a. 香型：清新而强烈的花香、清香、铃兰香气。

b. 理化性质：无色至浅黄色液体，沸点257℃，不溶于水，溶于乙醇等有机溶剂。具有一种清新的花香，天然而时髦（如深谷幽兰，风信子样香气）。

c. 应用：它强烈和令人愉快的香气使它适用于各种类型的配方中；花青醛对香水和洗涤护理配方也非常有价值，因为它具有一种清新的留香；花青醛与醛类配合使用，能为柑橘型配方带来一种天然感；允许使用的食品香料。

（2）其他原料

① 二氢茉莉酮酸甲酯

a. 香型：青滋香，清鲜似茉莉香，又带有兰惠幽香，留香较持久。

b. 理化性质：无色至淡黄色油状液体，沸点109～112℃，几乎不溶于水，溶于乙醇等有机溶剂。

c. 应用：用于配制茉莉、晚香玉、铃兰等花香型香精和素心兰、东方型、古龙香型香精中。

② 己基肉桂醛

a. 香型：青滋香，柔和清甜的茉莉、树兰、珠兰花气息，稍有油脂气，带极微弱的药草香底韵。香气飘逸，较持久。

b. 理化性质：淡黄色液体，沸点140～141.5℃，不溶于水，溶于乙醇等有机溶剂。

c. 应用：富于花香，用于树兰、茉莉、晚香玉等花香型香精；在其他香型中可赋予花香。

③ 琥珀香基10%。香型：琥珀香，似龙涎香的琥珀香气。

④ 黄葵内酯

a. 香型：强烈而温暖的麝香香气，并伴有花香香韵，香气持久。

b. 理化性质：无色至淡黄色液体，沸点154～156℃，不溶于水，溶于乙醇等有机溶剂。

c. 应用：主要用于高档香水、化妆品等日用香精配方中，具有非常好的扩散性和定香作用。

⑤ 香柠檬精油

a. 香型：清香带甜的果香，头香似柠檬，稍带肉豆蔻和香紫苏气息，有清新之感，后有油脂、药草和膏香的体香和基香，它的甜香像烟草香，香气透发，留香力则一般。

b. 理化性质：黄绿色液体，沸点159℃，不溶于水，溶于乙醇等有机溶剂。

c. 应用：富于花香，用于茉莉、橙花、铃兰、栀子、薰衣草、素心兰、紫罗兰等甜花香或幻想香型中，在其他香型中可赋予果香型。

⑥ 乙基芳樟醇

a. 香型：具有新鲜的花香香气，其香气比芳樟醇更为持久和柔和。

b. 理化性质：无色液体，沸点201℃，不溶于水，溶于乙醇等有机溶剂。

c. 应用：可用于配制花香型香精中，用于香水、美容护理、洗涤护理中。

⑦ 合成橡苔素10%

a. 香型：有橡苔净油的强度和留香持久性。拥有多种用途，经常用作橡苔的替代物，具有很好的亲和性。香极为独特，并兼有荷香、豆香、干草香等香气。橡苔精油的香气平和浓郁多韵，可用作良好的定香剂。

b. 理化性质：无色液体，沸点196℃，不溶于水，溶于乙醇等有机溶剂。

c. 应用：橡苔由于其独特的芳香以及其在加香产品中能突出清香和具有优良的定香、调香等作用，成为卷烟中功能独特的常用香原料。

⑧ 白花醇

a. 香型：它能产生幽雅、弥散的花香味，而不改变香精本来的香气特征。

b. 理化性质：无色液体，沸点243℃，不溶于水，溶于乙醇等有机溶剂。

c. 应用：清新、柔和、天然的花香味，在闻香纸上保持3天，几乎能用在所有类型的香水中。

⑨ 龙涎酮

a. 香型：天然龙涎香、琥珀和木香香气，香气持久。

b. 理化性质：无色至淡黄色液体，沸点134～135℃，不溶于水，溶于乙醇、乙醚等有机溶剂。

c. 应用：广泛应用于化妆品、日用品香精中，具有扩散力强，香气持久，能起到增强香气的作用。

⑩ 茉莉花净油1%

a. 香型：具有强烈的茉莉花香香气。

b. 理化性质：暗黄色或红褐色黏稠液体，不溶于水，溶于乙醇、乙醚等有机溶剂。

c. 应用：用于调配高级香水、香皂、化妆品的香精，也可用于配制杏、桃、蜜糖、茶叶、覆盆子等香精。

⑪ 柠檬精油

a. 香型：清香带甜的果香，柠檬样香气，欠新鲜柠檬果香感，除萜油则甜而有玫瑰果香，香气飘逸，不甚留久。

b. 理化性质：无色液体，沸点175.5～176.5℃；不溶于水，溶于乙醇等有机溶剂。

c. 应用：富于花香，用于玉兰、紫罗兰、桂花、金合欢、玫瑰等，在其他香型中可赋予果香型。

⑫ 铃兰醛

a. 香型：清新透发的铃兰、百合样花香，比兔耳草醛香气更为温柔，细腻和优雅，富于花香。

b. 理化性质：无色透明液体，沸点297℃；不溶于水，溶于乙醇等有机溶剂。

c. 应用：广泛用于化妆品、香皂、洗涤剂香精等日用香精中，既可用于铃兰、紫丁香、橙花、玉兰等花香型香精，也可用于素心兰、东方型等非花香型香精，能赋予花香，又有很好的香气协调性。

⑬ 甲基紫罗兰酮

a. 香型：细致而浓郁的紫罗兰花香和鸢尾样甜香，兼木香和果香；香气柔甜、持久，较紫罗兰酮类更似鸢尾的香气。

b. 理化性质：浅黄色液体，沸点230℃，不溶于水，溶于乙醇等有机溶剂。

c. 应用：广泛用于香水、化妆品、香皂等日用香精配方中，常用于花香、木香、素心兰、东方等香型，能赋予良好花香、增木甜香和粉香，为配方带来厚实而透发的效果。

⑭ 麝香T

a. 香型：强烈的麝香香气，并有甜韵，扩散性好，留香持久。

b. 理化性质：无色至浅黄色黏稠液体，沸点332℃，不溶于水，溶于乙醇等有机溶剂。

c. 应用：广泛用于香水、化妆品、香皂等日用香精配方中，是优良的定香剂，并有增强花香、甜香的效果，亦可用于调配香荚兰、樱桃、肉桂、热带水果等食用香精。

⑮ 广藿香叶精油

a. 香型：木香，有些干药草香和辛香，又有些壤香，其香气极浓而持久，头香、体香、基香变化不大，可贯穿始终。由于来源广，因此有带壤香底韵者，也有稍带凉气者，或带酒香、果香。

b. 理化性质：棕色至红色黏稠液体，沸点287℃。

c. 应用：它是东方型、木香香者，但均不应带焦苦气型、馥奇型、素心兰型、玫瑰麝香型、龙涎香型、白玫瑰型、檀香型、粉香型、革香型等香精中不可缺少的香料；用于香水、花露水、香粉、香皂及薰香的加香；也用于调配辛香型食用香料及茶叶。

⑯ 玫瑰香基

a. 香型：优雅的玫瑰香气，具有盛开的玫瑰花所具有的新鲜，天然的香气特性，它的香气重现了天然突厥玫瑰油的香气轮廓。

b. 理化性质：无色液体，不溶于水，溶于乙醇等有机溶剂。

c. 应用：用于香水、美容护理、织物柔顺剂、香皂、蜡烛、熏香中。

⑰ 岩蔷薇净油10%

a. 香型：呈强烈香脂香气，稀释后具有龙涎-琥珀香气。

b. 理化性质：淡黄色黏稠液体，不溶于水，溶于乙醇等有机溶剂。

c. 应用：可用于调配日用香精。

上述原料中，琥珀香基未有规定，二氢茉莉酮酸甲酯暂时允许使用作食品香料，其他原料均为允许使用的食品香料。

2. 分析配方结构

此配方是以玫瑰花香和铃兰花香风格为主调，配以广藿香叶和琥珀香气，组成素心兰香型的结构。其中新洋茉莉醛和花青醛的使用，使得整个香气带有一点清泉的水感，这点与传统的素心兰香型不一样，此配合使得其气味更加符合现代人的品位。麝香与橡苔素的使用，增加了香气的留香时间。

3. 配制样品

（1）操作关键点

① 配方单应注明下述内容：香精名称或代号；委托试配的单位及其提出的要求（香型、用

途、色泽、档次和单价等）；处方及试配的日期及试配次数的编号；所用香料及辅料等的品名、规格、来源、用量、处方者与配样者签名；各次试配小样的评估意见。

② 对香气十分强烈而配比用量又较小的香料，宜先用适当的无臭有机溶剂，如邻苯二甲酸二乙酸酯、二聚丙二醇等，或香气极微的香料，如苯甲酸苄酯、苄醇等，稀释至10%或5%或1%或0.1%的溶液来使用。

③ 配方中各香料（包括辅料）的配比，一般宜用质量百分比或千分比。

④ 为了便于计算及节约用料，每次的小样试配制量一般为10g或5g。

⑤ 对在室温下呈极黏稠而不易直接倾倒的香料，可用温水浴（40℃左右）熔化后称用。对粉末状或微细结晶状的香料，则可直接称量，并可搅拌使其溶解，也可在温水浴上搅拌使之迅速溶解，要尽量缩短受热时间。

⑥ 在称样前，所用的香料，都要与配方单上注明的逐一核对和嗅辨，以免出错。

⑦ 称样用的容器与工具均应洁净、干燥、不沾染任何杂气。

⑧ 对初学香精处方的调香工作者来说，在配小样时，最好每称入一种香料混匀后，即在容器口嗅认一下其香气。

⑨ 对每次试配的小样，都要注明对香气评估意见和发现的问题。

⑩ 对小样配方，都要粗算其原料成本，以便控制成本。

（2）配制步骤及操作要求　现代素心兰香型香水的配制步骤及操作要求见表6-14。

表6-14　现代素心兰香型香水的配制步骤及操作要求

序号	配制步骤	操作要求
1	计算	计算制备5g现代素心兰香型香精需要各原料的计划加入量
2	称量	取一个干净的烧杯，按计划加入量加入各香料，注意及时记录数据，保持天平清洁
3	加入乙醇	加入脱醛乙醇95g，混合均匀。注意乙醇已预先加入陈化剂进行陈化，并已加入苦味剂
4	补足酒精	装瓶，补充酒精到5g；密封，至阴凉干燥处保存

4. 检验样品质量

香水样品质量的检验项目及操作规范与要求见表6-15。

表6-15　现代素心兰香型香水质量的检验项目及操作规范与要求

序号	检验项目	操作规范与要求
1	色泽	感官检测，记录产品色泽，作为内控指标
2	香气	感官检测，正确使用辨香纸，辨香时样品以刚可嗅到为宜。随时记录嗅辨香气的结果，包括香韵、香型、特征、强度、挥发程度，并根据自己的体会，用贴切的词汇来描述香气。要每阶段记录，最后写出全貌
3	清晰度	感官检测，液体应清澈，无明显杂质和黑点
4	相对密度	按GB/T 13531.4—2013《化妆品通用检验方法　相对密度的测定》中第一法密度瓶法进行检测，记录测定温度和相对密度，作为内控指标
5	浊度	按GB/T 13531.3—1995《化妆品通用检验方法　浊度的测定》5℃液体清澈，不浑浊

续表

序号	检验项目	操作规范与要求
6	色泽稳定性	按QB/T 1858—2004《香水、古龙水》的要求，在（48±1）℃的恒温烘箱内，放置24h后色泽不变，注意放入烘箱1h后要放气一次

三、安全与环保

实验用到大量酒精，要注意做实验时周围不能有明火，保持实验室通风。

知识储备

一、香水简介

1. 香水的发展史

图片扫一扫

香水相关知识
思维导图

香水是香料的乙醇溶液，其具有令人愉快的气味，可喷涂在人体上，赋予身体香气，满足人们对精神和艺术的追求。

香水的英文为perfume，它的拉丁语原词含义是"透过烟雾"。这是因为最早期使用的香料是乳香（frankincense）和没药（Myrrh），人们通过加热它们得到弥漫萦绕的熏香雾，用以在教堂中表达自己对天神的尊敬并做祈祷。古埃及人在沐浴时加些香油和香膏，早期的香料都是未加工过的动植物发香部分。中世纪初期阿拉伯人发明了植物蒸馏法，即通过水蒸气蒸馏植物的根、茎、花或叶来获取香精油，例如玫瑰花精油（Roseoil）和迷迭香精油（Rosemaryoil）。直到欧洲文艺复兴时期，法国的格拉斯地区（Grasse）凭借其独特的工艺，适宜植物生长的地理环境和无限的创造性，一举成为香水之都，确立法国香水的宝座地位。

我国先民应用各种天然动植物香料来香身除秽有着悠久历史。汉代用熏香的办法使官服沾上香气，五代时期有用桂花油、茉莉油、蔷薇水的记载。到了明清时期，制作芬香花露的方法相当普遍，而且流行富贵人家自己蒸制。清朝顾仲《养小录》中就介绍了制作"诸花露"的方法："仿烧酒锡甑、木桶减小样，制一具，蒸诸香露。"李渔《笠翁偶集》"熏陶"中也提到："花露者，摘取花瓣入甑，酝酿而成者也。蔷薇最上，群花次之。""然用不须多，每于盥浴之后，挹取数匙入掌，拭面拍体而匀之，此香此味，妙在似花非花，是露非露，有其芬芳而无其气息，是以为佳。不似他种香气，或速或沉，是兰是桂，一嗅即知者也。"这样的花露非常名贵"富贵人家，则需花露"。清朝后期，芳香类化妆品的使用已经普及百姓之家，主要用的产品是香粉、宫粉和香发油。

在近现代，香水工业的发展突飞猛进，天然精油的多样化和合成香料的使用，从天然花果香型到幻想香型的出现，别具匠心的香水瓶设计，大规模的工业化生产，与时尚品牌的跨界合作……无一不彰显香水的独特魅力。受欢迎的香水香型，还会被广泛运用到个人清洁护理产品、洗涤用品，甚至是家居用品中，可见香水香型在各类日用化妆品产品的香气主导上有时起到了风向标的作用。

香水除了有赋香价值，还有观赏收藏价值，某些大品牌的香水瓶都是精心设计的水晶瓶，还有些是限量版发行，极具收藏价值。德国著名香精香料公司德乐满（Drom Fragrance）拥有自己的香水博物馆，博物馆的珍品收藏超过3000件，有些藏品甚至有6000年的历史，从古埃及的艺术品到现代艺术的作品，从盛放精油的容器到各式各样的香水喷瓶，其展现出人类用香的历史，展现出香水瓶的设计艺术，是启发灵感的绝佳场所。

2. 香水的分类

香水的主要原料是香精和酒精。香水的分类见表6-16。

表6-16　香水分类表

香水类别		香精含量 /%
香精	Parfume	20～30
浓香水	Eau de Parfume	15～20
淡香水	Eau de Toilette	5～15
古龙水	Eau de Cologne	3～5

香水的馥郁度一般与香精的含量有关系，香精含量越高，香气的馥郁度越高。同时，香气的馥郁度也与香水的香型有关系。

3. 香水的香型与香气结构

香气是指令人感到愉快、舒适的气息的总称，它是通过人们的嗅觉器官感觉到的。

（1）香型　香型是指香水香气的主体结构，即香水的主题，尽管同一香型下的香水可以各具特点，但它们通常有相近的中调和基调。香水香型可分为柑橘香型、果香香型、花香香型、馥奇香型、素心兰香型、木香香型和东方香型。

① 柑橘香型。是指由香柠檬、柠檬、柑橘等柑橘系水果，以及橙花或其他清新爽朗香料构成的香气，其气味如同鲜榨柑橘一般带来清新和干净的感觉。古龙水就属于这个香型。

② 果香香型。多使用苹果、梨、桃、草莓等甜美多汁的水果配合花香，勾勒出活泼可爱的异国形象。例如安娜苏（Anna Sui）的香水系列。

③ 花香香型。包括两种，一种是单一的花香，例如玫瑰、茉莉花等；另一种是复合的花香，如盛开的花束花篮，繁花似锦。花香永远是创作的泉源。例如迪奥的真我香水（Dior J'adore）。

④ 馥奇香型。来源于法语fougere，是一种复合的幻想型香型，多用于男士香水。其结构由柑橘和薰衣草带来清新的前调，天竺葵混合海洋香调带来中调，并由橡树苔、广藿香叶和黑香豆带来后调。例如大卫杜夫的冷水（Davidoff Cool water）。

⑤ 素心兰香型。来源于法语chypre，也是一种复合的幻想型香型，多用于女士香水。其基本结构由香柠檬带来清新的前调，玫瑰花配以不同的花卉组成的复合花香为中调，再以广藿香叶等木香与甜琥珀作为后调。素心兰香型很受现代女性的喜欢。例如香奈儿的可可小姐香水（Chanel Coco Mademoiselle）。

⑥ 木香香调。多用于男士香水，常与辛香料配合一起使用，增加木香的层次感。木香型的香水彰显男性的刚毅与成熟。例如宝格丽的BLV男士香水（Bvlgari BLV Pour Homme）。

⑦ 东方香型。最早起源于中东和印度等地区，所以香气比较浓郁醇厚，含有大量的香草兰、安息香脂等粉香膏香。与我国人民理解的清新香气的东方概念相差甚远。例如CK的激情（Calvin Klein Obsession）。

（2）香气结构　香水能够带给人们感官的享受，是因为嗅觉系统能够接收和分辨出香气，组成香水的香原料属于挥发性物质，每个香原料对应的分子量和饱和蒸气压决定了它们的挥发程度，因为每个分子的挥发性不一样，所以我们在闻香水的时候，就会产生出气味的层次感。这就是著名的香水香气金字塔结构（fragrance pyramid），如图6-3所示。

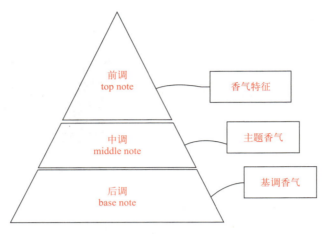

图6-3　香水香气金字塔结构

① 前调。又名初调或者头香（top note），香气给人的第一印象，是人们首先能够闻到的香气特征，一般由最容易挥发的香原料组成。例如柑橘类，清香类、果香类、醛香类。

② 中调。又名体香（middle note/heart），是香气的主要特征和核心，代表着这个香水的主题香气，可持续到数小时。例如花香类、辛香类、海洋香类、芳香类。

③ 后调。又名基调或者底香（base note/dry down），是香气留香最持久的部分，由挥发度最低的香原料组成。如麝香类，木香类，粉香类，树脂类。

二、香水的配方组成

香水、古龙水和花露水的配方大致相同，主要原料为香精、酒精和水，有时根据需要加入少量的色素、抗氧化剂等添加剂。香水的配方组成见表6-17。

表6-17　香水的配方组成表

组分	常用原料	用量 / %
香精	香精	8～25
乙醇	85% 或 95% 的酒精	72～90
色素	CI24090	适量
抗氧化剂	二叔丁基对甲酚	适量
抗 UV（紫外线）稳定剂	甲氧基肉桂酸辛酯（Parsol MCX）	适量
苦味剂	苯甲地那铵（苦精）	适量
水	去离子水	加至 100

1. 香精

香水的主要作用是散发出芬芳馥郁、持久的香气，因此，香精是香水的主体灵魂。香水是液态芳香化妆品中香精含量最高的，一般为8%～30%。香水用香精里面包括了天然的香原料和合成的香原料，天然香原料一般采用较好的品质，例如法国五月玫瑰花精油，茉莉花净油，桂花浸膏，秘鲁香脂，安息香树脂等；而合成香料一般采用纯度较高且符合安全性法规的，例如用来代替天然麝香的大环麝香类原料，香气强度好且留香的帝王龙涎，用于模拟海水咸味的卡龙（calone）等等，正是由于近代合成工业的发展，才得以出现海洋香、生水植物香、皮革香等丰富多彩的香水香气。

　　刚配好的香精需要陈化，让它的香气变得更加和谐圆润。而这个道理也适用于刚配好的香水，初调配的香水香气与酒精的配伍还不够协调，需要进行陈化处理，其方法是按配方生产搅拌均匀后，移入密封的容器中，在0℃和无光照的条件下静置储存几周。香水最好储存在不锈钢或玻璃容器中。

　　2. 乙醇

　　乙醇在香水中作为香精的溶剂，对各种香精油都具有良好的溶解性，是配制液体芳香化妆产品的主要原料之一。所用乙醇的浓度根据产品中香精用量的多少而不同。香水中香精含量较高，乙醇的浓度就需要高一点，否则香精不易溶解，溶液就会产生浑浊现象。香水中乙醇的含量通常为85%～95%。此外，乙醇还可以提升香精的挥发。

　　由于在香水中大量使用乙醇，因此，乙醇质量的好坏对产品质量的影响很大。乙醇的质量与生产原料有关。用葡萄为原料经发酵制得的乙醇，质量最好，无杂味，但成本高，适合于制造高档香水；采用甜菜糖和谷物等经发酵制得的乙醇，适合于制造中高档香水；用山芋、土豆等经发酵制得的乙醇中，含有一定量的杂醇油，气味不及前两种，不能直接使用，必须经过加工精制才能使用。一般香水用乙醇会用变性乙醇，即在普通乙醇里加入苦味剂，用以区别可食用酒精，防止误喝。

　　作为香水原料的乙醇，对其外观指标和理化指标要求很严格，如不合格则不能投入使用。有的乙醇虽然外观指标及理化指标都合格，但若乙醇的气味过于刺鼻，也会影响香水的质量。因此乙醇一般要经过一次以上的脱醛纯化处理，使其气味醇和，减少刺鼻的乙醇气味。

　　3. 去离子水

　　不同产品的含水量有所不同，香水因含香精比较多，水分只能少量加入或不加，否则香精不易溶解，会产生浑浊现象。配制香水、古龙水和花露水的水质，要求采用新鲜蒸馏水或经灭菌处理的去离子水，不允许其中有微生物或铁离子、铜离子及其他金属离子存在。

　　4. 其他添加剂

　　为保证香水产品的质量，一般加入0.02%的抗氧化剂，如二叔丁基对甲酚等。很多时候还会加入水溶性的色素，一是为了配合香水的概念和瓶子的颜色需要，二是为了适应香精随着时间的轻微变色的需求，但应注意所加的色素不应污染衣物等。还会添加抗UV稳定剂，可以减轻紫外线引起的香水颜色变化。添加苦味剂，使香水区别于食用酒精，避免误饮。

三、香水的生产工艺

　　香水的生产工艺如图6-4。

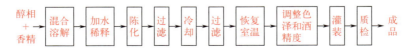

图6-4　香水生产工艺流程图

香水的生产程序主要包括原料处理、混合溶解、稀释陈化、冷冻过滤、调整色泽和酒精度。

1. 原料准备

香水的制作通常需要使用多种原料，包括香料、溶剂、稀释剂和添加剂等。在生产过程中，需要准备这些原料，确保它们的质量和纯度符合要求。

2. 混合溶解

在制备釜中加入脱臭乙醇、抗氧化剂、螯合剂，混合搅拌均匀，加入香精搅均匀进行混合和溶解。通常情况下，香水的制作应根据需要进行调整，以达到所需的香味和浓度。

3. 稀释陈化

加入计算好分量的去离子水，将混合物用泵打到陈化罐中进行陈化，香水陈化时间较长，一般为3~6个月。而古龙水和花露水陈化时间一般为1~3个月。

4. 冷冻过滤

陈化结束后经过滤器过滤，经夹套式换热器冷却后进入冷冻釜中冷却，保持温度在-5~5℃，经压滤机滤到半成品储罐中，恢复至室温。过滤是一个重要的环节，因为香精中某些天然原料含有不溶于酒精的植物蜡等物质，它们在陈化的过程中会慢慢形成絮状物。所以，过滤是否充分决定着产品在储存和使用过程中能否保持液体的清澈透明。

5. 混合色泽和酒精度

加入色素调整颜色及酒精含量。有些香水可能需要具有特定的颜色，以增强其品牌识别度或符合产品定位，为了调整香水的色泽，可以添加适量的色素或着色剂。香水的酒精度是指其中乙醇的含量。不同类型的香水可能需要不同的酒精度，以达到所需的香味效果和使用体验。调整酒精度可以通过添加或调整稀释剂的量来实现。

四、质量标准和常见质量问题及原因分析

1. 质量标准

香水、古龙水类化妆品质量应符合QB/T 1858—2004《香水、古龙水》，其感官、理化指标见表6-18。

表6-18　香水的感官、理化指标

项目		要求
感官指标	色泽	符合规定要求
	香气	符合规定香型
	清晰度	水质清晰，不应有明显杂质和黑点
理化指标	相对密度（20℃/20℃）	规定值 ±0.02
	浊度	5℃水质清澈，不浑浊
	色泽稳定性	（48±1）℃保持24h，维持原有色泽不变

2. 质量问题及原因分析

（1）香水变色　有的香水成品在放置一段时间后，颜色会变得越来越深，从无色变成粉红色、红色或红棕色。这是因为香水配方中含有香兰素（粉香）、香豆素（粉香）、吲哚（茉莉花

香）、邻氨基苯甲酸甲酯（橙花香）等含有酚类结构和含有氨基结构的有机化合物。这些物质会在空气、光照、加热等条件下发生化学反应而变色。

解决办法：一是在香水里面添加少量的抗氧化剂和紫外线吸收剂，减缓颜色变化的程度。二是在香水里面加入少量色素，用以掩盖颜色变化的趋势，例如加入粉红色或紫色色素来掩盖粉香带来的粉红或者红色变色趋势。三是尽量避免阳光直射香水瓶，或者把香水低温保存（一般为15℃），降低温度和光照的影响。

（2）香水变味　由于香水香精是由几十种香原料调配而成，且香原料都是醇、醛、酸、酯、醚、酮、内酯、芳香族化合物、含硫含氮的杂环化合物等有机化合物，随着时间而产生缓慢的化学反应。

解决办法：尽量少使用低级酯类的香原料。

（3）保存时出现浑浊现象　香水配方中的天然原料不溶解导致的。

解决办法：使用高浓度酒精做溶剂，同时在配成香水之后，放置在低温下静置三个月，然后过滤。

五、香水的安全性问题

香水香精的安全性必须严格遵守国际日用香料香精协会（IFRA）的法规，因为香水属于直接接触皮肤的产品，且香精的添加量高，对人体刺激的表现最为直接。一般的香水香精都会对法规列表的26个过敏源的用量有限制，并被要求在香水包装上列出所含的过敏源名字（一般人以为香水包装上列出的是主要香原料的名字，其实，它们是指示本香水中含有属于这些过敏源中的哪些过敏源，防止香水被对过敏源中的一种或几种过敏的消费者误用，造成过敏）。

现在市面上还出现专门给儿童用的香水，其安全性必须更为严格，除了符合一般的香水安全性法规外，还要符合儿童用化妆品的法规。

对于某些严格禁用酒精的地区，配制香水的时候还要把酒精和水换成十四酸异丙酯，即俗称的IPM。

巩固练习

一、单选题

1. 为避免香水中香精含量较高，出现浑浊现象，配制时应适当增加（　　）的含量。

A. 水　　　　　　　　B. 抗氧化剂　　　　　　C. 抗UV稳定剂　　　　D. 酒精

2. 变性酒精为区别可食用酒精，防止误喝，即普通酒精里加入（　　）。

A. 色素　　　　　　　B. 抗氧化剂　　　　　　C. 苦味剂　　　　　　　D. 抗UV稳定剂

3. 香气比较浓郁醇厚，含有大量的香草兰、安息香脂等粉香、膏香的香水属于（　　）。

A. 馥奇香型　　　　　B. 东方香型　　　　　　C. 素心兰香型　　　　　D. 木香香调

二、多选题

1. 解决香水变色问题的方法包括（　　）。

A. 添加少量的抗氧化剂和紫外线吸收剂　　　　B. 加入少量色素

C. 尽量避免阳光直射香水瓶　　　　　　　　　D. 低温保存

2. 以下原料，过滤处理后需要加入的是（　　）。

A. 酒精　　　　　　　B. 色素　　　　　　　　C. 香精　　　　　　　　D. 抗氧化剂

三、判断题

1. 使用高浓度酒精来做溶剂，同时在配成香水之后，放置在低温下静置三个月，然后过滤。（　　　）

2. 儿童用香水除了符合一般的香水安全性法规外，还要符合儿童用化妆品的法规。（　　　）

四、论述题

请分析香水生产工艺中陈化和过滤的先后顺序不同有何区别？

任务四　配制花露水

学习目标

1. 能解释花露水中驱蚊成分DEET（避蚊胺）的作用原理。
2. 能说明花露水在制备过程中的注意事项。

情景导入

夏天到了，蚊虫、痱子开始影响人们的生活，老郑设计了一款新型花露水配方，旨在保证安全的前提下，为人们带来清凉和驱蚊的双重效果。配方见表6-19。小陈需要把花露水小样制备出来，初步确定产品的内控指标，并跟进该产品的放大生产试验。

表6-19　花露水配方

组相	原料名称	用量 / %
A	脱醛乙醇	60
	冰片	0.5
	薄荷脑	0.1
	香茅油	0.5
	吐温—80	0.05
	香精	3
	避蚊胺	3.85
B	去离子水	25
	色素	2
	甘油	5

任务实施

一、设备与工具

制备花露水的设备与工具在香水的基础上增加气相色谱。

二、操作指导

1. 认识原料

（1）关键原料

① 冰片

a. 来源：是由菊科艾纳香茎叶或樟科植物龙脑樟枝叶经水蒸气蒸馏并重结晶而得。

b. 特性：无色透明或白色半透明的片状松脆结晶。气清香，味辛、凉；具有挥发性，易升华；冰片在乙醇中易溶，在水中几乎不溶。

c. 作用：具抗菌消炎、退翳明目等作用，可用于清热解毒。

② 薄荷脑

a. 别名：薄荷醇

b. 来源：从薄荷的叶和茎中提取，为薄荷和欧薄荷精油中的主要成分。

c. 特性：是一种环状单萜。易燃；为无色针状或棱柱状结晶或白色结晶性粉末；有薄荷的特殊香气，味初灼热后清凉；乙醇溶液显中性反应；在水中极微溶解。

d. 作用：薄荷脑作用于皮肤或黏膜，有清凉止痒作用。

③ 香茅油

a. 来源：从香茅属（Cymbopogon）植物家族中提取出来的精油。

b. 特性：淡黄色油状物。

c. 作用：一种无毒副作用的生物杀虫剂；具有抗真菌的效果，可治疗蚊虫叮咬的伤口；另外香茅油可以防止蚊虫叮咬，其原理是阻断吸引这些昆虫的气味，让它们失去方向，从而起到驱逐昆虫的效果。

④ 避蚊胺（DEET）

a. 特性：无色至琥珀色液体，不溶于水。

b. 作用：它是一种常用的驱蚊成分，也是一种广泛使用的杀虫剂，将其喷洒在皮肤或衣服上，避免虫蚊叮咬。限量要求≤10%。

（2）其他原料

① 脱醛乙醇。特性：易挥发的无色透明液体，毒性较低，可以与水以任意比互溶。

② 吐温－80。特性：淡黄色至橙色的黏稠液体，HLB值为15.0。

2. 分析配方结构

分析花露水的配方组成，分析结果见表6-20。

表6-20　花露水配方组成的分析结果

组分	所用原料	用量 / %
乙醇	脱醛乙醇	60
香精	香精	3
薄荷脑	薄荷脑	0.1
水	去离子水	25
其他添加剂	止痒剂（冰片）、色素	2.5
驱蚊剂	驱蚊胺、香茅油	4.35
分散增溶剂	分散剂（甘油）、增溶剂（吐温－80）	5.05

3. 配制样品

（1）操作关键点　此配方A相由难溶于水，易溶于乙醇的原料组成，包括香精、驱蚊、止痒的组分和增溶剂。

B相由水溶性组分构成，包括水溶性色素和甘油，其中甘油起帮助色素分散的作用。将甘油和色素混合后，再将混合物加入水中。A组相、B组相两相混合时要充分搅拌。

（2）配制步骤及操作要求　花露水的配制步骤和操作要求见表6-21。

表6-21　花露水的配制步骤及操作要求

序号	配制步骤	操作要求
1	A 相制备	取一个干净的烧杯，按计划加入量加入各成分
2	B 相制备	另取一个烧杯，加入色素，再加入甘油，搅拌分散均匀，再加入水。注意边加入边搅拌
3	（A+B）相混合	用玻璃棒边搅拌，边把B相加入A相
4	陈化	相对于香水来说，花露水的陈化时间可以缩短一些
5	补足酒精	同香水

4. 检验样品质量

花露水的质量检验项目见表6-22。

表6-22　花露水质量检验有效成分含量的测定及操作规范与要求

检验项目	操作规范与要求
有效成分含量的测定	按照QB/T 4147—2019《驱蚊花露水》检测有效成分含量

5. 制定生产工艺

根据小试步骤，制定花露水的生产工艺为：

① 准备所需的原材料，包括驱蚊成分（如DEET）、色素、甘油、水等。确保所有原材料符合质量要求，并根据配方准备好所需的量；

② A相制备：按照配方将各成分逐一加入，在加入各成分的过程中，注意记录数据并保持清洁，确保准确称量；

③ B相制备：先加入色素，再加入甘油，并搅拌分散均匀，再加入水，边加入边搅拌，确保所有成分混合均匀；

④（A+B）相混合：将B相逐渐加入A相中，使用玻璃棒边搅拌边加入，确保两相充分混合均匀；

⑤ 将混合好的花露水进行陈化，时间可以根据小试结果进行调整，一般来说可以缩短一些；

⑥ 将陈化好的花露水进行冷冻处理，然后进行过滤，以去除杂质。最后，根据需要补足酒精，以达到产品的理想浓度；

⑦ 将制备好的花露水进行包装，确保包装容器干净、密封，并标明产品信息、使用方法和注意事项等。

实战演练

见本书工作页　任务二十　配制驱蚊花露水。

知识储备

一、花露水简介

花露水，得名于欧阳修的诗句"花露重，草烟低，人家帘幕垂"，以其清淡的花香和芳香，在往昔岁月中作为香水的廉价替代品而受到普通民众的喜爱。然而，在20世纪90年代，随着改革开放和进口香水的涌入，国产花露水面临市场压力。上海家化的研发人员创新性地将草药古方与花露水结合，研发出名为六神花露水的新产品，它不仅具有驱蚊止痒和祛痱提神的功效，还以其六神原液为主要成分。灵感来源于《本草纲目》中的六神丸配方，含有珍珠粉、黄柏、薄荷脑、冰片等草药成分，具备祛痱止痒、清凉舒爽、防蚊虫叮咬等多重功效，成为花露水市场的佼佼者。

图片扫一扫

花露水相关知识
思维导图

随着国民经济的发展和人们对生活质量的追求，花露水的香气和功效也在不断丰富和创新。从单一的经典香型，发展到现在包括薄荷的清凉、睡莲的水生植物幽香、洋甘菊的芳香等多种香气，以及驱蚊、止痒、防痱去痱和清凉等多种功效，满足了消费者多样化的需求。

二、花露水的配方组成

花露水的配方组成见表6-23。

表6-23　花露水的配方组成

组分	常用原料	用量 / %
乙醇（酒精）	95% 乙醇	70 ~ 78
香精	香精	2 ~ 5
薄荷脑	薄荷脑	0.2
水	蒸馏水	18 ~ 22
其他添加剂	止痒剂、螯合剂、凉感剂、消炎剂、抗氧化剂和微量色素等	适量
驱蚊剂	丁基乙酰氨基丙酸乙酯（驱蚊酯）	适量
分散增溶剂	吐温、甘油	适量

1. 溶剂

花露水通常是以水或酒精为溶剂制成的，用于溶解其他成分并形成液体配方。花露水中的酒精含量为70% ~ 75%，对细菌的细胞膜渗透最为有利，因此具有很强的杀菌、消毒、解痒和除痱功效。也有酒精含量较低的花露水和添加若干草药提取物的花露水。

2. 驱蚊剂

在制备特定种类的花露水时，会加入如 N,N-二乙基间甲基苯甲酰胺（DEET），这一化学物质通常被称为避蚊胺或驱蚊酯，以此赋予花露水驱蚊的功能。DEET作为一种高效的驱蚊成分，已被证实能够有效地防止多种蚊虫的叮咬。

3. 香料

花露水的香料通常是植物提取物或合成香料，用于赋予产品愉悦的气味，提升用户体验。

4. 凉感剂

凉感剂比如薄荷脑，通常会与香料和其他成分一起使用，以增强产品的清凉感和舒适感。在花露水中，这些凉感剂不仅可以提供凉爽的感觉，还有助于缓解皮肤不适和提升产品的使用体验。

5. 分散、增溶剂

① 吐温-80是一种非离子表面活性剂，具有良好的乳化性，能够将水和油相混合在一起，帮助混合和稳定花露水中的不同成分，使它们均匀混合在一起，防止成分分层或析出，使产品更加均匀和稳定。

② 甘油是一种常见的增溶剂，具有良好的溶解性，常用于花露水中增加产品的柔软度和保湿性，同时也有助于溶解其他成分。

6. 其他添加剂

花露水中可能还含有一些其他的添加剂，如止痒剂、抗氧化剂等。这些添加剂的使用需要符合相关的安全标准和限量要求，确保产品的安全性和稳定性。

三、质量标准

花露水的质量标准为QB/T 1858.1—2006《花露水》，其感官、理化指标见表6-24。

表6-24　花露水的感官、理化指标

项目		要求
感官指标	色泽	符合规定色泽
	香气	符合规定香气
	清晰度	水质清澈，不应有明显杂质和黑点
理化指标	相对密度（20℃/20℃）	0.84～0.94
	浊度	10℃时水质清晰，不浑浊
	色泽稳定性	（48±1）℃，24h维持原有色泽不变

在满足以上感官指标和理化指标的同时，驱蚊类花露水还需注意驱蚊剂含量不高于国家的安全标准。

巩固练习

一、单选题

1. 在花露水的制备过程中，通常使用的驱蚊成分是（　　　）。

A. 水杨酸　　　　　　　B. DEET　　　　　　　C. 维生素C　　　　　　D. 氯化钠

2. 花露水中添加甘油的主要作用是（　　）。

A. 增加产品的清新香气　　　　　　　　B. 增加产品的清凉感

C. 增加产品的保湿性　　　　　　　　　D. 增加产品的持久性

3. 陈化在花露水制备过程中的作用是（　　）。

A. 增加产品的香气强度　　　　　　　　B. 增加产品的清凉感

C. 使产品的配方更加稳定　　　　　　　D. 使产品的颜色更加鲜艳

二、多选题

1. 花露水制备过程中，以下哪些步骤是正确的？（　　）

A. 先加入色素，再加入甘油，最后加入水

B. 用玻璃棒边搅拌边将B组相加入A组相

C. 先过滤，然后再进行陈化

D. 冷冻、过滤、补足酒精是花露水制备过程中的常见步骤

2. 在花露水制备过程中，以下哪些步骤可能会使用天平？（　　）

A. A组相制备　　　　　B. B组相制备　　　　　C. AB相混合　　　　　D. 陈化

三、判断题

1. 花露水的配方中常常会使用水杨酸作为驱蚊成分。（　　）

2. 在花露水的配方中，DEET通常被用作香料添加。（　　）

四、论述题

解释为何花露水制备过程中常常会添加酒精，并讨论其对最终产品的影响。

任务五　配制牙膏

学习目标

能说明牙膏和泥膏型面膜的异同。

情景导入

小朱作为一名化妆品技术专业的大专毕业生，加入了一家牙膏企业，在这里遇到了他的指导老师老张。老张以其洁白的牙齿给小朱留下了深刻的印象，而这背后是老张为了验证牙膏样品的效果，每天刷牙10次左右的辛勤付出。小朱被老张对产品质量的严格要求和对工作的高度负责的态度所感动，暗自下定决心，学习和传承前辈的创新、责任和奉献精神，以实际行动为推动中国化妆品行业的发展贡献自己的力量。

客户对牙膏的要求是既要外观密实细腻，又要膏体具有良好的触变性，挤出时不拉丝，刷牙时泡沫丰富且口感怡人。为了满足这些需求，老张精心设计了牙膏的配方和工艺，具体的配方记录在表6-25中。

小朱需要在老张的指导下把产品小样制备出来，初步确定产品的内控指标，并跟进该产品的放大生产试验。

视频扫一扫

牙膏的制备

表6-25　二水磷酸氢钙牙膏的配方

组相	原料名称	用量 / %
A	糖精钠	0.25
	焦磷酸四钠	0.5
	水	加至100
B	甘油	25
C	纤维素胶	0.4
	黄原胶	0.6
D	二水磷酸氢钙	50
	月桂醇硫酸酯钠	2.4
E	香精	1.2
F	苯甲酸钠	0.3

任务实施

一、设备与工具

制备二水磷酸氢钙牙膏的设备需要增加：

① 制备过程使用的脱气装置和管口封尾机；

② 检测过程使用的标准帽盖、稠度测量架、压力表0～40kPa、挤膏压力测定仪、压缩泵、罗氏泡沫测定仪。

其中标准帽盖为中心具有直径为3mm的小孔，帽盖内径及螺纹应与相应的牙膏管型配合一致。

稠度测量架为在长方形的金属架上装置13根直径为1.5mm的不锈钢丝，第一根钢丝装在金属架的尽头，第二根和第一根的中心距离为3mm，第三根和第二根的距离为6mm。以后每增加一根不锈钢丝,距离增加3mm，直至36mm为止。每根不锈钢丝的距离数，即为稠度的读数，第一根为0，第二根为3，第三根为6，第四根为9，依次类推。

二、操作指导

1.认识原料

（1）关键原料　二水磷酸氢钙。特性：氢氧化磷酸钙二水合物，白色单斜晶系结晶性粉末，微溶于水；在空气中稳定，加热至100℃以上，逐渐失去结晶水。

二水磷酸氢钙是牙膏常用的摩擦剂之一，pH接近中性，对口腔黏膜的刺激性小。硬度较低，有适当的洁齿力而不损牙齿。此类牙膏膏体外观光泽度好，对牙齿表面有较好的抛光性，有较好的扩散性及优良的口感。但是二水磷酸氢钙如果选用不当，会产生副作用，一是牙膏日久增稠结粒；二是膏体渗水分离。增稠是因为其热稳定性较差，在高温条件下容易失去两个结晶水所致；渗水的原因包括：与药物配伍不当会使膏体偏酸而发生渗水，与碳酸钙复配比例不当会使膏体气胀并渗水。二水磷酸氢钙的稳定性，须在制造时进行稳定性处理，防止其向失水转变，提高其晶体的热稳定性，从而提高牙膏的稳定性，这是牙膏级二水磷酸氢钙的特殊要求。一支稳定的二水磷酸氢钙牙膏可以存放5年以上而不变质。

（2）其他原料

① 糖精钠。特性：白色结晶性粉末；是最早应用的人工合成非营养型甜味剂，溶于水，在稀溶液中的甜度为蔗糖的200～500倍，浓度大时有苦味。2017年10月27日，世界卫生组织国际癌症研究机构公布的致癌物清单初步整理参考，糖精及其盐在3类致癌物清单中。

② 焦磷酸四钠。特性：白色结晶粉末，易溶于水；焦磷酸四钠作为缓冲剂、乳化剂、分散剂和增稠剂使用。

③ 纤维素胶。别名：羧甲基纤维素钠。特性：白色或乳白色纤维状粉粒或颗粒，溶于水。

④ 苯甲酸钠。特性：白色颗粒，无臭或微带安息香气味，味微甜，有收敛性；易溶于水，pH值在8左右；苯甲酸钠也是酸性防腐剂，在碱性介质中无杀菌、抑菌作用；其防腐最佳pH值是2.5～4.0。化妆品在使用时的最大允许浓度总量为0.5%（以酸计）。

2. 分析配方结构

对二水磷酸氢钙牙膏的配方组成进行分析，结果见表6-26。

表6-26　二水磷酸氢钙牙膏配方组成的分析结果

组分	所用原料	用量 / %
摩擦剂	二水磷酸氢钙	50
保湿剂	甘油	25
增稠剂	纤维素胶、黄原胶	1
发泡剂	月桂醇硫酸酯钠	2.4
芳香剂	香精	1.2
味觉改良剂	糖精钠	0.25
稳定剂	焦磷酸四钠	0.5
溶剂	去离子水	19.65
防腐剂	苯甲酸钠	0.3

二水磷酸氢钙牙膏的配方组成符合牙膏的配方组成要求。本牙膏产品的外观密实细腻，膏体触变性好，挤出时不拉丝，刷牙时泡沫丰富，分散性好，口感怡人。

3. 配制样品

（1）操作关键点　粉体原料混合均匀后，少量多次加入水相，并快速搅拌一定时间，确保粉体分散均匀。

（2）配制步骤及操作要求　二水磷酸氢钙牙膏的配制步骤及操作要求见表6-27。

表6-27　二水磷酸氢钙牙膏的配制步骤及操作要求

序号	配制步骤	操作要求
1	配制 A 相	先加入水，再加入易溶于水的糖精钠、焦磷酸四钠，用玻璃棒搅拌溶解
2	加入 B 相	将甘油加入到上述溶液中，用搅拌器搅拌均匀
3	预处理 C 相	将胶体增稠剂、摩擦剂等粉状原料充分混合均匀。可以采用将胶体和摩擦剂先1∶1混合，然后逐步加入摩擦剂的方法
4	加入 C 相	高速搅拌，将粉状原料混合物逐步加入上述溶液中，继续高速搅拌，直至成均匀细腻的膏体
5	加入 D 相和 E 相	称量防腐剂和香精，加入上述溶液，搅拌至均匀
6	脱气	将膏体放入脱气装置，打开真空泵，脱气至膏体光滑细腻无气泡
7	灌装	脱完气泡的膏体灌装到牙膏管中
8	封尾	牙膏管封尾

4. 检验样品质量

二水磷酸氢钙牙膏样品在进行pH值测定时，样品时要1∶4稀释。另外增加的项目见表6-28。

表6-28　二水磷酸氢钙牙膏的检验项目及操作规范与要求

序号	检验项目	操作规范与要求
1	稠度的测定	（1）将试样牙膏3支放入45℃恒温箱内，另任取试样牙膏3支放在室温下，分别放置24h后待测。 （2）分别将待测试样旋上标准帽盖，先挤出牙膏20mm弃之，然后再挤出牙膏，将膏体条从稠度架上从第一根钢丝开始依次向其余钢丝横过，使膏条横架在钢丝上，每支牙膏连续挤3条。挤完后静置1min，观察膏体断落情况。 （3）测定结果计算 ①以3条中有2条相同的横跨于钢丝上未断落的膏条的最大距离（毫米）为单支测定结果。 ②待3支牙膏全部测定后，取其中2支牙膏稠度相同的作为最终结果
2	挤膏压力的测定	任取试样牙膏2支，冰箱内8h后取出，先用手挤出膏体约20mm弃之，将牙膏管口旋入挤膏压力测定仪的标准帽盖上，然后将标准帽盖连同牙膏旋紧于挤膏压力测定仪的贮气筒内，使之不漏气，通过压缩泵向贮气筒徐徐压入空气。当膏条被挤出1~2mm时，停止进气，并打开贮气筒排气活塞，使压力表恢复至零，用小刀齐软管口刮去挤出的膏体，并关闭排气活塞，再次压入空气，当膏体被挤出1~2mm时，立即记录压力表的压力数，最大的测定值为测定结果

5. 制定生产工艺

根据小试结果，确定二水磷酸氢钙牙膏的生产工艺为：

① 将A相混合后搅拌溶解，然后加入B相搅拌均匀；

② 将C相混合均匀后加入①中快速搅拌约20min；

③ 分别加入D相和E相继续搅拌，脱气至膏体光滑细腻无气泡，出膏灌装。

一、牙膏简介

牙膏是指以摩擦的方式，施用于人体牙齿表面，以清洁为主要目的的膏状产品。

GB/T 8372—2017《牙膏》中定义牙膏的基本功能：清洁口腔、减轻牙渍、减少软垢、洁白牙齿、减少牙菌斑、清新口气、清爽口感、维护牙齿和牙周组织（含牙龈）健康，保持口腔健康。

图片扫一扫

牙膏相关知识
思维导图

在古代中国，人们已经意识到牙齿清洁的重要性。我国在 2000 多年前已有漱口的记载，是世界上最早发明刷牙和牙刷的国家之一。古希腊人、古罗马人、古希伯来人在三千多年前就开始使用洁牙剂来清洁牙齿，这些洁牙剂大多为粉末状，主要由能起到研磨作用的白垩土粉、动物骨灰粉末、植物粉末、香灰或者铜锈混合而成。牙膏是在牙粉的基础上改进形成的。随着科学技术的不断发展，工艺装备的不断改进和完善，各种类型的牙膏相继问世，产品的质量和档次不断提高，牙膏品种由单一的清洁型牙膏，发展成为品种齐全、功能多样的多功能型牙膏。其中草药牙膏因其绿色天然、安全和独特的功效而受到青睐，具有广阔的市场前景。

二、牙膏的配方组成

牙膏的配方组成见表 6-29。

表 6-29　牙膏的配方组成

组分	常用原料	用量 / %
摩擦剂	碳酸钙、二水磷酸氢钙、无水磷酸氢钙、水合硅石、氢氧化铝	15 ～ 50
保湿剂	山梨（糖）醇、甘油、丙二醇、聚乙二醇等	15 ～ 70
增稠剂	有机合成胶：纤维素胶、羟乙基纤维素、卡波树脂 天然植物胶：汉生（黄原）胶、卡拉胶 无机胶：增稠型二氧化硅、胶性硅酸铝镁等	0.5 ～ 2
发泡剂	月桂醇硫酸酯钠、月桂酰肌氨酸钠、椰油酰胺丙基甜菜碱、椰油酰基谷氨酸钠、烷基聚葡糖苷、甲基月桂酰基牛磺酸钠等	0.5 ～ 2.5
芳香剂	常用的香精类型可以分为薄荷香型、留兰香型、冬青香型、水果香型、花香香型、混合香型	0.5 ～ 2
功效成分	植酸钠、焦磷酸盐、葡聚糖酶、柠檬酸锌、氟化物、氯化锶、羟基磷灰石、木糖醇、西吡氯铵、救必应提取物、甘草酸二钾、多聚磷酸盐等	0.01 ～ 10
味觉改良剂	糖精钠、三氯蔗糖、阿斯巴甜、甜菊糖、氯化钠等	0.05 ～ 0.3
外观改良剂	各种色素、色浆、珠光颜料、彩色粒子等	0.01 ～ 0.1
防腐剂	苯甲酸钠、苯甲醇、山梨酸钾、尼泊金酯类等	0.1 ～ 0.5
稳定剂	焦磷酸钠、磷酸二氢钠、磷酸氢二钠、碳酸钠、碳酸氢钠、硅酸钠等	0.1 ～ 1
溶剂	去离子水	15 ～ 30

1. 摩擦剂

摩擦剂是牙膏的主体原料，在牙膏中跟牙刷一起作用，起到清洁牙齿表面牙垢、减轻牙渍、牙菌斑、牙结石等物质的作用。一般牙膏所用的摩擦剂均为细腻、白色、粉状固体物质。常用的牙膏摩擦剂有碳酸钙、二水磷酸氢钙、无水磷酸氢钙、水合硅石、氢氧化铝等。摩擦剂的选择主要从功能性、安全性、口感体验和配伍性方面进行平衡。

文档扫一扫

更多典型配方
——牙膏

（1）摩擦剂的功能性　摩擦剂的功能性主要指摩擦力，一般以牙本质的摩擦值（RDA）表示，ISO有标准的RDA测定方法，国内行业则一般以铜片磨耗值来代替。牙膏磨料的摩擦值不能过低，过低无法达到清洁的效果，摩擦剂要能够除去那些容易附着的菌斑、牙石、色渍等牙垢。在美白牙膏中，常选择摩擦值高的磨料作为主体美白功效成分。不同摩擦等级的牙膏需要综合考虑牙膏中使用摩擦剂的种类、细度和用量。常用摩擦剂的摩擦值见表6-30。

表6-30　常用摩擦剂的相对摩擦值（铜片磨耗值）

摩擦剂	相对摩擦值	RDA值	摩擦剂	相对摩擦值	RDA值
二水磷酸氢钙	100	45	二氧化硅	280	80～200
方解石粉	1240	150	无水磷酸氢钙	1560	—
氢氧化铝	500	120	无水焦磷酸钙	760	95

（2）摩擦剂的安全性　摩擦值过高容易造成牙齿硬组织磨损。ISO标准设定最高RDA值为250。影响磨料磨损性的主要是磨料的硬度、颗粒大小和结构。硬度是材料的一种机械性质，表示材料抵抗其他物质刻划压入其表面的能力。刷牙时就是借助牙刷的压力，将摩擦剂压入软垢、菌斑和结石中以破碎污垢。以莫氏硬度来计，牙釉质为4～5，磨料的硬度值应该低于牙釉质。

（3）摩擦剂的口感体验　相比于二氧化硅，碳酸钙密度大、厚重，刷牙时易掉落，分散性也不佳，但二氧化硅摩擦剂的分散性要优于碳酸钙。还有一个影响口感的是摩擦剂的颗粒，当摩擦剂颗粒过大时在口腔中会产生砂砾感觉。摩擦剂也会通过影响香精的透发性而间接影响口感。

（4）摩擦剂的配伍性　摩擦剂作为牙膏中主体固相成分，其性质直接影响膏体的稳定性。由于二氧化硅是化学惰性物质，在氟或者其他药物配伍性方面，比其他摩擦剂拥有更好的相容性。碳酸钙和磷酸氢钙则不适宜应用在含氟牙膏中，因其钙可与氟生成沉淀，而使游离氟防龋的功效大大降低。

2. 保湿剂

保湿剂通常为水溶性液体。保湿剂在牙膏中主要作用为：保持膏体的水分，防止水分的蒸发，避免牙膏在使用期间管口处的牙膏干结不易挤出；保持膏体的流变性，便于生产过程中管道输送，灌装等；降低牙膏的冰点，避免低温环境导致牙膏结冻无法使用；某些保湿剂如丙二醇，通过增溶香精而提高稳定性；某些高分子的保湿剂，如聚乙二醇，可通过增稠膏体以提高稳定性。保湿剂多为有机多元醇，牙膏中常用的有山梨（糖）醇、甘油、丙二醇、聚乙二醇等。保湿剂的选择主要从满足保湿抗冻性及提升配方配伍性两方面来考虑。

3. 增稠剂

增稠剂，又称胶黏剂。增稠剂可分散、溶胀于牙膏的液相当中，形成稳定胶体体系，用以悬浮牙膏中固相成分，防止牙膏固液两相分离。增稠剂可以使牙膏具有适当的黏度和稠度，使牙膏有成条特性，能够停留在牙刷上不会坍塌。常用的牙膏增稠剂有三类：一类是有机合成胶，如纤维素胶、羟乙基纤维素、卡波树脂；一类是天然植物胶，如黄原胶、卡拉胶；还有一类是无机胶，如增稠型二氧化硅、胶性硅酸铝镁。目前牙膏中应用最多的2种增稠剂是纤维素胶和黄原胶。增稠剂作为整个牙膏骨架的关键组分，其选择要满足稳定性和流变性两个基本要素。

（1）满足膏体稳定性　牙膏是一种固液分散体系，固相具有沉降趋势，使系统具有相分离的趋势。为使粉末稳定分散在液相中，要靠增稠剂改善流体的流变性，使牙膏膏体保持稳定状态。增稠剂可以在液相中分散溶胀形成三维网状结构，将固相均匀固定，阻止或减缓其沉降，有效地防止牙膏中的固体和液体分离，当网状结构受到外力变形时能够快速复原，恢复其网状包覆能力。

当配方中不存在破坏纤维素胶胶体的其他组分时，利用纤维素胶的良好胶体恢复性能可使膏体有良好的稳定性。当配方中有盐、酶等影响胶体性能的组分存在时，增稠剂的选择要作相应调整。黄原胶具有热稳定性，酶稳定性，酸、碱、盐稳定性等特性。对于含高浓度酸或碱的混合物，使用黄原胶是一个不错的选择。

（2）满足膏体流变性　牙膏的流变性主要表现在如下几个方面：

① 生产过程中，膏体在管道中容易被运输，在灌装时容易被灌装；

② 挤牙膏过程中，如果不挤压，牙膏不会自动流出，只需稍稍用力，牙膏可从管内挤出，将牙膏挤出在牙刷上以后，牙膏可以整齐被断开，成条状挺立在牙刷上；

③ 刷牙过程中，刷牙时牙膏能很快均匀分散于口腔内，不会有块状掉出，刷牙后容易冲洗干净；

④ 存放过程中，牙膏流变性相对稳定，不会发生明显改变等。

4. 发泡剂

发泡剂在牙膏中通过降低液体表面的表面张力，使牙膏具有良好的润湿、发泡、乳化、去垢作用。常用的牙膏发泡剂有月桂醇硫酸酯钠（K12）、月桂酰肌氨酸钠、椰油酰胺丙基甜菜碱、椰油酰基谷氨酸钠、烷基聚葡糖苷、甲基月桂酰基牛磺酸钠等。发泡剂的设计从泡沫指标、安全性指标和膏体配伍性这三个方面衡量。

（1）泡沫指标　牙膏的泡沫指标主要指泡沫的大小、多少、细腻度等。现牙膏常用的发泡剂相对较好的表面活性剂是K12，发泡力强、泡沫直径大、消泡快。尽管现有牙膏国标已取消对泡沫量指标的要求，但目前国内口腔护理用品市场，泡沫量仍然是消费者关注的指标。除了泡沫量，泡沫的大小、细腻度也是泡沫口感的重要指标。月桂酰肌氨酸钠和椰油酰胺丙基甜菜碱的发泡力相对较低、泡沫直径小、消泡慢且细腻度好。配方开发过程中，采用泡沫分析仪等设备，实现对泡沫动能学的检测对比，筛选最佳的组合配比，实现泡沫量和细腻度的双重良好体验。

（2）安全性指标　牙膏发泡剂的安全性指标是发泡剂原料是否适合应用在口腔护理产品中。除了已有悠久应用历史、证明对人体安全的牙膏发泡剂外，新型发泡剂的开发和应用要做好全面的安全性评估。目前关于发泡剂的安全性，主要集中在发泡剂对口腔黏膜的无刺激性。在安全性、刺激性等方面，椰油酰甘氨酸钠、月桂酰肌氨酸钠要优于十二烷基硫酸钠。

（3）膏体配伍性　牙膏中油相、水相的平衡主要靠乳化剂来调节，而牙膏中的发泡剂，同时也是重要的乳化剂，其质量的优劣对牙膏配伍性起着重要作用。发泡剂的乳化能力过低或者含量过少，会导致牙膏中油相（包括香精和部分功效成分）从牙膏中分离，变色、变味。不同的香精、不同乳化性能的发泡剂都会有影响。在配方设计中有效协同表面活性剂的发泡力和安全性，采用多种表面活性剂复配或新开发表面活性剂是现如今配方开发的一大趋势。

5. 芳香剂

芳香剂在牙膏中的作用，不仅仅只是为了掩盖牙膏其他组分所带来的不愉快气味，更重要的是赋予产品一种独特唯一的愉悦香气，给消费者一个对产品的特殊记忆点。牙膏香精常用的主体香型有薄荷香型、留兰香型、冬青香型、水果香型、花香香型、混合香型。牙膏用香料最主要的是薄荷香料，薄荷种类有上百种，最常见的四种商业品种是：苏格兰留兰香薄荷、原生留兰香薄荷、椒样薄荷、亚洲薄荷，其香气特色各不一样，不同品种、不同比例复配可获得多样的薄荷香气。现代牙膏香型的开发选择，不再局限传统薄荷、冬青和留兰类香型的应用，也借鉴其他行业的香型发展，比如食品行业、饮料行业，甚至香水行业，以提供消费者比较独特的香气感受。长效清凉剂也越来越多被应用，结合薄荷脑的凉感爆发力，提供给消费者持久的清凉体验。

6. 功效成分

功效成分是帮助功效型牙膏实现除牙膏基本功能之外的一种或多种功效的成分。按照其作用，一般将功效成分分为以下几类：去渍美白、清新口气、抗牙本质敏感、防龋、抑菌消炎、抑制牙结石等。每类功效又有多种原料可以实现，或单独使用或协同复配使用。常用的功效成分见表6-31。

表6-31　牙膏常用功效成分表

功效成分类别	常用组分
去渍美白	① 通过摩擦方式去渍的组分：碳酸钙、水合硅石、磷酸氢钙、珍珠粉、小苏打等； ② 通过化学、生物等方式去除外源性附着物的组分：植酸钠、焦磷酸盐、多聚磷酸盐、偏磷酸盐、过氧化物、酶制剂等； ③ 通过改变呈现方式的组分：蓝色颜料等
清新口气	柠檬酸锌、乳酸锌、活性炭等
抗牙本质敏感	① 通过封堵暴露牙小管达到抗敏的组分：羟基磷灰石、氟化物、生物活性玻璃、氯化锶、钙化合物等； ② 通过镇静牙髓神经达到抗敏的组分：硝酸钾、柠檬酸钾、丹皮酚、艾叶提取物等
防龋	氟化钠、单氟磷酸钠、氟化亚锡、木糖醇等
抑菌消炎	西吡氯铵、厚朴提取物、救必应提取物、0-伞花烃-5-醇等
抑制牙结石	焦磷酸盐、多聚磷酸盐、偏磷酸盐等

7. 味觉改良剂

味觉改良剂用于掩盖牙膏某些成分的不良口味，赋予牙膏令人愉快的口味。一般牙膏常用的味觉改良剂包括甜味剂和咸味剂。牙膏中主要的高甜度甜味剂包括糖精钠、三氯蔗糖、阿斯巴甜、甜菊糖等非营养型甜味剂，不参与人体代谢，不提供热量，只提供甜度。糖精钠风味较差，有后苦味；甜菊糖加入口腔产品中，既可以促进产品甜味，又可以降低口腔有害细菌增殖，较少龋齿发生；三氯蔗糖是唯一以蔗糖为原料的功能性甜味剂，具有无能量、甜度高、甜味纯正，无后苦味，高度安全等特点；氯化钠是常用的牙膏咸味剂，含盐牙膏具有咸甜清新的口味，特别强化了凉爽和新鲜的感觉。

8. 外观改良剂

外观改良剂是指用于美化、修饰牙膏外观，或者可以掩盖膏体中某些有色组分的不美观感，从而增加牙膏的颜色美感，创造特定的视觉感受和功效联想的原料成分。常用的外观改良剂包括各种色素、色浆、珠光颜料、彩色粒子等。色素按照来源可分为合成色素、无机色素和动植物天然色素。牙膏常用的合成色素有柠檬黄、日落黄、亮蓝、靛蓝等。珠光颜料和钛白粉属于无机色素类。天然色素主要来源于自然界存在的动植物，常见的天然色素有甜菜红、萝卜红、高粱红、栀子黄、姜黄、胡萝卜素、藻蓝素、焦糖色素等。考虑到牙膏的入口使用特性，我国对于牙膏使用的色素有较高要求和使用限制，必须符合GB 22115—2008《牙膏用原料规范》，所用色素必须在标准许用着色剂的范围内，很多为食品级别色素。

9. 防腐剂

常用的牙膏防腐剂包括：苯甲酸钠、山梨酸钾、尼泊金甲酯、尼泊金丙酯。牙膏中的一些功效成分比如西吡氯铵、氟化物、表面活性剂、香精有一定程度的防腐效果。目前，很多植物提取物类原料、香辛类原料等被应用于防腐，通过对这些具备防腐性能的配方组分开发调试和对生产过程的严格控制，现在很多牙膏已经可以不需要添加防腐剂。

防腐剂的防腐效能受膏体酸碱性环境影响很大。配方中防腐剂的选择，需考虑到配方的酸碱特性。偏酸性配方体系对应选择酸性防腐剂，包括苯甲酸、山梨酸和丙酸以及它们的盐类等。酸性防腐剂的特点是体系酸性越大，其防腐效果越好，这类防腐剂在牙膏中最常用的是苯甲酸钠。苯甲酸钠在牙膏中的应用已经比较成熟，一般添加量为0.2%～0.5%。酯型防腐牙膏中最常用的是对羟基苯甲酸甲酯、对羟基苯甲酸乙酯、对羟基苯甲酸丙酯、对羟基苯甲酸丁酯、对羟基苯甲酸异丁酯。这类防腐剂的特点就是在很宽的pH值范围内都有效，在pH值为4～8范围内有较好的抗菌效果，可以较广泛地应用在各类型的配方体系中，在石粉型的配方中也适用。

10. 稳定剂

稳定剂泛指用于稳定牙膏体系的原料组分。稳定剂包括稳定产品pH值的酸碱缓冲剂、防止牙膏组分氧化的抗氧化剂等。其中酸碱缓冲剂是牙膏在保质期内稳定控制pH值，以避免因pH值波动引起产生的膏体出水、气胀等不稳定现象的原料成分。常用的牙膏酸碱缓冲剂包括焦磷酸钠、磷酸二氢钠、磷酸氢二钠、碳酸钠、碳酸氢钠、硅酸钠等，其中牙膏摩擦剂二水磷酸氢钙、氢氧化铝、二氧化硅同时具有酸碱缓冲作用。抗氧化剂主要用于防止、抑制或延迟牙膏因氧化作用导致变色、变味的现象。已应用的抗氧化剂有氯化亚锡、植酸、抗坏血酸（维生素C）、生育酚（维生素E）、丁基羟基茴香醚（BHA）、二丁基羟基甲苯（BHT）等。

11. 水

水是牙膏中的重要组成部分。目前牙膏配方用水普遍采用去离子水，去除水中杂质，控制微生物，pH值在7左右，电导率指标为＜15μs/cm。

三、牙膏的生产工艺

牙膏的制备过程是将保湿剂、摩擦剂、水、增稠剂、发泡剂、香精等原料，按顺序加入制膏设备，通过强力搅拌、均质、真空脱气等步骤，使原料充分分散并混合均匀成为均匀紧密的膏体。牙膏制备过程根据制胶和制膏两工序是否连续完成，可分为两步法制膏和一步法制膏。

1. 两步法制膏

两步法制膏过程制胶与制膏是间断完成的，即先在制胶锅中制好胶水，再将胶水、摩擦剂、香精等物料经制膏机强力搅拌、均质、真空脱气等过程制成膏体。两步法制膏生产工艺如下：

① 取低含水量保湿剂（如甘油、PEG-400）于预混桶内，搅拌下加入增稠剂，搅拌至增稠剂分散均匀，成胶粉预混液备用。对不易分散于水的增稠剂，用部分水和高含水量保湿剂（如山梨醇）于预混桶内高速搅拌均匀成凝胶状水溶液，备用。

② 将去离子水加入预混锅，搅拌下加入水溶性原料，至原料完全溶解均匀，成水相溶液。将摩擦剂、粉状发泡剂（如K12）等粉料打入粉料罐，搅拌预混均匀，成粉料备用。

③ 将保湿剂（未用于分散增稠剂）、水相溶液打入胶水预混锅搅拌均匀，在搅拌下缓慢加入胶粉预混液，继续搅拌至胶水分散均匀备用。

④ 打开真空泵，控制真空度在$-0.08 \sim -0.04$MPa范围内吸入胶水；打开高速搅拌，吸入粉料罐内预混匀的所有粉料，搅拌10min以后，控制真空度$-0.098 \sim -0.090$MPa范围内，打开胶体磨（或均质机），研磨（均质）10min以上，停止真空泵。

⑤ 打开进香阀门，缓慢吸入外观改良剂分散液、液体发泡剂、香精等，关闭进香阀门，至香精混入膏体后，打开真空泵，抽真空至最高，打开高速搅拌和胶体磨（或均质机）10min以上。

⑥ 停止两个高速搅拌，控制真空度不低于-0.092MPa，持续抽真空脱气5min以上，至膏体密实、光滑细腻、无气泡。

⑦ 停止刮板、真空泵，缓慢打开放气阀，将制膏机内气压恢复常压。

⑧ 取样送检，检测合格后，将膏体打入储罐，灌装。

两步法制膏重点为制胶工艺，制胶过程需保证增稠剂完全溶胀水合，同时和易溶于水的物料完全溶解均匀，同时需重点关注胶水的pH值和黏度指标，将指标值控制在一定范围内。与一步法制膏相比，两步法制膏增稠剂能充分溶胀水合，制成的膏体稠度较稳定，膏体返粗结粒异常会显著减少；中间增设对胶水的检测，能更好判断物料是否投错、生产工艺操作是否异常等问题，更好地进行质量控制。

2. 一步法制膏

一步法制膏过程制胶与制膏是连续进行的，即把增稠剂和摩擦剂等粉料充分混合均匀，然后与液相混合，经过强力搅拌、真空脱气等过程制成膏体。一步法制膏生产工艺步骤如下：

① 将去离子水加入预混锅，加入水溶性原料，搅拌至原料完全溶解均匀，成水相溶液。

② 将摩擦剂、增稠剂、粉状发泡剂等粉料投入粉料罐，打开混合搅拌器至粉料混合均匀。

③ 打开真空制膏机刮板，将步骤①得到的均匀水相溶液、保湿剂加入制膏机，打开搅拌器至制膏机内原料混合均匀。

④ 打开制膏机两个高速搅拌（以下简称"双搅拌"）和真空泵，控制真空度在$-0.08 \sim -0.04$MPa范围内吸入粉料罐中所有粉料。双搅拌15min以上。

⑤ 停止真空泵，打开进香阀门，缓慢吸入外观改良剂分散液、液体发泡剂、香精，关闭进香阀门，待香精混入膏体后，打开真空泵，双搅拌15min以上。

⑥ 停止双搅拌，控制真空度在-0.092MPa以上，持续抽真空脱气5min以上，至膏体密实、光滑细腻、无气泡。

⑦ 停止刮板、真空泵，缓慢打开放气阀，将制膏锅恢复常压。

⑧ 取样送检，检测合格后，将膏体打入储罐，灌装。

一步法制膏中需严格控制各工序的时间节点及各工艺的真空度要求：进料时真空度不宜过高（不宜高于-0.08MPa），否则容易出现粉料、液料冲顶；也不宜过低（不宜低于-0.04MPa），否则可能会导致大量空气混入，液体进入粉料管道，进而影响到后续的工艺流程和最终膏体的质量。与两步法制膏相比，一步法制膏节省制胶及胶水成化时间，提高生产效率；避免胶水存储及管道运输中的计量偏差，降低微生物污染风险。

四、质量标准和常见质量问题及原因分析

1. 质量标准

牙膏的质量应符合GB/T 8372—2017《牙膏》，其感官、理化指标见表6-32。

表6-32　牙膏的感官、理化指标

项目		要求
感官指标	膏体	均匀，无异物
理化指标	pH值	5.5～10.5
	稳定性	膏体不溢出管口，不分离出液体，香味色泽正常
	过硬颗粒	玻片无划痕
	可溶氟或游离氟量/%（下限仅适用于含氟防龋牙膏）	0.05～0.15（适用于含氟牙膏） 0.05～0.11（适用于儿童含氟牙膏）
	总氟量/%（下限仅适用于含氟防龋牙膏）	0.05～0.15（适用于含氟牙膏） 0.05～0.11（适用于儿童含氟牙膏）

另外，牙膏还应该满足以下要求。

① 牙膏不出现膨胀变形，不自动流出；成条性、挺立性好；密实均匀，光滑细腻，无异物，无气泡；香味色泽正常。

② 泡沫适宜。泡沫是在刷牙过程中产生的，泡沫不仅能去污、携污，也是消费者在使用时的一种心理需要。泡沫指标主要从泡沫量、泡沫稳定性以及泡沫细腻度进行评估，好的牙膏，应该有较快的发泡速度，适中的泡沫量，细腻的泡沫度，让消费者在刷牙时有很好的刷牙体验感。

③ 口感舒适。牙膏能否让消费者再次购买，舒适和愉悦的口感起到重要作用。牙膏的口感是消费者在刷牙过程中口腔对牙膏的感觉，主要包含凉感、香味、膏体分散性、口味、颗粒感、清新感等主观感受和精神体验指标。好的牙膏，应该在口感的各个维度给消费者愉悦、舒适的使用感。

④ 稠度适中。稠度是牙膏理化指标中一个很重要的指标，膏体稠度的大小能反映牙膏的质量。稠度太小（<9），膏体较稀，挺立性不好，挤在牙刷上时易坍塌，给消费者不好的使用感，稠度太大（>21），牙膏挤出比较难，分散性较差，一般适宜的稠度范围为9～21。

⑤ 无刺激性，对口腔黏膜不会产生刺激或造成损伤。

⑥ 使用方便，刷牙时能够迅速分散于口腔之中。

⑦ 符合环保要求，对环境无危害。

⑧ 有良好的包装，具有合理的性价比。

2. 质量问题及原因分析

牙膏是一种复杂的混合物体系，由水、可溶于水和不溶于水的无机酸、碱、盐以及有机化

合物组成。只有保持牙膏中各种原料之间以及膏体与外包装物良好的配伍性，互不发生反应，才能保证牙膏在保质期内稳定，从而确保牙膏的质量。虽然牙膏的生产是一个将各种原料机械混合的过程，没有剧烈的化学反应，但是牙膏中的各种原料以及膏体和外包装物之间存在着复杂的化学反应、电化学反应，使得牙膏在储存过程中会发生固液分离、干结发硬、气胀、变色、变味等质量问题。

（1）固液分离

① 黏合剂引起的问题：黏合剂对膏体的稳定性起着至关重要的作用。牙膏常用的黏合剂羧甲基纤维素钠（CMC）是构成牙膏膏体骨架的主体成分，对平衡牙膏的固液相起着关键作用。衡量CMC的性能的主要指标是取代度，但取代度作为宏观统计的平均值，具有不均匀性，难以保证牙膏形成均匀的三维网状结构，从而使得液相不能很好地固定在膏体中而出现固液分离的现象。此外，牙膏中的细菌等微生物可降解CMC，也会导致固液分离现象发生。

② 摩擦剂引起的问题：天然碳酸钙来源广泛、性价比高，是很多牙膏固相的主要成分。碳酸钙经机械粉碎后，微粒表面十分光滑，其吸水量变小，易使膏体固液分离。若碳酸钙加工时水含量过大，使膏体水分相对过剩，或碳酸钙含量太低，固液相配比不当，膏体会有固液分离现象。而且如果摩擦剂粒度过细，比表面积小，表面自由能高，形成聚集体，排出包覆在胶体内的自由水，也会有固液分离的现象。

③ 发泡剂引起的问题：牙膏常用的发泡剂十二烷基硫酸钠（K12）是一种混合物，是8~14醇混合的钠盐，其中12醇和14醇的含量存在差异，其含量高低对膏体稳定性影响很大。如果这两种醇组分发生变化，也会引起膏体固液分离，导致膏体的不稳定。

④ 保湿剂引起的问题：牙膏常用的保湿剂有山梨醇、甘油等，如果加入过量，会影响胶体与水的结合能力。如果杂醇、无机盐含量过高，会影响牙膏中CMC溶液的稳定性，导致牙膏固液分离；如果保湿剂含水量过大，也会导致固液分离现象的发生。甚至如果是制备山梨醇的原料淀粉受到污染，都可能导致固液分离。

⑤ 其他添加剂引起的问题：牙膏中常会因为加入部分添加剂，使膏体的稳定性受到影响。例如，CMC是一种高分子钠盐且耐盐性较差，若牙膏中添加过多的钠盐，由于同离子效应，膏体黏度降低导致固液分离；其次牙膏原料中带入的细菌等微生物也会降解膏体中的黏合剂，从而使膏体的三维网状结构被破坏，膏体出现固液分离现象。其他原料如黄原胶含有纤维素酶对CMC形成降解。

⑥ 工艺原因引起的问题：如果生产时制膏机对膏体的研磨、剪切力过强过大，会影响CMC的三维网状结构，从而破坏胶体的稳定性，引起固液分离。其次制膏过程中的搅拌时间、制膏温度、真空度、真空泵回水、冷凝水回流以及环境卫生等也会引起固液分离。

（2）气胀

① 缓蚀剂引起的问题：在以碳酸钙为摩擦剂的牙膏中，因为碳酸钙的弱碱性及其高用量会对包装材料的铝管产生腐蚀，腐蚀过程中会产生一定的气体，所以常会加入二水合磷酸氢钙和泡花碱（硅酸钠）作为缓蚀剂。缓蚀剂的种类和用量会影响铝管被腐蚀的程度，从而引起气胀。

② 防腐剂引起的问题：防腐剂的种类和用量决定了其防腐能力的大小。如果防腐能力不足，会促使某些菌类生存繁殖，经微生物发酵代谢产生气体。

③ 设备工艺引起的问题：如果制膏过程中设备真空度不足或抽真空时间过短，而使脱气效果不理想，膏体中会残存过多的气体；同时由于设备原因，牙膏在灌装时会在管口或管尾处留下少量的空气，也会为微生物的繁殖提供良好的生存环境。

④ 其他原因：引起气胀的原因还有很多，如碳酸钙的纯度、表面光洁度，其他原料甚至环境等因素都会引发一系列的化学和电化学反应。气胀可能是单一的原因，也有可能是多种原因共同起作用。

（3）变稀　增稠剂使用不当；原料中微生物超标；防腐剂使用不当；无机盐含量过高；制膏工艺控制不当，如搅拌时间过长、制膏温度过高、真空泵回水，冷凝水回流以及环境卫生不达标等。

（4）干结发硬　管口膏体发干，难以挤出，膏体变稠，严重时膏体脱壳，与牙膏管分离。其原因包括：增稠剂选用不当或添加量过高；酸碱缓冲剂对磷酸氢钙的稳定作用不足；保湿剂用量不足；摩擦剂复配比例不当；制膏工艺不当，如加料顺序不当、增稠剂预分散不足以及进粉速度过快等。

（5）结粒　原本细腻的膏体出现或大或小的颗粒。

原因包括：酸碱缓冲剂对磷酸氢钙的稳定作用不足；摩擦剂复配比例不当；无机盐含量过高；制膏工艺不当，如加料顺序不当、增稠剂预分散不足以及进粉速度过快等。

（6）变色　白色牙膏变成黄棕色，有色牙膏变深、变浅、变不均匀或变成其他颜色。

原因包括：香精使用不当；色素使用不当；功效成分容易被氧化；摩擦剂等粉料中含有易引起变色的金属离子，如Fe^{3+}、Mn^{2+}等。

（7）变味　香味明显发生变化，甚至发出臭味。

原因包括：香精使用不当；防腐剂使用不当；香精与其他组分发生反应；摩擦剂等粉料中的硫化物含量过高；乳化剂用量不足。

（8）pH值发生变化　膏体pH值超出标准的范围。

原因包括：香精使用不当；酸碱缓冲剂使用不当；原料质量问题引起。

（9）菌落总数发生变化　膏体菌落总数出现上升，甚至超出标准的范围。

原因包括：防腐剂使用不当；生产环境卫生不达标；生产设备清洗、消毒不符合要求；原材料存在微生物污染。

（10）功效成分含量发生变化　膏体中功效成分的含量出现下降的原因为：功效成分与其他组分发生反应。

总之，牙膏的质量问题是由多种因素共同影响的，需要从原料、配方、工艺多个方面系统分析，必须结合具体问题寻求解决方案。

巩固练习

一、单选题

1.（　　）可分散、溶胀于牙膏的液相当中，形成稳定胶体体系，用以悬浮牙膏中固相成分，防止牙膏固液两相分离。

A. 功效成分　　　　　B. 增稠剂　　　　　　C. 外观改良剂　　　　D. 稳定剂

2. 目前使用最多、最频繁的口腔护理用品是（　　）。

A. 漱口水　　　　　　B. 牙贴　　　　　　　C. 牙膏　　　　　　　D. 牙线

3. 以下哪一种不是摩擦剂？（　　）

A. 碳酸钙　　　　　　B. 水合硅石　　　　　C. 磷酸氢钙　　　　　D. 乳酸钙

二、多选题

1.牙膏的主体原料是（　　）。

A.摩擦剂　　　　　B.保湿剂　　　　　C.功效成分　　　　　D.发泡剂

2.牙膏的制备过程是将保湿剂、摩擦剂、水、增稠剂、发泡剂、香精等原料，按顺序加入制膏设备，通过（　　）等步骤，使原料充分分散并混合均匀成为均匀紧密的膏体。

A.强力搅拌　　　　B.均质　　　　　C.真空脱气　　　　　D.过滤

3.发泡剂的设计从（　　）三个方面衡量。

A.性价比　　　　　B.泡沫指标　　　　C.安全性指标　　　　D.膏体配伍性

4.（　　）属于功效型牙膏。

A.美白牙膏　　　　B.防龋牙膏　　　　C.抗敏感牙膏　　　　D.护龈牙膏

三、判断题

1.牙膏最重要的作用是清新口腔。（　　）

2.牙膏制备过程根据制胶和制膏两工序是否连续完成，可分为两步法制膏和一步法制膏。（　　）

四、论述题

在制备防龋牙膏的配方中，若要获得更细腻的泡沫感受，该如何改进配方？

任务六　配制漱口水

学习目标

能说明漱口水和化妆水的异同。

情景导入

客户需要一款具有清新口气、抗菌、减轻牙龈炎作用的温和漱口水。老张根据不同类型漱口水的特性，选择了无醇漱口水，设计了该款漱口水的配方和工艺。其配方见表6-33。

视频扫一扫

漱口水的制备

小朱需要把产品小样制备出来，初步确定产品的内控指标，并跟进该产品的放大生产试验。

表6-33　无醇漱口水配方

组相	原料名称	用量/%
A1	糖精钠	0.05
	西吡氯铵	0.05
	磷酸二氢钠	0.03
	磷酸氢二钠	0.05
	去离子水	加至100

续表

组相	原料名称	用量 / %
A2	泊洛沙姆 407	1.5
B	山梨（糖）醇	12
	甘油	8
C1	丙二醇	4
C2	羟苯甲酯	0.3
C3	香精	0.2
	N- 乙基 - 对薄荷基 -3- 甲酰胺（WS-3）	0.03
D	CI 42090	0.00005

任务实施

1. 认识原料

（1）关键原料

① 西吡氯铵。又名：氯化十六烷基吡啶。特性：白色或类白色鳞片状结晶或结晶性粉末，有滑腻感；极易溶于水、乙醇；西吡氯铵为阳离子季铵化合物，作为表面活性剂，主要通过降低表面张力而抑制和杀灭细菌。体外试验结果表明本品对多种口腔致病和非致病菌有抑制和杀灭作用，包括白念珠菌。含漱后能减少或抑制牙菌斑的形成，具有保持口腔清洁、清除口腔异味的作用。毒理动物试验结果表明本品对口腔黏膜无明显刺激性。

使用限量：漱口水使用浓度不超过0.1%。

② 泊洛沙姆407。商品名：普流尼克。特性：三嵌段共聚物，由疏水的聚氧丙烯（POP）残基和两侧亲水的聚氧乙烯（POE）单元组成；白色或微黄色半透明固体，微有异臭；在乙醇或水中易溶，是具有表面活性的高分子聚合物，可以起到乳化、增溶作用；泊洛沙姆407具反向凝胶特性——低温时为液体，高温时为凝胶；可以帮助溶解性低的活性成分如水杨酸，降低释放速度，减少皮肤刺激性；低毒。

（2）其他原料的特性

① 磷酸氢二钠。原料特性：白色结晶粉末，易溶于水。

② 山梨（糖）醇。又名：山梨醇。原料特性：无色透明液体，易溶于水。

③ N- 乙基 - 对薄荷基 -3- 甲酰胺。商品名：WS-3。原料特性：白色结晶性粉末，溶于有机溶剂。

④ CI 42090。商品名：亮蓝FCF。原料特性：紫红色粉末，易溶于水。

（3）可能存在的安全性风险物质　山梨（糖）醇、甘油和丙二醇中二甘醇小于或等于0.1%。

2. 分析配方结构

无醇漱口水的配方组成，分析结果见表6-34。

表6-34　无醇漱口水配方组成的分析结果

组分	所用原料	用量 / %
保湿剂	山梨醇、甘油	20
溶剂	丙二醇	4
增溶剂	泊洛沙姆407	1.5
功效物质	西吡氯铵	0.05
防腐剂	羟苯甲酯	0.3
pH调节剂	磷酸氢二钠、磷酸二氢钠	0.08
凉味剂	WS-3	0.03
芳香剂	香料	0.2
外观改良剂	CI 42090	0.00005
味觉改良剂	糖精钠	0.05

　　可见无醇漱口水配方结构符合漱口水配方设计要求。本配方具有清新口气、抗菌、减轻牙龈炎的作用。

　　3. 配制样品

　　（1）操作关键点

　　① 判断不同原料的添加方式，特别是色素的添加。需要预先把色素配成适当浓度的溶液，根据用量计算色素溶液的加入量，并相应地扣除水的用量。

　　② 多种原料用量少，注意准确称量。

　　（2）配制步骤及操作要求　无醇漱口水的配制步骤及操作要求见表6-35。

表6-35　无醇漱口水的配制操作步骤及要求

序号	配制步骤	操作要求
1	水相制备：混合A相和B相原料	① 搅拌速度适中，同时不要露出搅拌桨。 ② 水的加入量要扣除预溶解色素的用量，先加入水。 ③ 再加入A1相、A2相和B相的水溶性原料。 注意加入泊洛沙姆407时要缓慢，避免聚团
2	油相制备：混合C相原料	加热丙二醇到60~70℃后，再加入羟苯甲酯；降温到40℃左右，加入C3，搅拌均匀
3	混合油相和水相	在搅拌的情况下将油相缓慢加入水相，搅拌至澄清透明
4	加入D相，色素	把色素配成适当浓度的溶液，逐滴加入，直到颜色符合要求，根据用量计算色素溶液的实际加入量

　　4. 制定生产工艺

　　根据小试情况，制定无醇漱口水的生产工艺为：

　　① 将A1相混合搅拌溶解，然后缓慢加入A2相搅拌至完全溶解，再加入B相搅拌均匀；

　　② 将C2相加入预先加热至60~70℃的C1相中搅拌溶解，待温度降至40℃左右时，加入C3

相，搅拌均匀；

③ 将D相加入预留的适量水中搅拌溶解；

④ 最后将②加入搅拌状态的①中，再加入③持续搅拌至料体澄清透明；

⑤ 出料灌装。

实战演练

见本书工作页 任务二十一 配制漱口水。

知识储备

一、漱口水简介

漱口水是一类通过含漱的方式，以达到清新口气、改善口腔卫生状况、维护口腔健康的液态口腔护理产品。与牙膏相比，漱口水具有使用简单、方便等特点，只需要几十秒的时间就可以实现对口腔的及时护理。

漱口水根据其所添加的功效物质可以实现清新口气、美白牙齿、防龋、抗菌、抗牙结石、缓解牙本质敏感、减轻牙龈问题等功效。目前，市场上以清新口气、抗菌、美白和抗牙结石的漱口水居多。

漱口水相关知识
思维导图

更多典型配方
——漱口水

二、漱口水的配方组成

漱口水的配方组成见表6-36。

表6-36 漱口水的配方组成

组分	常用原料	用量 / %	
		有醇漱口水	无醇漱口水
保湿剂	山梨醇、甘油和丙二醇	10～20	10～20
溶剂	乙醇、丙二醇	5～25	3～10
增溶剂	泊洛沙姆407、PEG-40氢化蓖麻油、聚山梨醇酯-20等	0.5～2.0	0.5～2.5
功效物质	焦磷酸四钠、三聚磷酸五钠、植酸钠、西吡氯铵、氯化锌、柠檬酸锌、麝香草酚、硝酸钾、柠檬酸钾等	适量	适量
防腐剂	苯甲酸钠、苯甲醇、山梨酸钾、尼泊金酯类等	适量	适量
pH 调节剂	磷酸氢二钠、磷酸二氢钠、柠檬酸、柠檬酸钠、磷酸	0.05～0.15	0.05～0.15
凉味剂	薄荷醇、乙酸薄荷酯、乳酸薄荷脂、琥珀酸薄荷酯、戊二酸薄荷酯、WS-23、WS-3等	0.01～0.15	0.01～0.15
芳香剂	食品香精	0.1～0.3	0.1～0.3
外观改良剂	各种色素、色浆、珠光颜料、彩色粒子等	适量	适量
水	去离子水	余量	余量

1. 增溶剂

增溶剂作为漱口水配方中的重要成分，其选择要兼顾其增溶作用与其带来的苦涩口感。漱口水配方中常用的增溶剂有泊洛沙姆407、PEG-40氢化蓖麻油、聚山梨醇酯-20等，其中泊洛沙姆407的使用频率最高。

2. 功效物质

漱口水功效物质分为清新口气、美白、抗菌、抗牙本质敏感、护龈、抗牙结石等。各功效的常用功效原料如表6-37所示。

表6-37　漱口水常用功效原料

功效类别	原料种类或名称
清新口气	香精、薄荷醇、精油、抑菌剂
防龋	氟化钠、单氟磷酸钠
美白	焦磷酸四钠、焦磷酸四钾、三聚磷酸五钠、六偏磷酸钠、植酸钠、聚乙烯吡咯烷酮（PVP）
抗菌	西吡氯铵、氯化锌、柠檬酸锌、麝香草酚、水杨酸甲酯、桉叶油、氯己定葡萄糖酸盐
抗牙本质敏感	硝酸钾、柠檬酸钾
护龈	甘草酸二钾、具有抗炎作用的植物提取物
抗牙结石	焦磷酸四钠、焦磷酸四钾、三聚磷酸五钠、六偏磷酸钠、植酸钠

注：清新口气中香精主要起掩盖作用，其他物质为抑菌作用。

3. 凉味剂

漱口水配方常用清凉剂有薄荷醇、乙酸薄荷酯、乳酸薄荷酯、琥珀酸薄荷酯、戊二酸薄荷酯、WS-23（2-异丙基-N，2,3-三甲基丁酰胺）、WS-3（N-乙基-对薄荷基-3-甲酰胺）、N-对-氰基苯基薄荷甲酰胺。其中，薄荷醇、WS-3和N-对-氰基苯基薄荷甲酰胺在漱口水中使用比较多。

三、漱口水的生产工艺

漱口水的制备工艺根据制备时所用的去离子水是否加热，可以分为热配工艺和冷配工艺。在各工艺下，根据所使用的原料特性不同，原料的预处理和添加顺序有所不同。总体而言，漱口水的工艺步骤分为备料、水相溶液的制备、油相溶液的制备、色素溶液的制备、水相溶液和油相溶液的混合制备、半成品检测、过滤和灌装几个步骤。

1. 漱口水冷配制备工艺

（1）备料　按照配方量将所有的原料称量好，备用。

（2）水相溶液的制备　将去离子水加入主搅拌罐中，开启搅拌（此步骤需要预留部分去离子水用于后边色素的溶解以及预混桶的冲洗）。然后将增溶剂如泊洛沙姆407、可溶性的盐（如缓冲盐、水溶性防腐剂）、水溶性功效物质加入主搅拌罐中，搅拌至完全溶解。

（3）油相溶液的制备

① 有醇漱口水的制备。直接将溶剂（如乙醇）加入辅搅拌罐中，开启搅拌，将增溶剂（如

PEG-40氢化蓖麻油、聚山梨醇酯-20)、油溶性防腐剂、凉味剂和香精加入，搅拌成均匀溶液，完成油相溶液的制备。

② 无醇漱口水的制备。将增溶剂（如PEG-40氢化蓖麻油、聚山梨醇酯-20）水浴加热融化，然后加入预混桶中，加入丙二醇，搅拌均匀，然后加入香精和凉味剂等原料，搅拌均匀，完成油相溶液的制备。

（4）色素溶液的制备　取适量之前预留的去离子水加入预混桶中，投入色素，搅拌至完全溶解。

（5）水相溶液和油相溶液的混合制备　保持主搅拌罐的搅拌转速，将油相溶液缓慢注入（吸入）水相溶液中，然后将色素溶液注入主搅拌罐中。盛放色素溶液的预混桶需要使用去离子水进行多次冲洗，全部注入主搅拌罐中，再将配方剩余的水量补齐。搅拌时间根据漱口水配方及制备批量的不同而不同，一般搅拌时间在25～40min。

（6）半成品检测　完成水相溶液和油相溶液的混合制备后，停止主搅拌罐，记录工艺过程，取样送检。

（7）过滤和灌装　若产品检测符合半成品检测标准，则对漱口水料液进行过滤、灌装。过滤主要是为了去除原料中不溶性杂质以及制备设备所带来的杂质。

2.漱口水热配制备工艺

与冷配工艺的区别为：

（1）水相溶液的制备　将去离子水加入主搅拌罐中，开启搅拌，开启夹套加热功能，将去离子水加热至90℃维持5min以上（或者82℃维持15min以上），此后关闭夹套加热功能，开启夹套冷却功能，待去离子水温度降至50℃左右时即可投料（此步骤需要预留部分去离子水用于后边色素的溶解以及预混桶的冲洗）。然后将增溶剂如泊洛沙姆407、可溶性的盐（如缓冲盐）、水溶性防腐剂、水溶性功效物质加入主搅拌罐中，搅拌至完全溶解。

（2）水相溶液和油相溶液的混合制备　水相溶液温度需降至40℃以下时，才可进行两相的混合制备工艺。

四、质量标准和常见质量问题及原因分析

1.质量标准

漱口水产品质量应符合QB/T 2945《口腔清洁护理液》，其感官、理化指标见表6-38。

表6-38　漱口水产品的感官、理化指标

项目		要求
感官指标	香型	符合标识香型
	澄清度（5℃以上）	溶液澄清，无机械杂质
	稳定性	耐热稳定性测试条件下，无凝聚物或浑浊；耐寒稳定性测试条件下不冻结、色泽稳定
理化指标	pH值（25℃）	3.0～10.5（对于pH值低于5.5的产品，产品质量责任者提供对口腔硬组织安全性的数据）
	游离氟或可溶氟含量/%	≤0.15

续表

项目		要求
理化指标	氟离子含量/(mg/瓶)	≤125（适用于直接销售给消费者的漱口水，不适用于在医院诊所使用的漱口水，需医生开具处方才能使用的漱口水以及某些特殊场合由专人指导使用的漱口水）

2. 质量问题及原因分析

漱口水目前常见的质量问题主要有感官性质改变、理化性质改变，少数情况下会发生微生物超标的情况。

（1）感官性质改变　由于长期暴露在光照环境下，漱口水配方中的色素或香精成分不稳定，容易产生褪色、变色现象，并发生香味改变。

（2）理化性质改变　澄清度或pH值改变，若漱口水中含有较高的植物提取物、功效物质或在过滤工艺中未充分去除的细小微粒，有可能导致漱口水在货架期变浑浊，或者发生pH值改变。

（3）微生物超标　漱口水发生微生物污染有多方面的原因，应从原料、生产车间、生产设备、生产工艺、灌装、包装等几个方面具体分析、逐一排查，找到最终的污染源。

巩固练习

一、单选题

1. 漱口水中使用频率最高的增溶剂是（　　　）。

A. 泊洛沙姆407　　　　　　　　　　　　　　B. PEG-40氢化蓖麻油

C. 聚山梨酯-20　　　　　　　　　　　　　　D. 月桂醇硫酸酯钠

2. 漱口水的制备工艺根据制备时所用的（　　　）是否加热，可以分为热配工艺和冷配工艺。

A. 表面活性剂　　　　B. 去离子水　　　　　　C. 保湿剂　　　　　　D. 功效物质

3. 下列漱口水常见的质量问题不属于理化性质改变的是（　　　）。

A. 颜色改变　　　　　B. 澄清度改变　　　　　C. pH值下降过快　　D. 微生物超标

4. 漱口水半成品检测合格后，须进行（　　　）后才能进行灌装。

A. 抽真空　　　　　　B. 加热　　　　　　　　C. 过滤　　　　　　　D. 冷却

二、多选题

1. 目前，市场上以（　　　）的漱口水居多。

A. 清新口气　　　　　B. 抗菌　　　　　　　　C. 美白　　　　　　　D. 抗牙结石

2. 漱口水目前常见的质量问题主要有（　　　）。

A. 颜色改变　　　　　B. 澄清度改变　　　　　C. pH值下降过快　　D. 微生物超标

三、判断题

1. 与牙膏相比，漱口水具有使用简单、方便等特点。（　　　）

2. 薄荷醇既是凉味剂，也是抑菌剂。（　　　）

3. 漱口水不同于牙膏，在氟含量要求上没有限制。（　　　）

四、论述题

如何能保持漱口水香型的稳定性？

拓展阅读

上海引领化妆品个性化定制新潮流

上海在化妆品行业引入了个性化香水定制服务，消费者可以根据自己的喜好选择香味、包装、饰物和刻字，创造独一无二的香水。2019年9月，娇兰品牌在我国首次推出这项服务，提供35种香氛和8种包装选择。然而，个性化服务的实施面临质量保障、标签合规、消防安全等监管挑战。上海商务部门协调多部门创新监管，制定团体标准，海关扩展检验功能，消防部门提出安全方案，确保服务顺利实施。

2023年4月上海市药品监督管理局（药监局）为上海欧莱雅国际贸易有限公司颁发全国首张"现场个性化服务"化妆品生产许可证，标志着上海在化妆品个性化服务领域迈出重要一步。随着化妆品消费升级，消费者对多元化选择和个性化服务的需求日益增长。在中国国际进口博览会（进博会）上，数字化设备现场提供的化妆品个性化服务吸引了广泛消费者关注。

化妆品门店个性化服务在国际上已有开展，一些品牌在彩妆和护肤领域试水。但商场等消费环境中的化妆品分装、调配活动与传统规模化生产存在差异，给监管带来新挑战。监管部门须把握个性化服务模式的质量安全关键控制点，保障消费者的健康安全，同时助力企业数字化应用和新业态落地。

2022年11月，国家药监局在京、沪、浙、鲁、粤启动为期1年的化妆品个性化服务试点工作，鼓励试点企业在皮肤检测、产品跟踪、个性化护肤服务等方面进行试点。上海市药监局深入企业调研，指导建立质量管理体系，制定操作规范。

企业取得"现场个性化服务"生产许可证后，可以在经营场所提供现场分装、个性化包装服务等。上海市药监局将进一步完善管理细则，鼓励化妆品业态创新发展，守好质量安全关。

上海在化妆品个性化定制服务领域的探索和创新，预示着这座城市将继续引领化妆品行业的新潮流，为消费者提供更丰富和个性化的购物体验。通过创新供给、深化联动、优化环境和政策制度保障等措施，上海推动了化妆品行业的创新升级和高质量发展，提升了"上海购物"品牌的知名度。随着上海在化妆品个性化定制服务领域的不断探索和创新，有理由相信，这座城市将继续引领化妆品行业的新潮流，为消费者提供更加丰富和个性化的购物体验。

附录

更多类型的化妆品

除了上述化妆品外，还有更多类型的化妆品。具体可扫码学习。

文档扫一扫

其他类型化妆品

参考文献

[1] 刘纲勇.化妆品配方设计与生产工艺[M].北京：化学工业出版社，2016.

[2] 刘纲勇，杨承鸿.化妆品生产工艺与技术[M].北京：化学工业出版社，2022.

[3] 刘纲勇.化妆品原料[M].2版.北京：化学工业出版社，2021.

[4] 国家食品药品监督管理总局.化妆品安全技术规范[S].2016.

[5] 中国就业培训技术指导中心.化妆品配方师　国家职业资格三级[M].北京：中国劳动社会保障出版社，2013.

[6] 李明，王培义，田怀香.香料香精应用基础[M].北京：中国纺织出版社，2010.

[7] 徐佩玉.国货美妆在海外"出圈"[EB/OL].（2023-6-20）.http://sc.people.com.cn/n2/2023/0620/c345493-40463703.html.

[8] 池小花.让非遗"活"在当下[EB/OL].（2022-11-13）.http://nm.people.com.cn/n2/2022/1113/c406447-40192737.html.

[9] 王培哲.一家MCN机构眼里的"双11"变化[EB/OL].（2022-11-11）.http://sc.people.com.cn/n2/2022/1111/c345167-40190321.html.

[10] 周蕊.通讯：一瓶香水里也有大改革——路威酩轩集团亮相第二届进博会背后的"小故事"[EB/OL].（2019-10-29）.https://www.gov.cn/xinwen/2019/10/29/content_5446264.htm.

[11] 姜泓冰.上海颁出全国首张"现场个性化服务"化妆品生产许可证——化妆品个性化服务试点落地[EB/OL].（2023-5-16）.http://society.people.com.cn/n1/2023/0516/c1008-32687062.html.

[12] 周礼云，万岳鹏，龚盛昭，等.几种植物油脂护发作用研究[J].香料香精化妆品，2019（6）：21-24.

[13] 喻育红，周进，张玲.中草药营养去屑洗发香波的研制[J].化学工程师，2012，26（11）.

[14] 吴景勉，田俊，赵丹，等.植物"精油"的护发功效解析[J].香料香精化妆品，2017（5）：64-68.

[15] 曹江绒.茶皂素的提取、纯化及在洗发液中的应用研究[D].西安：陕西科技大学，2014.

[16] 植物性护发佳品[J].湖南林业科技，1990（4）：12.

[17] 谢志洁，苏剑明，李彬，等.2021~2022年中国化妆品行业发展研究报告[J].中国食品药品监管，2023（9）：146-153，196.

[18] 陈海佳.推进高端化妆品发展打造世界级品牌[J].中国品牌，2021（4）：50-51.

[19] 刘海兰.民族化妆品品牌向高端品牌进化的五大壁垒[J].中国化妆品，2020（5）：44-47.

[20] 刘丽仙，岳娟，蒋丽刚，等.新型乳化技术在化妆品中的应用[J].日用化学品科学，2017，40（07）：40-43，52.

[21] 张亚，孙欣，王瑞妍.重组Ⅲ型胶原蛋白在护肤品和药械领域的应用综述[J].上海轻工业，2024（4）：133-135.

[22] 何泳.创投助力化妆品定制"中国芯"[N].深圳特区报，2023-09-28（A02）.

化妆品配方与制备技术工作页

（活页式）

杨承鸿　刘纲勇　主编

化学工业出版社

·北京·

目录

任务一
配制化妆水

一、任务描述

完成一款既具有高透明度又拥有清爽肤感的化妆水的配制任务。

二、能力目标

1. 掌握化妆水的制备工艺和制备关键点，能制备化妆水。
2. 能对化妆水样品进行质量检验。
3. 能对化妆水产品进行原料成本评估。

三、设备与工具

确认搅拌器、天平、pH 计、电热鼓风干燥箱、电炉、密度瓶、冰箱能正常使用。

四、任务实施

1. 认识原料

现需要制备 300g 清爽化妆水样品，请先在表 1-1 清爽化妆水原料信息表中填写"法规用量限制""原料外观和特性""计划加入量"这三列信息。

表 1-1　清爽化妆水原料信息表

组相	原料名称	用量 /%	法规用量限制	原料外观和特性	计划加入量 /g	实际加入量 /g
A	甘油	1.0				
	透明质酸钠	0.05				
B	水	加至 100				
C	尿囊素	0.1				
	EDTA 二钠	0.05				
	1,2- 己二醇	0.5				
D	对羟基苯乙酮	0.5				
	1,3- 丙二醇	2.0				
E	PEG-40 氢化蓖麻油	0.1				
	香精	0.05				

称样人：　　　　　　　　　　复核人：　　　　　　　　　　时间：

2. 分析配方结构

评价该产品配方组成是否符合要求。

3. 配制样品

配方号：_____ 配制人：_____ 配制日期：_____

（1）空烧杯重：_____ g；室温：_____ ℃。

（2）称取各原料，并及时将称样量记录在表1-1"实际加入量"这一列。

（3）记录样品制备过程，注意如实记录温度、搅拌速度和时间。

_____

_____

_____

_____

_____

_____

（4）烧杯总重：_____ g；产品净重：_____ g。

（5）操作异常情况记录与分析：_____

_____

4. 检验样品质量

按照 QB/T 2660—2004《化妆水》要求，填写表1-2清爽化妆水检验报告。

表1-2　清爽化妆水检验报告

配方号			检验人	
项目		指标要求	检验结果	单项检验结论
感官指标	单层型	均匀液体，不含杂质		
	香气	符合规定香型		
理化指标	pH 值（25℃）	4.0 ～ 8.5		
	相对密度	规定值 ±0.02		
	耐热	（40±1）℃保持 24h，恢复至室温后与试验前无明显性状差异		
	耐寒	（5±1）℃保持 24h，恢复至室温后与试验前无明显性状差异		
检验结论				
样品使用效果				

五、评估产品原料成本

填写表1-3 1kg清爽化妆水原料成本评估表。

表1-3　1kg清爽化妆水原料成本评估表

商品名	用量 /%	原料用量 /kg	原料价格 /（元 /kg）	原料成本 / 元	供应商
甘油	1.0				
透明质酸钠	0.05				
尿囊素	0.1				
EDTA 二钠	0.05				
1,2- 己二醇	0.5				
对羟基苯乙酮	0.5				
1,3- 丙二醇	2.0				
PEG-40 氢化蓖麻油	0.1				
香精	0.05				
合计					

六、任务反思

1. 在配制过程中你是否发现样品中出现泡沫，这种现象正常吗？原因是什么？
2. 该配方中起防腐作用的原料是什么？为什么要选用这些原料？

七、任务评价

1. 学生自我评价

学生填写表1-4清爽化妆水配制任务自我评价表。

表1-4　清爽化妆水配制任务自我评价表

工位号（组员姓名）：　　　　　　　　　　　　　成绩：

序号	项目	操作及技能要求	配分	得分	备注
1	知识准备（15 分）	能正确分析清爽化妆水的配方组成	5		
		能正确审核原料合规性	5		
		能正确写出原料的作用、性能	5		
2	样品制备（45 分）	计划加入量计算正确。称量、取样动作规范，及时记录数据	4		
		正确使用搅拌器、电炉等实验设备。搭建实验装置要求：垂直、不摇晃、烧杯高度恰当	4		
		投料顺序正确，不散落原料	4		
		透明质酸钠溶解方法合理、加入产品时机恰当	5		
		对羟基苯乙酮溶解方法合理、加入产品时机恰当	8		
		香精预溶方法合理、加入产品时机恰当	8		
		搅拌速度设定正确，不将空气搅拌入样品	4		
		产品质量不低于投料总量的95%	4		
		原始数据记录包括室温、烧杯皮重和总重、产品净重计算正确	4		

续表

序号	项目	操作及技能要求	配分	得分	备注
3	质量检验 （20分）	pH计使用正确	5		
		电热鼓风干燥箱使用正确	5		
		密度瓶使用正确	5		
		产品感官指标和理化指标合格，使用效果符合预期	5		
4	工作素养 （20分）	有效数字位数保留正确或修约正确，保留小数点后2位，没有篡改（如伪造、凑数据等）测量数据	5		
		操作过程中及结束后台面保持整洁	5		
		仪器及时清洗干净并摆放整齐、及时切断电源；将药品归位并确保玻璃仪器完好	5		
		具备团队精神，与队友合作完成任务，90min内完成任务	5		

2. 教师评价

教师填写表1-5清爽化妆水配制任务教师评价表。

表1-5 清爽化妆水配制任务教师评价表

评价要素	项目	分值	得分	备注
实验室安全 （10分）	着装符合要求	5		
	遵守实验室守则	5		
任务准备 （20分）	熟悉原料	10		
	熟悉配方架构	10		
工作过程 （40分）	正确使用仪器设备	15		
	操作过程合理规范	15		
	操作熟练	5		
	无不安全、不文明操作	5		
记录填写 （10分）	准确性	5		
	规范性	5		
现场整理 （5分）	原料瓶、仪器等清洁、放回原位	2.5		
	桌面、水池清洁	2.5		
小组合作 （5分）	分工明确	2.5		
	配合默契	2.5		
实验反思 （10分）	准确性	5		
	清晰度	5		

配制护肤凝胶

一、任务描述

需要完成一款具有高透明度且肤感清爽的保湿护肤凝胶的样品的配制任务。

二、能力目标

1. 掌握护肤凝胶的制备工艺和制备关键点，能制备护肤凝胶。
2. 能对护肤凝胶样品进行质量检验。
3. 能对护肤凝胶产品进行原料成本评估。

三、设备与工具

确认电炉、搅拌器、均质器、天平、电热恒温鼓风干燥箱、冰箱、pH计能正常使用。

四、任务实施

1. 认识原料

现需要制备300g护肤凝胶样品，请在表2-1护肤凝胶配方信息表中填写"法规用量限制""原料外观和特性""计划加入量"这三列信息。

表2-1 护肤凝胶配方信息表

组相	原料名称	用量/%	法规用量限制	原料外观和特性	计划加入量/g	实际加入量/g
A	去离子水	加至100				
	卡波姆940	1.0				
	1,3-丙二醇	5.0				
	1,2-己二醇	4.0				
	泛醇	2.0				
B	透明质酸	0.1				
	甘油	2.0				
C	尿囊素	0.1				
	EDTA-2Na	0.1				
D	苯氧乙醇、乙基己基甘油（商品名PE9010或DM9010）	0.5				
	水溶性香精	0.2				
E	氢氧化钾	适量				

称样人： 复核人： 时间：

2. 分析配方结构

评价该护肤凝胶配方组成是否合理。

3. 配制样品

配方号：_____　　　配制人：_____　　　配制日期：_____

（1）空烧杯重：_____ g；室温：_____ ℃。

（2）称取各原料，及时将称样量记录在表2-2"实际加入量"这一列。

（3）记录样品制备过程，注意如实记录温度、搅拌速度和时间。

_____

_____

_____

_____

_____

（4）烧杯总重：_____ g；产品净重：_____ g。

（5）操作异常情况记录与分析：_____

_____

4. 检验样品质量

按照QB/T 2874—2007《护肤啫喱》，测定样品的感官指标、理化指标，填写表2-2护肤凝胶检验报告。

表2-2　护肤凝胶检验报告

配方号			检验人	
项目		指标要求	检验结果	单项检验结论
感官指标	外观	膏体细腻，均匀一致		
	香气	符合规定香型		
理化指标	pH值（25℃）	3.5 ～ 8.5		
	耐热	（40±1）℃保持24h，恢复至室温后应无油水分离现象		
	耐寒	（-8±2）℃保持24h，恢复至室温后与试验前无明显性状差异		
检验结论				
样品使用效果				

五、评估产品原料成本

填写表2-3 1kg护肤凝胶原料成本评估表。

表 2-3　1kg 护肤凝胶原料成本评估表

原料名称	用量/%	原料用量/kg	原料价格/（元/kg）	原料成本/元	供应商
卡波姆 940	1.0				
1,3-丙二醇	5.0				
1,2-己二醇	4.0				
泛醇	2.0				
透明质酸	0.1				
甘油	2.0				
尿囊素	0.1				
EDTA-2Na	0.1				
苯氧乙醇、乙基己基甘油（商品名 PE9010 或 DM9010）	0.5				
水溶性香精	0.2				
氢氧化钾	适量				
合计					

六、任务反思

1. 样品制备过程中，能直接将氢氧化钾固体倒入样品中进行 pH 调节吗？
2. 你认为该产品制备工艺的难点是什么？

七、任务评价

1. 学生自我评价

学生填写表 2-4 护肤凝胶配制任务自我评价表。

表 2-4　护肤凝胶配制任务自我评价表

工位号（组员姓名）：　　　　　　　　　　　　　　　　　成绩：

序号	项目	操作及技能要求	配分	得分	备注
1	知识准备（15 分）	能正确分析凝胶产品的配方组成	5		
		能正确审核原料合规性	5		
		能正确写出原料的作用、性能	5		
2	样品制备（45 分）	计划加入量计算正确。称量、取样动作规范、及时记录数据	5		
		正确使用搅拌器、电炉等实验设备。搭建实验装置要求：垂直、不摇晃、烧杯高度恰当	5		
		投料顺序正确，不散落原料	5		
		加热温度、搅拌速度设定正确	5		
		加入热敏性物质，物料冷却至正确温度加料	5		

续表

序号	项目	操作及技能要求	配分	得分	备注
2	样品制备（45分）	增稠剂加入操作正确	10		
		产品质量不低于投料总量的95%	5		
		原始数据记录包括室温、烧杯皮重和总重、产品净重计算正确	5		
3	质量检验（20分）	pH计使用正确	5		
		电热恒温鼓风干燥箱使用正确	5		
		产品感官指标和理化指标合格，使用效果符合预期	10		
4	工作素养（20分）	有效数字位数保留正确或修约正确，保留小数点后2位，没有篡改（如伪造、凑数据等）测量数据	5		
		操作过程中及结束后台面保持整洁	5		
		仪器及时清洗干净并摆放整齐、及时切断电源；将药品归位并确保玻璃仪器完好	5		
		具有团队精神，与队友合作完成任务，90min内完成任务	5		

2. 教师评价

教师填写表2-5护肤凝胶配制任务教师评价表。

表2-5　护肤凝胶配制任务教师评价表

评价要素	项目	分值	得分	备注
实验室安全（10分）	着装符合要求	5		
	遵守实验室守则	5		
任务准备（20分）	熟悉原料	10		
	熟悉配方架构	10		
工作过程（40分）	正确使用仪器设备	15		
	操作过程合理规范	15		
	操作熟练	5		
	无不安全、不文明操作	5		
记录填写（10分）	准确性	5		
	规范性	5		
现场整理（5分）	原料瓶、仪器等清洁、放回原位	2.5		
	桌面、水池清洁	2.5		
小组合作（5分）	分工明确	2.5		
	配合默契	2.5		
实验反思（10分）	准确性	5		
	清晰度	5		

配制 O/W 型润肤霜

一、任务描述

需要完成一项任务，配制出一款肤感清爽且保湿滋润的 O/W 型润肤霜样品。

二、能力目标

1. 掌握 O/W 型润肤霜的制备工艺和制备关键点，能制备 O/W 型润肤霜。
2. 能对 O/W 型润肤霜样品进行质量检验。
3. 能对润肤霜产品进行原料成本评估。

三、设备与工具

确认电炉、搅拌器、均质器、天平、电热恒温鼓风干燥箱、冰箱、pH 计、温度计能正常使用。

四、任务实施

1. 认识原料

现需要制备 300g O/W 型润肤霜样品，请在表 3-1 O/W 型润肤霜配方信息表中填写"法规用量限制""原料外观和特性""计划加入量"这三列信息。

表 3-1　O/W 型润肤霜配方信息表

组相	原料名称	用量 /%	法规用量限制	原料外观和特性	计划加入量 /g	实际加入量 /g
A	矿油	18.0				
	棕榈酸异丙酯（IPP）	5.0				
	鲸蜡硬脂醇	2.0				
	硬脂酸	2.0				
	甘油硬脂酸酯（单甘酯）	2.0				
	PEG-20 失水山梨醇椰油酸酯（吐温 -20）	0.8				
B	丙二醇	4.0				
	Carbopol 934	0.2				
	去离子水	55.0				
C	三乙醇胺（TEA）	1.8				
	去离子水	8.7				
D	苯氧乙醇，乙基己基甘油（商品名 PE9010 或 DM9010）	0.3				
	香精	0.2				

称样人：　　　　　　　　复核人：　　　　　　　　时间：

2. 分析配方结构

评价该产品配方组成是否合理。

3. 配制样品

配方号：_____　　　配制人：_____　　　配制日期：_____

（1）空烧杯重：_____ g；室温：_____℃。

（2）称取各原料，将称样量记录在表3-1"实际加入量"这一列。

（3）记录样品制备过程，注意如实记录温度、搅拌和均质的速度和时间。

_____

_____

_____

_____

_____

_____

_____

_____

（4）烧杯总重：_____ g；产品净重：_____ g。

（5）操作异常情况记录与分析：_____

_____

4. 检验样品质量

按照 QB/T 1857—2013《润肤膏霜》测定样品感官指标、理化指标，填写表3-2 O/W 型润肤霜检验报告。

表3-2　O/W 型润肤霜检验报告

配方号				检验人	
项目		指标要求		检验结果	单项检验结论
感官指标	外观	膏体细腻，均匀一致			
	香气	符合规定香型			
理化指标	pH 值（25℃）	4.0～8.5			
	耐热	（40±1）℃保持 24h，恢复至室温后应无油水分离现象			
	耐寒	（－8±2）℃保持 24h，恢复至室温后与试验前无明显性状差异			
检验结论					
样品使用效果					

五、评估产品原料成本

填写表3-3 1kg O/W 型润肤霜原料成本评估表。

表3-3　1kg O/W 型润肤霜原料成本评估表

商品名	用量 /%	原料用量 /kg	原料价格 / （元 /kg）	原料成本 / 元	供应商
矿油	18.0				
棕榈酸异丙酯（IPP）	5.0				
鲸蜡硬脂醇	2.0				
硬脂酸	2.0				
甘油硬脂酸酯（单甘酯）	2.0				
PEG-20 失水山梨醇椰油酸酯（吐温 -20）	0.8				
丙二醇	4.0				
Carbopol 934	0.2				
三乙醇胺（TEA）	1.8				
苯氧乙醇，乙基己基甘油（商品名 PE9010 或 DM9010）	0.3				
香精	0.2				
合计					

六、任务反思

1. 样品制备过程中哪种原料需要预分散？用什么溶剂预分散？
2. 如果要配制更清爽的润肤霜，此配方该如何调整？

七、任务评价

1. 学生自我评价

学生填写表 3-4 O/W 型润肤霜配制任务自我评价表。

表3-4　O/W 型润肤霜配制任务自我评价表

工位号（组员姓名）：　　　　　　　　　　　　　　　　成绩：

序号	项目	操作及技能要求	配分	得分	备注
1	知识准备（15分）	能正确分析膏霜产品的配方组成	5		
		能正确审核原料合规性	5		
		能正确写出原料的作用、性能	5		
2	样品制备（45分）	计划加入量计算正确。称量、取样动作规范，及时记录数据	5		
		正确使用搅拌器、电炉等实验设备。搭建实验装置要求：垂直、不摇晃、烧杯高度恰当	5		
		投料顺序正确，不散落原料	4		
		加热温度、搅拌速度设定正确	4		

续表

序号	项目	操作及技能要求	配分	得分	备注
2	样品制备 （45分）	油相、水相在最高温度下保温10min以上	2		
		加入热敏性物质时，物料冷却至正确温度时再加料	5		
		水相、油相制备均匀，油相不冒烟、不烧焦	5		
		乳化温度70~80℃，二相温差不大于10℃，2分；乳化均质，1分；增稠剂预分散，2分	5		
		产品质量不低于投料总量的95%	5		
		原始数据记录包括室温、烧杯皮重和总重、产品净重计算正确	5		
3	质量检验 （20分）	pH计使用正确	5		
		电热恒温鼓风干燥箱使用正确	5		
		产品感官指标、理化指标合格，使用效果符合预期	10		
4	工作素养 （20分）	有效数字位数保留正确或修约正确。保留小数点后2位，没有篡改（如伪造、凑数据等）测量数据	5		
		操作过程中及结束后台面保持整洁	5		
		仪器及时清洗干净并摆放整齐、及时切断电源；将药品归位并确保玻璃仪器完好	5		
		具备团队精神，与队友合作完成任务，90min内完成任务	5		

2. 教师评价

教师填写表 3-5 O/W 型润肤霜配制任务教师评价表。

表 3-5　O/W 型润肤霜配制任务教师评价表

评价要素	项目	分值	得分	备注
实验室安全 （10分）	着装符合要求	5		
	遵守实验室守则	5		
任务准备 （20分）	熟悉原料	10		
	熟悉配方架构	10		
工作过程 （40分）	正确使用仪器设备	15		
	操作过程合理规范	15		
	操作熟练	5		
	无不安全、不文明操作	5		
记录填写 （10分）	准确性	5		
	规范性	5		
现场整理 （5分）	原料瓶、仪器等清洁、放回原位	2.5		
	桌面、水池清洁	2.5		
小组合作 （5分）	分工明确	2.5		
	配合默契	2.5		
实验反思 （10分）	准确性	5		
	清晰度	5		

任务四
配制O/W型润肤乳

一、任务描述

需要完成一款O/W型滋润润肤乳样品的制备任务。

二、能力目标

1. 掌握O/W型润肤乳的制备工艺和制备关键点，能制备O/W型润肤乳。
2. 能对O/W型润肤乳样品进行质量检验。
3. 能对O/W型润肤乳产品进行原料成本评估。

三、设备与工具

确认电炉、搅拌器、均质器、天平、电热恒温鼓风干燥箱、冰箱、pH计、温度计、离心机能正常使用。

四、任务实施

1. 认识原料

现需要制备300g清爽O/W型润肤乳样品，请在表4-1 O/W型润肤乳配方信息表中填写"法规用量限制""原料外观和特性""计划加入量"这三列信息。

表4-1　O/W型润肤乳配方信息表

组相	原料名称	用量/%	法规用量限制	原料外观和特性	计划加入量/g	实际加入量/g
A	PEG-20甲基葡糖倍半硬脂酸酯（SSE-20）	0.5				
	甘油硬脂酸酯/PEG-100硬脂酸酯（165）	0.5				
	氢化卵磷脂	0.5				
	鲸蜡硬脂醇	0.8				
	聚二甲基硅氧烷	2.0				
	羟苯丙酯	0.1				
	辛酸/癸酸甘油三酯	5.0				
B	丙二醇	4.0				
	甘油	5.0				
	透明质酸钠	0.05				

1 任务四

续表

组相	原料名称	用量/%	法规用量限制	原料外观和特性	计划加入量/g	实际加入量/g
B	羟苯甲酯	0.2				
	丙烯酸羟乙酯／丙烯酰二甲基牛磺酸钠共聚物（EMT-10）	0.2				
	去离子水	55.0				
C	丙烯酸钠／丙烯酰二甲基牛磺酸钠共聚物（和）异十六烷（和）聚山梨醇酯 -80（Sepigel EG）	0.5				
D	苯氧乙醇	0.3				
	香精	0.1				

称样人：　　　　　　　　　　复核人：　　　　　　　　　时间：

2. 分析配方结构

评价该产品配方组成是否合理。

3. 配制样品

配方号：_____　　配制人：_____　　配制日期：_____

（1）空烧杯重：_____ g；室温：_____ ℃。

（2）称取各原料，将称样量记录在表4-1"实际加入量"这一列。

（3）记录样品制备过程，注意如实记录温度、搅拌和均质的速度和时间。

_____

_____

_____

_____

_____

_____

_____

_____

（4）烧杯总重：_____ g；产品净重：_____ g。

（5）操作异常情况记录与分析：_____

_____

4. 检验样品质量

按照GB/T 29665—2013《护肤乳液》测定样品的感官指标、理化指标，填写表4-2 O/W型润肤乳检验报告。

表4-2　O/W 型润肤乳检验报告

配方号			检验人	
项目		指标要求	检验结果	单项检验结论
感官指标	外观	膏体细腻，均匀一致		
	香气	符合规定香型		
理化指标	pH 值（25℃）	4.0～8.55（含 α-羟基酸、β-羟基酸的产品可按企业标准执行）		
	耐热	（40±1）℃保持24h，恢复至室温后无分层现象		
	耐寒	（−8±2）℃保持24h，恢复至室温后无分层现象		
	离心稳定性	2000r/min,30min,不分层（添加不溶性颗粒或不溶性粉末的产品除外）		
检验结论				
样品使用效果				

五、评估产品原料成本

填写表4-3 1kg O/W 型润肤乳原料成本评估表。

表4-3　1kg O/W 型润肤乳原料成本评估表

原料名称	用量/%	原料用量/kg	原料价格/（元/kg）	原料成本/元	供应商
PEG-20 甲基葡糖倍半硬脂酸酯（SSE-20）	0.5				
甘油硬脂酸酯 /PEG-100 硬脂酸酯（165）	0.5				
氢化卵磷脂	0.5				
鲸蜡硬脂醇	0.8				
聚二甲基硅氧烷	2.0				
羟苯丙酯	0.1				
辛酸 / 癸酸甘油三酯	5.0				
丙二醇	4.0				
甘油	5.0				
透明质酸钠	0.05				
羟苯甲酯	0.2				
丙烯酸羟乙酯 / 丙烯酰二甲基牛磺酸钠共聚物（EMT-10）	0.2				

续表

原料名称	用量/%	原料用量/kg	原料价格/（元/kg）	原料成本/元	供应商
丙烯酸钠/丙烯酰二甲基牛磺酸钠共聚物（和）异十六烷（和）聚山梨醇酯-80（Sepigel EG）	0.5				
苯氧乙醇	0.3				
香精	0.1				
合计					

六、任务反思

1. 配方中有几种乳化剂？为什么不用一种乳化剂？

2. 配方中的丙烯酸钠/丙烯酰二甲基牛磺酸钠共聚物（和）异十六烷（和）聚山梨醇酯-80（Sepigel EG）可以更换吗？

七、任务评价

1. 学生自我评价

学生填写表 4-4 O/W 型润肤乳配制任务自我评价表。

表 4-4　O/W 型润肤乳配制任务自我评价表

工位号（组员姓名）：　　　　　　　　　　　　　　　　　　成绩：

序号	项目	操作及技能要求	配分	得分	备注
1	知识准备（15 分）	能正确分析乳液产品的配方组成	5		
		能正确审核原料合规性	5		
		能正确写出原料的作用、性能	5		
2	样品制备（45 分）	计划加入量计算正确。称量、取样动作规范，及时记录数据	5		
		正确使用搅拌器、电炉等实验设备。搭建实验装置要求：垂直、不摇晃、烧杯高度恰当	5		
		投料顺序正确，不散落原料	4		
		水相在最高温度下保温 10min 以上	3		
		加热温度、搅拌速度、均质速度设定合适	4		
		加入热敏性物质时，物料冷却至正确温度后再加料	4		
		水相、油相制备均匀，油相不冒烟、不烧焦	5		
		乳化温度 70～80℃，2 分；乳化均质，1 分；增稠剂选择合适溶剂预分散，2 分	5		
		产品质量不低于投料总量的 95%	5		
		原始数据记录包括室温、烧杯皮重和总重、产品净重计算正确	5		

续表

序号	项目	操作及技能要求	配分	得分	备注
3	质量检验（20分）	pH计使用正确	4		
		离心机使用正确	3		
		电热恒温鼓风干燥箱使用正确	3		
		产品感官指标、理化指标合格，使用效果符合预期	10		
4	工作素养（20分）	有效数字位数保留正确或修约正确，保留小数点后2位，没有篡改（如伪造、凑数据等）测量数据	5		
		操作过程中及结束后台面保持整洁	5		
		仪器及时清洗干净并摆放整齐、及时切断电源；药品归位并确保玻璃仪器完好	5		
		团队协作，90min内完成任务	5		

2. 教师评价

教师填写表4-5 O/W型润肤乳配制任务教师评价表。

表4-5　O/W型润肤乳配制任务教师评价表

评价要素	项目	分值	得分	备注
实验室安全（10分）	着装符合要求	5		
	遵守实验室守则	5		
任务准备（20分）	熟悉原料	10		
	熟悉配方架构	10		
工作过程（40分）	正确使用仪器设备	15		
	操作过程合理规范	15		
	操作熟练	5		
	无不安全、不文明操作	5		
记录填写（10分）	准确性	5		
	规范性	5		
现场整理（5分）	原料瓶、仪器等清洁、放回原位	2.5		
	桌面、水池清洁	2.5		
小组合作（5分）	分工明确	2.5		
	配合默契	2.5		
实验反思（10分）	准确性	5		
	清晰度	5		

配制 W/O 型补水乳

一、任务描述

制备 W/O 型补水乳样品，肤感滑爽，持久嫩滑触感，使用中水珠滚出，营造视觉冲击体验。

二、能力目标

1. 掌握 W/O 型补水乳的制备工艺和制备关键点，能制备 W/O 型补水乳。
2. 能对 W/O 型补水乳样品进行质量检验。
3. 能对 W/O 型补水乳产品进行原料成本评估。

三、设备与工具

确认搅拌器、均质器、天平、电热恒温鼓风干燥箱、冰箱、pH 计、离心机能正常使用。

四、任务实施

1. 认识原料

现需要制备 300g W/O 型补水乳样品，请在表 5-1 W/O 型补水乳配方信息表中填写"法规用量限制""原料外观和特性""计划加入量"这三列信息。

表 5-1　W/O 型补水乳配方信息表

组相	原料名称	用量 /%	法规用量限制	原料外观和特性	计划加入量 /g	实际加入量 /g
A	PEG-10 聚二甲基硅氧烷（商品名：KF-6017）	2.0				
	聚二甲基硅氧烷和聚二甲基硅氧烷 PEG-10/15 交联聚合物（商品名：KSG-210 硅油）	2.0				
	环己硅氧烷	2.0				
	辛基聚甲基硅氧烷	4.5				
	聚二甲基硅氧烷（10cs）	5.0				
	香精	0.1				
	环五聚二甲基硅氧烷（和）聚二甲基硅氧烷 / 聚二甲基硅氧烷 / 乙烯基聚二甲基硅氧烷交联聚合物（有机硅弹性体）	1.5				

组相	原料名称	用量/%	法规用量限制	原料外观和特性	计划加入量/g	实际加入量/g
B	丁二醇	6.0				
	氯化钠	1.0				
	甘油	20.0				
	苯氧乙醇，乙基己基甘油（商品名 PE9010 或 DM9010）	0.3				
	去离子水	加至 100				

称样人：　　　　　　　　复核人：　　　　　　　　时间：

2. 分析配方结构

评价该产品配方组成是否合理。

3. 配制样品

配方号：_____　　配制人：_____　　配制日期：_____

（1）空烧杯重：_____ g；室温：_____ ℃。

（2）称取各原料，将称样量记录在表5-1"实际加入量"这一列。

（3）记录样品制备过程，注意如实记录温度、搅拌和均质的速度和时间。

_____

_____

_____

_____

_____

_____

_____

_____

_____

_____

（4）烧杯总重：_____ g；产品净重：_____ g。

（5）操作异常情况记录与分析：_____

_____

4. 检验样品质量

按照GB/T 29665—2013《护肤乳液》测定样品的感官指标、理化指标，按照《油包水类化妆品的pH值测定法》测定样品的pH值。填写表5-2 W/O型补水乳检验报告。

表 5-2　W/O 型补水乳检验报告

	配方号		检验人	
	项目	指标要求	检验结果	单项检验结论
感官指标	外观	膏体细腻，均匀一致		
	香气	符合规定香型		
理化指标	pH 值（25℃）			
	耐热	（40±1）℃保持 24h，恢复至室温后无分层现象		
	耐寒	（－8±2）℃保持 24h，恢复至室温后无分层现象		
	离心稳定性	2000r/min,30min，不分层（添加不溶性颗粒或不溶性粉末的产品除外）		
	检验结论			
	样品使用效果			

五、评估产品原料成本

填写表 5-3 1kg W/O 型补水乳原料成本评估表。

表 5-3　1kg W/O 型补水乳原料成本评估表

原料名称	用量 /%	原料用量 /kg	原料价格 /（元 /kg）	原料成本 /元	供应商
PEG-10 聚二甲基硅氧烷	2.0				
聚二甲基硅氧烷和聚二甲基硅氧烷 PEG-10/15 交联聚合物	2.0				
环己硅氧烷	2.0				
辛基聚甲基硅氧烷	4.5				
聚二甲基硅氧烷（10mPa·s）	5.0				
香精	0.1				
环五聚二甲基硅氧烷（和）聚二甲基硅氧烷 / 聚二甲基硅氧烷 / 乙烯基聚二甲基硅氧烷交联聚合物	1.5				
丁二醇	6.0				
氯化钠	1.0				
甘油	20.0				
苯氧乙醇，乙基己基甘油	0.3				
合计					

六、任务反思

1. 该配方的防腐剂可以改为杰马吗？修改后的配方可以用于婴儿吗？

2. 配方中用了几种硅油？只用其中一种可以吗？

七、任务评价

1. 学生自我评价

学生填写表5-4 W/O型补水乳配制任务自我评价表。

表5-4 W/O型补水乳配制任务自我评价表

工位号（组员姓名）：　　　　　　　　　　　　　　　　　　　　　　　成绩：

序号	项目	操作及技能要求	配分	得分	备注
1	知识准备（15分）	能正确分析乳液产品的配方组成	5		
		能正确审核原料合规性	5		
		能正确写出原料的作用、性能	5		
2	样品制备（45分）	计划加入量计算正确。称量、取样动作规范，及时记录数据	5		
		正确使用搅拌器、电炉等实验设备。搭建实验装置要求：垂直、不摇晃、烧杯高度恰当	5		
		投料顺序正确，不散落原料	4		
		水相、油相制备均匀	5		
		搅拌速度、均质速度设定合适，能根据物料状态调整搅拌速度	6		
		水相缓慢加入油相	10		
		产品质量不低于投料总量的95%	5		
		原始数据记录包括室温、烧杯皮重和总重、产品净重计算正确	5		
3	质量检验（20分）	pH计使用正确	4		
		离心机使用正确	3		
		电热恒温鼓风干燥箱使用正确	3		
		产品感官指标、理化指标合格，使用效果符合预期	10		
4	工作素养（20分）	有效数字位数保留正确或修约正确，保留小数点后2位，没有篡改（如伪造、凑数据等）测量数据	5		
		操作过程中及结束后台面保持整洁	5		
		仪器及时清洗干净并摆放整齐、及时切断电源；将药品归位并确保玻璃仪器完好	5		
		团队协作，90min内完成任务	5		

2. 教师评价

教师填写表5-5 W/O型补水乳配制任务教师评价表。

表5-5　W/O型补水乳配制任务教师评价表

评价要素	项目	分值	得分	备注
实验室安全 （10分）	着装符合要求	5		
	遵守实验室守则	5		
任务准备 （20分）	熟悉原料	10		
	熟悉配方架构	10		
工作过程 （40分）	正确使用仪器设备	15		
	操作过程合理规范	15		
	操作熟练	5		
	无不安全、不文明操作	5		
记录填写 （10分）	准确性	5		
	规范性	5		
现场整理 （5分）	原料瓶、仪器等清洁、放回原位	2.5		
	桌面、水池清洁	2.5		
小组合作 （5分）	分工明确	2.5		
	配合默契	2.5		
实验反思 （10分）	准确性	5		
	清晰度	5		

课堂
笔记

配制W/O/W型润肤霜

一、任务描述

配制一款 W/O/W 型润肤霜样品。

二、能力目标

1. 掌握 W/O/W 型润肤霜的制备工艺和制备关键点，能制备 W/O/W 型润肤霜。
2. 能对 W/O/W 型润肤霜样品进行质量检验。
3. 能对 W/O/W 型润肤霜产品进行原料成本评价。

三、设备与工具

确认电炉、搅拌器、均质器、天平、温度计、电热恒温鼓风干燥箱、冰箱、pH 计能正常使用。

四、任务实施

1. 认识原料

现需要制备 300g W/O/W 型润肤霜样品，请在表 6-1 W/O/W 型润肤霜配方信息表中填写"法规用量限制""原料外观和特性""计划加入量"这三列信息。

表6-1　W/O/W型润肤霜配方信息表

组相	商品名	用量/%	法规用量限制	原料外观和特性	计划加入量/g	实际加入量/g
A	水	加至100				
	尿囊素	0.3				
	羟乙基纤维素	0.05				
	黄原胶	0.05				
	丙烯酸（酯）类/C_{10}～C_{30}烷醇丙烯酸酯交联聚合物	0.3				
	对羟基苯乙酮	0.3				
	羟苯甲酯	0.2				
	EDTA 二钠	0.05				
	甘油	4.0				

组相	商品名	用量/%	法规用量限制	原料外观和特性	计划加入量/g	实际加入量/g
B	鲸蜡硬脂醇	3.0				
	聚甘油-3聚蓖麻醇酸酯（和）甘油油酸酯柠檬酸酯（和）聚甘油-3二异硬脂酸酯	6.0				
	矿油	3.0				
	聚二甲基硅氧烷	2.0				
	鲸蜡醇乙基己酸酯	2.0				
	棕榈酸乙基己酯	2.0				
C	硬脂基聚二甲基硅氧烷	0.5				
	生育酚	0.3				
D	去离子水	0.5				
	三乙醇胺	0.4				
E	香精	0.02				
	苯氧乙醇	0.2				

称样人：　　　　　　　　　　复核人：　　　　　　　　　　时间：

2. 分析配方结构

评价该产品配方组成是否合理。

3. 配制样品

配方号：_____　　　配制人：_____　　　配制日期：_____

（1）空烧杯重：_____ g；室温：_____ ℃。

（2）称取各原料，称样量记录在表6-1"实际加入量"这一列。

（3）记录样品制备过程，注意如实记录温度、搅拌和均质的速度和时间。

_____

_____

_____

_____

_____

_____

_____

（4）烧杯总重：_____ g；产品净重：_____ g。

（5）操作异常情况记录与分析：

_____

_____

4. 检验样品质量

按照 QB/T 1857—2013《润肤膏霜》测定样品的感官指标、理化指标，填写表6-2 W/O/W型润肤霜检验报告。

表6-2　W/O/W型润肤霜检验报告

配方号			检验人	
项目		指标要求	检验结果	单项检验结论
感官指标	外观	膏体细腻，均匀一致		
	香气	符合规定香型		
理化指标	pH值（25℃）	4.0～8.5		
	耐热	（40±1）℃保持24h，恢复至室温后应无油水分离现象		
	耐寒	（−8±2）℃保持24h，恢复至室温后与试验前无明显性状差异		
检验结论				
样品使用效果				

五、评估产品原料成本

填写表6-3 1kg W/O/W型润肤霜原料成本评估表。

表6-3　1kg W/O/W型润肤霜原料成本评估表

商品名	用量/%	原料用量/kg	原料价格/（元/kg）	原料成本/元	供应商
尿囊素	0.3				
羟乙基纤维素	0.05				
黄原胶	0.05				
丙烯酸（酯）类/C$_{10}$～C$_{30}$烷醇丙烯酸酯交联聚合物	0.3				
对羟基苯乙酮	0.3				
羟苯甲酯	0.2				
EDTA二钠	0.05				
甘油	4.0				
鲸蜡硬脂醇	4.0				
聚甘油-3聚蓖麻醇酸酯（和）甘油油酸酯柠檬酸酯（和）聚甘油-3二异硬脂酸酯	6.0				
矿油	3.0				
聚二甲基硅氧烷	2.0				
鲸蜡醇乙基己酸酯	2.0				

续表

商品名	用量/%	原料用量/kg	原料价格/（元/kg）	原料成本/元	供应商
棕榈酸乙基己酯	2.0				
硬脂基聚二甲基硅氧烷	0.5				
生育酚	0.3				
三乙醇胺	0.4				
香精	0.02				
苯氧乙醇	0.2				
合计					

六、任务反思

1. 配方中决定产品类型是 W/O/W 型的关键原料是什么？
2. 你认为该产品制备工艺的重点是什么？

七、任务评价

1. 学生自我评价

学生填写表 6-4 W/O/W 型润肤霜配制任务自我评价表。

表 6-4　W/O/W 型润肤霜配制任务自我评价表

工位号（组员姓名）：　　　　　　　　　　　　　　　　成绩：

序号	项目	操作及技能要求	配分	得分	备注
1	知识准备（15 分）	能正确分析膏霜产品的配方组成	5		
		能正确审核原料合规性	5		
		能正确写出原料的作用、性能	5		
2	样品制备（45 分）	计划加入量计算正确。称量、取样动作规范，及时记录数据	5		
		正确使用搅拌器、电炉等实验设备。搭建实验装置要求：垂直、不摇晃、烧杯高度恰当	5		
		投料顺序正确，不散落原料	5		
		加热温度、搅拌速度设定正确	5		
		加入热敏性物质时，物料冷却至正确温度后再加料	5		
		水相、油相制备均匀，油相不冒烟、不烧焦	5		
		乳化温度 70~80℃，2 分；乳化均质，1 分；增稠剂使用操作正确，2 分	5		
		产品质量不低于投料总量的 95%	5		
		原始数据记录包括室温、烧杯皮重和总重、产品净重计算正确	5		

序号	项目	操作及技能要求	配分	得分	备注
3	质量检验（20分）	pH计使用正确	5		
		电热恒温鼓风干燥箱使用正确	5		
		产品感官指标、理化指标合格，使用效果符合预期	10		
4	工作素养（20分）	有效数字位数保留正确或修约正确，保留小数点后2位，没有篡改（如伪造、凑数据等）测量数据	5		
		操作过程中及结束后台面保持整洁	5		
		仪器及时清洗干净并摆放整齐、及时切断电源；将药品归位并确保玻璃仪器完好	5		
		具备团队精神，与队友合作完成任务，90min内完成任务	5		

2. 教师评价

教师填写表6-5 W/O/W型润肤霜配制任务教师评价表。

表6-5　W/O/W型润肤霜配制任务教师评价表

评价要素	项目	分值	得分	备注
实验室安全（10分）	着装符合要求	5		
	遵守实验室守则	5		
任务准备（20分）	熟悉原料	10		
	熟悉配方架构	10		
工作过程（40分）	正确使用仪器设备	15		
	操作过程合理规范	15		
	操作熟练	5		
	无不安全、不文明操作	5		
记录填写（10分）	准确性	5		
	规范性	5		
现场整理（5分）	原料瓶、仪器等清洁、放回原位	2.5		
	桌面、水池清洁	2.5		
小组合作（5分）	分工明确	2.5		
	配合默契	2.5		
实验反思（10分）	准确性	5		
	清晰度	5		

配制透明沐浴露

一、任务描述

配制晶莹透明、滋润清爽且泡沫丰富的沐浴露样品。

二、能力目标

1. 掌握透明沐浴露的制备工艺和制备关键点，能制备透明沐浴露。
2. 能对透明沐浴露样品进行质量检验。
3. 能对透明沐浴露产品进行原料成本评估。

三、设备与工具

确认电炉、搅拌器、天平、电热恒温鼓风干燥箱、pH计能正常使用。

四、任务实施

1. 认识原料

现需要制备300g透明沐浴露样品，请先在表7-1透明沐浴露配方信息表中填写"法规用量限制""原料外观和特性""计划加入量"这三列信息。

表7-1 透明沐浴露配方信息表

组相	商品名	用量/%	法规用量限制	原料外观和特性	计划加入量/g	实际加入量/g
A	水	加至100				
	AES	15				
	K12A	3.0				
B	CAB	3.0				
	6501	1.5				
	ST-1213	0.5				
	甘油	1.0				
C	甘草酸二钾	0.1				
	NL-50	1.0				
	DMDM 乙内酰脲	0.3				
	氯化钠	0.8				
	香精	适量				

称样人：　　　　　　　　　复核人：　　　　　　　　　时间：

2. 分析配方结构

评价该产品配方组成是否合理。

3. 配制样品

配方号：_____　　配制人：_____　　配制日期：_____

（1）空烧杯重：_____ g；室温：_____℃。

（2）称取各原料，称样量记录在表7-1"实际加入量"这一列。

（3）记录样品制备过程，注意如实记录温度、搅拌的速度和时间。

_____

_____

_____

_____

_____

（4）烧杯总重：_____ g；产品净重：_____ g。

（5）操作异常情况记录与分析：_____

_____

4. 检验样品质量

按照 GB/T 34857—2017《沐浴剂》测定样品的感官指标、理化指标，根据检验结果，填写表7-2透明沐浴露检验报告。

表7-2　透明沐浴露检验报告

配方号			检验人	
项目		指标要求	检验结果	单项检验结论
感官指标	外观	液体不分层，无明显悬浮物或沉淀		
	气味	无异味		
	香气	符合规定气味		
理化指标	pH 值（25℃）	4.0 ～ 10.0		
	耐热	（40±2）℃保持 24h，恢复至室温后无分层、无沉淀、无异味、不变色、不浑浊		
	耐寒	（－5±2）℃保持 24h，恢复至室温后无分层、无沉淀、不变色、不浑浊		
	黏度 /mPa·s			
检验结论				
样品使用效果				

五、评估产品原料成本

填写表7-3 1kg透明沐浴露原料成本评估表。

表7-3　1kg透明沐浴露原料成本评估表

商品名	用量 /%	原料用量 /kg	原料价格 /（元 /kg）	原料成本 / 元	供应商
AES	15.0				
K12A	3.0				
CAB	3.0				
6501	1.5				
ST-1213	0.5				
甘油	1.0				
甘草酸二钾	0.1				
NL-50	1.0				
DMDMH	0.3				
氯化钠	0.8				
香精	适量				
合计					

六、任务反思

1. 配方中ST-1213的作用是什么？可以替换成其他原料吗？
2. 简述透明沐浴露的生产工艺。

七、任务评价

1. 学生自我评价

学生填写表7-4透明沐浴露配制任务自我评价表。

表7-4　透明沐浴露配制任务自我评价表

工位号（组员姓名）：　　　　　　　　　　　　成绩：

序号	项目	操作及技能要求	配分	得分	备注
1	知识准备（15分）	能正确分析透明沐浴露的配方组成	5		
		能正确审核原料合规性	5		
		能正确写出原料的作用、性能	5		
2	样品制备（45分）	计划加入量计算正确。称量、取样动作规范，及时记录数据	5		
		正确使用搅拌器、电炉等实验设备。搭建实验装置要求：垂直、不摇晃、烧杯高度恰当	5		
		投料顺序正确，不散落原料	10		
		加热温度、搅拌速度设定正确，不将空气搅拌入样品	10		
		加入热敏性物质时，物料冷却至正确温度后再加料	5		
		产品质量不低于投料总量的95%	5		
		原始数据记录包括室温、烧杯皮重和总重、产品净重计算正确	5		

续表

序号	项目	操作及技能要求	配分	得分	备注
3	质量检验 （20分）	pH计使用正确	5		
		电热恒温鼓风干燥箱使用正确	5		
		产品感官指标、理化指标合格，使用效果符合预期	10		
4	工作素养 （20分）	有效数字位数保留正确或修约正确，保留小数点后2位，没有篡改（如伪造、凑数据等）测量数据	5		
		操作过程中及结束后台面保持整洁	5		
		仪器及时清洗干净并摆放整齐、及时切断电源。将药品归位并确保玻璃仪器完好	5		
		具备团队精神，与队友合作完成任务，90min内完成任务	5		

2. 教师评价

教师填写表7-5透明沐浴露配制任务教师评价表。

表7-5　透明沐浴露配制任务教师评价表

评价要素	项目	分值	得分	备注
实验室安全 （10分）	着装符合要求	5		
	遵守实验室守则	5		
任务准备 （20分）	熟悉原料	10		
	熟悉配方架构	10		
工作过程 （40分）	正确使用仪器设备	15		
	操作过程合理规范	15		
	操作熟练	5		
	无不安全、不文明操作	5		
记录填写 （10分）	准确性	5		
	规范性	5		
现场整理 （5分）	原料瓶、仪器等清洁、放回原位	2.5		
	桌面、水池清洁	2.5		
小组合作 （5分）	分工明确	2.5		
	配合默契	2.5		
任务反思 （10分）	准确性	5		
	清晰度	5		

配制氨基酸洁面乳

一、任务描述

配制一款氨基酸洁面乳样品，要求其在具备清洁功能的同时，为面部皮肤带来滋润、保湿与爽滑的良好体验。

二、能力目标

1. 掌握氨基酸洁面乳的制备工艺和制备关键点，能制备氨基酸洁面乳。
2. 能对氨基酸洁面乳样品进行质量检验。
3. 能对氨基酸洁面乳产品进行原料成本评估。

三、设备与工具

确认电炉、搅拌器、均质器、天平、电热恒温鼓风干燥箱、冰箱、pH计、离心机能正常使用。

四、任务实施

1. 认识原料

现需要制备300g氨基酸洁面乳样品，请在表8-1氨基酸洁面乳配方信息表中填写"法规用量限制""原料外观和特性""计划加入量"这三列信息。

表8-1 氨基酸洁面乳配方信息表

组相	商品名	用量/%	法规用量限制	原料外观和特性	计划加入量/g	实际加入量/g
A	水	加至100				
	YIFN SLG-12S	20.0				
	YIFN WAX-21	5.0				
	YIFN BN-100	15.0				
	甘油	10.0				
	APG2000	5.0				
	AES	0.5				
	A165	1.0				
	DM 638	0.5				
	PCA-Na	2.0				
	甘草酸二钾	0.1				
B	DMDMH	0.3				
	香精	0.1				

称样人：　　　　　　　　　　复核人：　　　　　　　　　　时间：

2. 分析配方结构

评价该产品配方组成是否合理。

3. 制备样品

配方号：_____ 配制人：_____ 配制日期：_____

（1）空烧杯重：_____ g；室温：_____ ℃。

（2）称取各原料，将称样量记录在表8-1"实际加入量"这一列。

（3）记录样品制备过程，注意如实记录温度、搅拌的速度和时间。

_____

_____

_____

_____

_____

_____

（4）烧杯总重：_____ g；产品净重：_____ g。

（5）操作异常情况记录与分析：_____

_____

4. 检验样品质量

按照GB/T 29680—2013《洗面奶、洗面膏》测定样品感官指标、理化指标，填写表8-2氨基酸洁面乳检验报告。

表8-2　氨基酸洁面乳检验报告

配方号			检验人	
项目		指标要求	检验结果	单项检验结论
感官指标	外观	膏体细腻，均匀一致		
	香气	符合规定香型		
理化指标	pH 值（25℃）	4.0 ~ 11.0		
	耐热	（40±1）℃保持24h，恢复至室温后应无油水分离现象		
	耐寒	（-8±2）℃保持24h，恢复至室温后与试验前无明显性状差异		
检验结论				
样品使用效果				

五、评估产品原料成本

填写表8-3 1kg氨基酸洁面乳产品原料成本评估表。

表8-3　1kg氨基酸洁面乳产品原料成本评估表

商品名	用量 /%	原料用量 /kg	原料价格 /（元 /kg）	原料成本 / 元	供应商
YIFN SLG-12S	20.0				
YIFN WAX-21	5.0				
YIFN BN-100	15.0				
甘油	10.0				
APG2000	5.0				
K12	0.5				
A165	1.0				
DM 638	0.5				
PCA-Na	2.0				
甘草酸二钾	0.1				
DMDMH	0.3				
香精	0.1				
合计					

六、任务反思

1. 在产品制备过程中会产生大量泡沫，其主要原因是什么？应如何消泡？
2. 你认为氨基酸洁面乳制备工艺的重点是什么？

七、任务评价

1. 学生自我评价

学生填写表8-4氨基酸洁面乳配制任务自我评价表。

表8-4　氨基酸洁面乳配制任务自我评价表

工位号（组员姓名）：　　　　　　　　　　　　　　　　　　　　　成绩：

序号	项目	操作及技能要求	配分	得分	备注
1	知识准备（15分）	能正确分析洁面乳产品的配方组成	5		
		能正确审核原料合规性	5		
		能正确写出原料的作用、性能	5		
2	样品制备（45分）	计划加入量计算正确。称量、取样动作规范，及时记录数据	5		
		正确使用搅拌器、电炉等实验设备。搭建实验装置要求：垂直、不摇晃、烧杯高度恰当	5		
		投料顺序正确，不散落原料（A相先加粉，再加水）	10		
		加热温度、搅拌速度设定正确（蜂蜡乳化温度要在85℃以上）	10		
		加入热敏性物质时，物料冷却至正确温度后再加料	5		

序号	项目	操作及技能要求	配分	得分	备注
2	样品制备（45分）	产品质量不低于投料总量的95%	5		
		原始数据记录包括室温、烧杯皮重和总重、产品净重计算正确	5		
3	质量检验（20分）	pH计使用正确	5		
		电热恒温鼓风干燥箱使用正确	5		
		产品感官指标、理化指标合格，使用效果符合预期	10		
4	工作素养（20分）	有效数字位数保留正确或修约正确，保留小数点后2位，没有篡改（如伪造、凑数据等）测量数据	5		
		操作过程中及结束后台面保持整洁	5		
		仪器及时清洗干净并摆放整齐、及时切断电源。将药品归位并确保玻璃仪器完好	5		
		具备团队精神，与队友合作完成任务，90min内完成任务	5		

2. 教师评价

教师填写表8-5氨基酸洁面乳配制任务教师评价表。

表8-5　氨基酸洁面乳配制任务教师评价表

评价要素	项目	分值	得分	备注
实验室安全（10分）	着装符合要求	5		
	遵守实验室守则	5		
任务准备（20分）	熟悉原料	10		
	熟悉配方架构	10		
工作过程（40分）	正确使用仪器设备	15		
	操作过程合理规范	15		
	操作熟练	5		
	无不安全、不文明操作	5		
记录填写（10分）	准确性	5		
	规范性	5		
现场整理（5分）	原料瓶、仪器等清洁、放回原位	2.5		
	桌面、水池清洁	2.5		
小组合作（5分）	分工明确	2.5		
	配合默契	2.5		
任务反思（10分）	准确性	5		
	清晰度	5		

配制皂基洁面乳

一、任务描述

完成一款高泡温和皂基洁面乳样品配制任务。

二、能力目标

1. 掌握皂基洁面乳的制备工艺和制备关键点，能制备皂基洁面乳。
2. 能对皂基洁面乳样品进行质量检验。
3. 能对皂基洁面乳产品进行原料成本评估。

三、设备与工具

确认恒温水浴锅/电炉、搅拌器、均质器、天平、电热恒温鼓风干燥箱、冰箱、pH计能正常使用。

四、任务实施

1. 认识原料

现需要制备300g皂基洁面乳小样，请在表9-1皂基洁面乳配方信息表中填写"法规用量限制""原料外观和特性""计划加入量"这三列信息。

表9-1　皂基洁面乳配方信息表

组相	商品名	用量/%	法规用量限制	原料外观和特性	计划加入量/g	实际加入量/g
A	水	加至100				
	EDTA-2Na	0.1				
	AES	2.0				
	KOH	5.68				
	甘油	15.0				
B	12酸	4.0				
	14酸	5.0				
	16酸	4.0				
	硬脂酸	16.0				
	EGDS-45	2.0				
	甲酯	0.3				
	丙酯	0.1				

续表

组相	商品名	用量/%	法规用量限制	原料外观和特性	计划加入量/g	实际加入量/g
C	HPMC-10T	0.3				
	甘油	2.0				
D	6501	1.6				
	MG-60	2.0				
	香精	0.1				

称样人：　　　　　　　　　　复核人：　　　　　　　　　　时间：

2. 分析配方结构

评价该产品配方组成是否合理。

3. 配制样品

配方号：_____　　　配制人：_____　　　配制日期：_____

（1）空烧杯重：_____ g；室温：_____ ℃。

（2）称取各原料，将称样量记录在表9-1"实际加入量"这一列。

（3）记录样品制备过程，注意如实记录温度、搅拌的速度和时间。

_____

_____

_____

_____

_____

_____

_____

（4）烧杯总重：_____ g；产品净重：_____ g。

（5）操作异常情况记录与分析：_____

_____

4. 检验样品质量

按照GB/T 29680—2013《洗面奶、洗面膏》测定样品的感官指标、理化指标，根据检验结果，填写表9-2皂基洁面乳检验报告。

表9-2　皂基洁面乳检验报告

配方号			检验人	
项目		指标要求	检验结果	单项检验结论
感官指标	外观	膏体细腻，均匀一致		
	香气	符合规定香型		

项目		指标要求	检验结果	单项检验结论
理化指标	pH 值（25℃）	4.0～11.0		
	耐热	（40±1）℃保持 24h，恢复至室温后应无油水分离现象		
	耐寒	（－8±2）℃保持 24h，恢复至室温后与试验前无明显性状差异		
检验结论				
样品使用效果				

五、评估产品原料成本

填写表9-3 1kg皂基洁面乳原料成本评估表。

表9-3　1kg皂基洁面乳原料成本评估表

商品名	用量 /%	原料用量 /kg	原料价格 /（元 /kg）	原料成本 / 元	供应商
EDTA-2Na	0.1				
AES	2.0				
KOH	5.68				
甘油	15.0				
12 酸	4.0				
14 酸	5.0				
16 酸	4.0				
硬脂酸	16.0				
EGDS-45	2.0				
甲酯	0.3				
丙酯	0.1				
HPMC-10T	0.3				
甘油	2.0				
6501	1.6				
MG-60	2.0				
香精	0.1				
合计					

六、任务反思

1. 样品制备过程中，如何防止产品溢出？

2. 样品制备过程中，如果出现结膏现象，应该如何处理？

七、任务评价

1. 学生自我评价

学生填写表9-4皂基洁面乳配制任务自我评价表。

表9-4 皂基洁面乳配制任务自我评价表

工位号（组员姓名）：   成绩：

序号	项目	操作及技能要求	配分	得分	备注
1	知识准备 （15分）	能正确分析皂基洁面乳的配方组成	5		
		能正确审核原料合规性	5		
		能正确写出原料的作用、性能	5		
2	样品制备 （45分）	计划加入量计算正确。称量、取样动作规范，及时记录数据	5		
		正确使用搅拌器、电炉等实验设备。搭建实验装置要求：垂直、不摇晃、烧杯高度恰当	5		
		投料顺序正确，不散落原料	5		
		搅拌速度设定正确（有漩涡，又不搅入空气）	5		
		加入热敏性物质时，物料冷却至正确温度后再加料	5		
		皂化温度85℃以上	5		
		皂化时间30min以上	5		
		产品质量不低于投料总量的95%	5		
		原始数据记录包括室温、烧杯皮重和总重、产品净重计算正确	5		
3	质量检验 （20分）	pH计使用正确	5		
		电热恒温鼓风干燥箱使用正确	5		
		产品感官指标、理化指标合格，使用效果符合预期	10		
4	工作素养 （20分）	有效数字位数保留正确或修约正确，保留小数点后2位，没有篡改（如伪造、凑数据等）测量数据	5		
		操作过程中及结束后台面保持整洁	5		
		仪器及时清洗干净并摆放整齐、及时切断电源；将药品归位并确保玻璃仪器完好	5		
		具备团队精神，与队友合作完成任务，90min内完成任务	5		

2. 教师评价

教师填写表9-5皂基洁面乳配制任务教师评价表。

表9-5　皂基洁面乳配制任务教师评价表

评价要素	项目	分值	得分	备注
实验室安全 （10分）	着装符合要求	5		
	遵守实验室守则	5		
任务准备 （20分）	熟悉原料	10		
	熟悉配方架构	10		
工作过程 （40分）	正确使用仪器设备	15		
	操作过程合理规范	15		
	操作熟练	5		
	无不安全、不文明操作	5		
记录填写 （10分）	准确性	5		
	规范性	5		
现场整理 （5分）	原料瓶、仪器等清洁、放回原位	2.5		
	桌面、水池清洁	2.5		
小组合作 （5分）	分工明确	2.5		
	配合默契	2.5		
任务反思 （10分）	准确性	5		
	清晰度	5		

任务十
配制泥膏型面膜

一、任务描述

完成一款清洁控油型泥膏型面膜的样品配制任务。

二、能力目标

1. 掌握泥膏型面膜的制备工艺和制备关键点，能制备泥膏型面膜。
2. 能对泥膏型面膜样品进行质量检验。
3. 能对泥膏型面膜产品进行原料成本评估。

三、设备与工具

确认电炉、搅拌器、均质器、天平、电热恒温鼓风干燥箱、冰箱、pH计能正常使用。

四、任务实施

1. 认识原料

现需要制备300g泥膏型面膜样品，请先在表10-1泥膏型面膜配方信息表中填写"法规用量限制""原料外观和特性""计划加入量"这三列信息。

表10-1 泥膏型面膜配方信息表

组相	商品名	用量/%	法规用量限制	原料外观和特性	计划加入量/g	实际加入量/g
A	去离子水	加至100				
	1,3-丁二醇	5.00				
	甘油	5.00				
	戊二醇	1.5				
	己二醇	0.5				
	对羟基苯乙酮	0.5				
	KELTROL CG-T	0.20				
	PURITY 21C PURE	2				
	海藻糖	1.00				
	膨润土	3				

续表

组相	商品名	用量/%	法规用量限制	原料外观和特性	计划加入量/g	实际加入量/g
A	高岭土	15.00				
	火山泥	1.00				
	EDTA-2Na	0.05				
B	Montanov 68	1.00				
	吐温 -60	2.00				
	ARLACEL 165	1.00				
	16/18 醇	3.00				
	GTCC	6.00				
C	香精	0.1				

称样人： 复核人： 时间：

2. 分析配方结构

评价该产品配方组成是否合理。

3. 配制样品

配方号：_____ 配制人：_____ 配制日期：_____

（1）空烧杯重：_____ g；室温：_____ ℃。

（2）称取各原料，将称样量记录在表10-1"实际加入量"这一列。

（3）记录样品制备过程，注意如实记录温度、搅拌和均质的速度和时间。

_____

_____

_____

_____

_____

_____

_____

（4）烧杯总重：_____ g；产品净重：_____ g。

（5）操作异常情况记录与分析：_____

_____

4. 检验样品质量

按照QB/T 2872—2017《面膜》测定样品的感官指标、理化指标，填写表10-2泥膏型面膜检验报告。

表 10-2　泥膏型面膜检验报告

配方号				检验人	
项目			指标要求	检验结果	单项检验结论
感官指标		外观	膏体细腻，均匀一致		
		色泽	符合规定色泽		
		香气	符合规定香型		
理化指标		pH 值（25℃）	4.0 ～ 8.5		
		耐热	（40±1）℃保持 24h，恢复至室温后与实验前无明显差异		
		耐寒	（－8±2）℃保持 24h，恢复至室温后与实验前无明显差异		
检验结论					
样品使用效果					

五、评估产品原料成本

填写表 10-3 1kg 泥膏型面膜原料成本评估表。

表 10-3　1kg 泥膏型面膜原料成本评估表

商品名	用量 /%	原料用量 /kg	原料价格 /（元 /kg）	原料成本 / 元	供应商
1,3- 丁二醇	5.00				
甘油	5.00				
戊二醇	1.5				
己二醇	0.5				
对羟基苯乙酮	0.5				
KELTROL CG-T	0.20				
PURITY 21C PURE	2				
海藻糖	1.00				
膨润土	3				
高岭土	15.00				
火山泥	1.00				
EDTA-2Na	0.05				

续表

商品名	用量/%	原料用量/kg	原料价格/（元/kg）	原料成本/元	供应商
Montanov 68	1.00				
吐温-60	2.00				
ARLACEL 165	1.00				
16/18 醇	3.00				
GTCC	6.00				
香精	0.1				
合计					

六、任务反思

1. 泥膏型面膜变干、变硬的原因有哪些？

2. 某同学制备出来的泥膏型面膜有大量的水析出，你认为原因是什么？

七、任务评价

1. 学生自我评价

学生填写表 10-4 泥膏型面膜配制任务自我评价表。

表 10-4　泥膏型面膜配制任务自我评价表

工位号（组员姓名）：　　　　　　　　　　　　　　　　　　　　成绩：

序号	项目	操作及技能要求	配分	得分	备注
1	知识准备（15分）	能正确分析泥膏型面膜的配方组成	5		
		能正确审核原料合规性	5		
		能正确写出原料的作用、性能	5		
2	样品制备（50分）	计划加入量计算正确。称量、取样动作规范，及时记录数据	5		
		正确使用搅拌器、电炉等实验设备。搭建实验装置要求：垂直、不摇晃、烧杯高度恰当	5		
		投料顺序正确，不散落原料	5		
		增稠剂、防腐剂预处理方法正确	5		
		粉体原料分批加入，每批加入后均质5min	10		
		加热80℃，保温时间15min以上	5		
		加入热敏性物质时，物料冷却至正确温度后再加料	5		
		产品质量不低于投料总量的95%	5		
		原始数据记录包括室温、烧杯皮重和总重、产品净重计算正确	5		

续表

序号	项目	操作及技能要求	配分	得分	备注
3	质量检验（15分）	pH计使用正确	5		
		电热恒温鼓风干燥箱使用正确	5		
		产品感官指标、理化指标合格，使用效果符合预期	5		
4	工作素养（20分）	有效数字位数保留正确或修约正确，保留小数点后2位，没有篡改（如伪造、凑数据等）测量数据	5		
		操作过程中及结束后台面保持整洁	5		
		仪器及时清洗干净并摆放整齐、及时切断电源；将药品归位并确保玻璃仪器完好	5		
		具备团队精神，与队友合作完成任务，90min内完成任务	5		

2. 教师评价

教师填写表10-5泥膏型面膜配制任务教师评价表。

表10-5　泥膏型面膜配制任务教师评价表

评价要素	项目	分值	得分	备注
实验室安全（10分）	着装符合要求	5		
	遵守实验室守则	5		
任务准备（20分）	熟悉原料	10		
	熟悉配方架构	10		
工作过程（40分）	正确使用仪器设备	15		
	操作过程合理规范	15		
	操作熟练	5		
	无不安全、不文明操作	5		
记录填写（10分）	准确性	5		
	规范性	5		
现场整理（5分）	原料瓶、仪器等清洁、放回原位	2.5		
	桌面、水池清洁	2.5		
小组合作（5分）	分工明确	2.5		
	配合默契	2.5		
任务反思（10分）	准确性	5		
	清晰度	5		

课堂
笔记

任务十一
配制珠光洗发水

一、任务描述

配制一款珠光洗发水，外观高雅华丽，泡沫丰富细腻，能深层滋养头发，带来滑爽、柔软与飘逸的秀发体验。

二、能力目标

1. 掌握珠光洗发水的制备工艺和制备关键点，能制备珠光洗发水。
2. 能对珠光洗发水样品进行质量检验。
3. 能对珠光洗发水产品进行原料成本评价。

三、设备与工具

确认电炉、搅拌器、天平、电热恒温鼓风干燥箱、冰箱、pH计、罗氏泡沫仪、黏度计能正常使用。

四、任务实施

1. 认识原料

现需要制备300g珠光洗发水样品，请先在表11-1珠光洗发水配方信息表中填写"法规用量限制""原料外观和特性""计划加入量"这三列信息。

表11-1 珠光洗发水配方信息表

组相	商品名	用量/%	法规用量限制	原料外观和特性	计划加入量/g	实际加入量/g
A	水	加至100				
	AES-70	15.0				
	AESA-70	4.0				
	CT35	1.0				
B	尿囊素	0.3				
	EGDS	3.0				
	BT85	0.3				
	DBQ	0.3				
	卡波姆 U20	0.4				
C	精氨酸	0.1				
	CMEA	1.0				

组相	商品名	用量/%	法规用量限制	原料外观和特性	计划加入量/g	实际加入量/g
D	AS-L	0.1				
	乳化硅油 3609	2.0				
	OCT（去屑剂）	0.3				
	ST-1213	0.5				
	M550	3.0				
	甘草酸二钾	0.1				
E	CAB	4.0				
F	盐	0.5				
	去离子水	5.0				
G	C200 防腐剂	0.1				
	香精	0.5				

称样人：　　　　　　　　　　复核人：　　　　　　　　　　时间：

2. 分析配方结构

评价该产品配方组成是否合理。

3. 配制样品

配方号：_____　　配制人：_____　　配制日期：_____

（1）空烧杯重：_____ g；室温：_____ ℃。

（2）称取各原料，称样量记录在表11-1"实际加入量"这一列。

（3）记录样品制备过程，注意如实记录温度、搅拌的速度和时间。

_____

_____

_____

_____

_____

_____

（4）烧杯总重：_____ g；产品净重：_____ g。

（5）操作异常情况记录与分析：_____

_____

4. 检验样品质量

按照 GB/T 29679—2013《洗发液、洗发膏》测定样品的感官指标、理化指标，填写表11-2珠光洗发水检验报告。

表 11-2　珠光洗发水检验报告

		配方号		检验人	
		项目	指标要求	检验结果	单项检验结论
感官指标		外观	膏体细腻，均匀一致		
		色泽	符合规定色泽		
		香气	符合规定香型		
理化指标		pH 值（25℃）	4.0～9.0		
		泡沫 /mm	≥ 50		
		耐热	（40±1）℃保持 24h，恢复至室温后无分层现象		
		耐寒	（－8±2）℃保持 24h，恢复至室温后无分层现象		
		黏度 /mPa·s			
	检验结论				
	样品使用效果				

五、评估产品原料成本

填写表 11-3 1kg 珠光洗发水原料成本评估表。

表 11-3　1kg 珠光洗发水原料成本评估表

商品名	用量/%	原料用量/kg	原料价格/（元/kg）	原料成本/元	供应商
AES-70	15.0				
AESA-70	4.0				
CT35	1.0				
尿囊素	0.3				
EGDS	3.0				
BT85	0.3				
DBQ	0.3				
卡波姆 U20	0.4				
精氨酸	0.1				
CMEA	1.0				
AS-L	0.1				
乳化硅油 3609	2.0				
OCT	0.3				
ST-1213	0.5				

续表

商品名	用量/%	原料用量/kg	原料价格/（元/kg）	原料成本/元	供应商
M550	3.0				
甘草酸二钾	0.1				
CAB	4.0				
盐	0.5				
C200 防腐剂	0.1				
香精	0.5				
合计					

六、任务反思

1. 珠光洗发水的珠光效果是怎么产生的？

2. AESA-70可以用什么原料替代？

七、任务评价

1. 学生自我评价

学生填写表11-4珠光洗发水配制任务自我评价表。

表11-4　珠光洗发水配制任务自我评价表

工位号（组员姓名）：　　　　　　　　　　　　　　　　　　　　　成绩：

序号	项目	操作及技能要求	配分	得分	备注
1	知识准备（15分）	能正确分析珠光洗发水的配方组成	5		
		能正确审核原料合规性	5		
		能正确写出原料的作用和性能	5		
2	样品制备（45分）	计划加入量计算正确。称量、取样动作规范，及时记录数据	5		
		正确使用搅拌器、电炉等实验设备。搭建实验装置要求：垂直、不摇晃、烧杯高度恰当	5		
		投料顺序正确，不散落原料	5		
		加热温度、搅拌速度设定正确，不将空气搅拌入样品	5		
		保温时间15min以上	10		
		加入热敏性物质时，物料冷却至正确温度后再加料	5		
		产品质量不低于投料总量的95%	5		
		原始数据记录包括室温、烧杯皮重和总重，产品净重计算正确	5		
3	质量检验（20分）	pH计使用正确	5		
		黏度计使用正确	5		
		罗氏泡沫仪使用正确	5		
		产品感官指标、理化指标合格，使用效果符合预期	5		

序号	项目	操作及技能要求	配分	得分	备注
4	工作素养（20分）	有效数字位数保留正确或修约正确，保留小数点后2位，没有篡改（如伪造、凑数据等）测量数据	5		
		操作过程中及结束后台面保持整洁	5		
		仪器及时清洗干净并摆放整齐、及时切断电源；将药品归位并确保玻璃仪器完好	5		
		具备团队精神，与队友合作完成任务，90min内完成任务	5		

2. 教师评价

教师填写表11-5珠光洗发水配制任务教师评价表。

表11-5　珠光洗发水配制任务教师评价表

评价要素	项目	分值	得分	备注
实验室安全（10分）	着装符合要求	5		
	遵守实验室守则	5		
任务准备（20分）	熟悉原料	10		
	熟悉配方架构	10		
工作过程（40分）	正确使用仪器设备	15		
	操作过程合理规范	15		
	操作熟练	5		
	无不安全、不文明操作	5		
记录填写（10分）	准确性	5		
	规范性	5		
现场整理（5分）	原料瓶、仪器等清洁、放回原位	2.5		
	桌面、水池清洁	2.5		
小组合作（5分）	分工明确	2.5		
	配合默契	2.5		
任务反思（10分）	准确性	5		
	清晰度	5		

课堂
笔记

任务十二

配制透明洗发水

一、任务描述

配制一款透明洗发水，旨在滋养头发，有效改善发质，赋予其滋润、滑爽、柔软与飘逸的触感，同时有助于调整干湿梳理性。

二、能力目标

1. 掌握透明洗发水的制备工艺和制备关键点，能制备透明洗发水。
2. 能对透明洗发水样品进行质量检验。
3. 能对透明洗发水产品进行原料成本评估。

三、设备与工具

确认电炉、搅拌器、天平、电热恒温鼓风干燥箱、冰箱、pH计、罗氏泡沫仪、黏度计能正常使用。

四、任务实施

1. 认识原料

现需要制备300g透明洗发水样品，请在表12-1透明洗发水配方信息表中填写"法规用量限制""原料外观和特性""计划加入量"这三列信息。

表12-1　透明洗发水配方信息表

组相	商品名	用量/%	法规用量限制	原料外观和特性	计划加入量/g	实际加入量/g
A	水	加至100				
	AES	16.0				
	K12A	6.0				
	CT35	2.0				
	EDTA-2Na	0.1				
B	PQ-L3000	0.2				
	去离子水	2.0				
C	尿囊素	0.3				
	BAPDA	0.3				

续表

组相	商品名	用量/%	法规用量限制	原料外观和特性	计划加入量/g	实际加入量/g
D	JS-85S	1.0				
	ST-1213	0.2				
	WQPP	0.5				
	AS-L	0.1				
	甘草酸二钾	0.2				
E	6501	1.0				
	CAB	3.0				
F	盐	0.5				
	去离子水	2.0				
G	C200 防腐剂	0.1				
	香精	0.8				
H	柠檬酸	0.08				

称样人：　　　　　　　　　复核人：　　　　　　　　　时间：

2. 分析配方结构

评价该产品配方组成是否合理。

3. 配制样品

配方号：_____　　配制人：_____　　配制日期：_____

（1）空烧杯重：_____ g；室温：_____ ℃。

（2）称取各原料，将称样量记录在表 12-1 "实际加入量" 这一列。

（3）记录样品制备过程，注意如实记录温度、搅拌的速度和时间。

_____

_____

_____

_____

_____

（4）烧杯总重：_____ g；产品净重：_____ g。

（5）操作异常情况记录与分析：_____

_____

4. 检验样品质量

按照 GB/T 29679—2013《洗发液、洗发膏》测定样品的感官指标、理化指标，填写表 12-2 透明洗发水检验报告。

表 12-2 透明洗发水检验报告

			检验人	
配方号			检验人	
	项目	指标要求	检验结果	单项检验结论
感官指标	外观	膏体细腻，均匀一致		
	色泽	符合规定色泽		
	香气	符合规定香型		
理化指标	pH 值（25℃）	4.0 ～ 9.0		
	泡沫 /mm	≥ 50		
	耐热	（40±1）℃保持 24h，恢复至室温后无分层现象		
	耐寒	（－8±2）℃保持 24h，恢复至室温后无分层现象		
	黏度 /mPa·s			
检验结论				
样品使用效果				

五、评估产品原料成本

填写表 12-3 1kg 透明洗发水原料成本评估表。

表 12-3 1kg 透明洗发水原料成本评估表

商品名	用量 /%	原料用量 /kg	原料价格 /（元 /kg）	原料成本 /元	供应商
AES	16.0				
K12A	6.0				
CT35	2.0				
EDTA-2Na	0.1				
PQ-L3000	0.2				
尿囊素	0.3				
BAPDA	0.3				
JS-85S	1.0				
ST-1213	0.2				
WQPP	0.5				
AS-L	0.1				
甘草酸二钾	0.2				
6501	1.0				
CAB	3.0				

商品名	用量/%	原料用量/kg	原料价格/（元/kg）	原料成本/元	供应商
盐	0.5				
C200 防腐剂	0.1				
香精	0.8				
柠檬酸	0.08				
合计					

六、任务反思

1. 为了保证产品的透明度，透明洗发水的配方设计要遵循什么原则？
2. 如何判断洗发水应该用常温混合法还是加热混合法？

七、任务评价

1. 学生自我评价

学生填写表12-4透明洗发水配制任务自我评价表。

表12-4 透明洗发水配制任务自我评价表

工位号（组员姓名）： 　　　　　　　　　　　　　成绩：

序号	项目	操作及技能要求	配分	得分	备注
1	知识准备（15分）	能正确分析透明洗发水的配方组成	5		
		能正确审核原料合规性	5		
		能正确写出原料的作用和性能	5		
2	样品制备（45分）	计划加入量计算正确。称量、取样动作规范，及时记录数据	5		
		正确使用搅拌器、电炉等实验设备。搭建实验装置要求：垂直、不摇晃、烧杯高度恰当	5		
		投料顺序正确，不散落原料	10		
		加热温度、搅拌速度设定正确，不将空气搅拌入样品	10		
		加入热敏性物质时，物料冷却至正确温度后再加料	5		
		产品质量不低于投料总量的95%	5		
		原始数据记录包括室温、烧杯皮重和总重、产品净重计算正确	5		
3	质量检验（20分）	pH计使用正确	5		
		黏度计使用正确	5		
		罗氏泡沫仪使用正确	5		
		产品感官指标、理化指标合格，使用效果符合预期	5		

序号	项目	操作及技能要求	配分	得分	备注
4	工作素养 （20分）	有效数字位数保留正确或修约正确，保留小数点后2位，没有篡改（如伪造、凑数据等）测量数据	5		
		操作过程中及结束后台面保持整洁	5		
		仪器及时清洗干净并摆放整齐、及时切断电源；将药品归位并确保玻璃仪器完好	5		
		具备团队精神，与队友合作完成任务，90min内完成任务	5		

2. 教师评价

教师填写表12-5透明洗发水配制任务教师评价表。

表12-5　透明洗发水配制任务教师评价表

评价要素	项目	分值	得分	备注
实验室安全 （10分）	着装符合要求	5		
	遵守实验室守则	5		
任务准备 （20分）	熟悉原料	10		
	熟悉配方架构	10		
工作过程 （40分）	正确使用仪器设备	15		
	操作过程合理规范	15		
	操作熟练	5		
	无不安全、不文明操作	5		
记录填写 （10分）	准确性	5		
	规范性	5		
现场整理 （5分）	原料瓶、仪器等清洁、放回原位	2.5		
	桌面、水池清洁	2.5		
小组合作 （5分）	分工明确	2.5		
	配合默契	2.5		
实验反思 （10分）	准确性	5		
	清晰度	5		

课堂
笔记

任务十三
配制护发素

一、任务描述

完成一款漂洗型护发素的样品制备任务。

二、能力目标

1. 掌握漂洗型护发素的制备工艺和制备关键点，能制备漂洗型护发素。
2. 能对漂洗型护发素样品进行质量检验。
3. 能对漂洗型护发素产品进行原料成本评估。

三、设备与工具

确认电炉、搅拌器、均质器、天平、电热恒温鼓风干燥箱、冰箱、pH计能正常使用。

四、任务实施

1. 认识原料

现需要制备300g漂洗型护发素样品，请在表13-1漂洗型护发素配方信息表中填写"法规用量限制""原料外观和特性""计划加入量"这三列信息。

表13-1　漂洗型护发素配方信息表

组相	商品名	用量 /%	法规用量限制	原料外观和特性	计划加入量 /g	实际加入量 /g
A	去离子水	加至 100				
	16/18 醇	7.0				
	BAPDA	2.0				
	1831	3.5				
	尿囊素	0.3				
B	HHR-250	1.25				
	去离子水	12.5				
C	QF-862	2.0				
D	C200 防腐剂	0.10				
	香精	0.8				
E	乳酸	0.65				

2. 分析配方结构

评价该产品配方组成是否合理。

3. 配制样品

配方号：＿＿＿＿＿＿　　　配制人：＿＿＿＿＿＿　　　配制日期：＿＿＿＿＿＿

（1）空烧杯重：＿＿＿＿＿＿ g；室温：＿＿＿＿＿＿ ℃。

（2）称取各原料，将称样量记录在表13-1"实际加入量"这一列。

（3）记录样品制备过程，注意如实记录温度、搅拌和均质的速度和时间。

_____

_____

_____

_____

_____

_____

_____

_____

（4）烧杯总重：＿＿＿＿＿＿ g；产品净重：＿＿＿＿＿＿ g。

（5）操作异常情况记录与分析：＿＿＿＿＿＿＿＿＿＿＿＿＿＿＿＿＿＿

_____

4. 检验样品质量

按照QB/T 1975—2013《护发素》测定样品的感官指标、理化指标，填写表13-2。

表13-2　漂洗型护发素检验报告

配方号			检验人	
项目		指标要求	检验结果	单项检验结论
感观指标	外观	均匀，无异物（添加不溶性颗粒或不溶性粉末的产品除外）		
	色泽	符合规定色泽		
	香气	符合规定香型		
理化指标	耐热	（40±1）℃保持24h，恢复至室温后无分层现象		
	耐寒	（−8±2）℃保持24h，恢复至室温后无分层现象		
	pH 值（25℃）	3.0～7.0（不在此范围内的按企业标准行）		
	总固体 /%	≥4.0		
	黏度 /mPa·s			
检验结论				
样品使用效果				

五、评估产品原料成本

填写表13-3　1kg漂洗型护发素原料成本评估表。

表13-3　1kg漂洗型护发素原料成本评估表

商品名	用量 /%	原料用量 /kg	原料价格 /（元 /kg）	原料成本 / 元	供应商
16/18 醇	7.0				
BAPDA	2.0				
1831	3.5				
尿囊素	0.3				
HHR-250	1.25				
QF-862	2.0				
C200 防腐剂	0.10				
香精	0.8				
乳酸	0.65				
合计					

六、任务反思

1. 产品中是否有需要预处理的原料？是怎么处理的？
2. 对比润肤膏霜，漂洗型护发素在配方组成和制备工艺上有什么异同？

七、任务评价

1. 学生自我评价

学生填写表13-4漂洗型护发素配制任务自我评价表。

表13-4　漂洗型护发素配制任务自我评价表

工位号（组员姓名）：　　　　　　　　　　　　　　　　成绩：

序号	项目	操作及技能要求	配分	得分	备注
1	知识准备（15 分）	能正确分析护发素产品的配方组成	5		
		能正确审核原料合规性	5		
		能正确写出原料的作用、各原料的性能	5		
2	样品制备（45 分）	计划加入量计算正确。称量、取样动作规范，及时记录数据	5		
		正确使用搅拌器、电炉等实验设备。搭建实验装置要求：垂直、不摇晃、烧杯高度恰当	5		
		投料顺序正确，不散落原料	5		
		加热温度，搅拌、均质速度设定正确	5		
		加入热敏性物质时，物料冷却至正确温度后再加料	5		

续表

序号	项目	操作及技能要求	配分	得分	备注
2	样品制备 （45分）	调理剂和高分子增稠剂加入方式正确	10		
		产品质量不低于投料总量的95%	5		
		原始数据记录包括室温、烧杯皮重和总重、产品净重计算正确	5		
3	质量检验 （20分）	pH计使用正确	5		
		电热恒温鼓风干燥箱使用正确	5		
		总固体物的计算正确	5		
		产品感官指标、理化指标合格，使用效果符合预期	5		
4	工作素养 （20分）	有效数字位数保留正确或修约正确，保留小数点后2位，没有篡改（如伪造、凑数据等）测量数据	5		
		操作过程中及结束后台面保持整洁	5		
		仪器及时清洗干净并摆放整齐、及时切断电源；将药品归位并确保玻璃仪器完好	5		
		具备团队精神，与队友合作完成任务，90min内完成任务	5		

2. 教师评价

教师填写表13-5漂洗型护发素配制任务教师评价表。

表13-5　漂洗型护发素配制任务教师评价表

评价要素	项目	分值	得分	备注
实验室安全 （10分）	着装符合要求	5		
	遵守实验室守则	5		
任务准备 （20分）	熟悉原料	10		
	熟悉配方架构	10		
工作过程 （40分）	正确使用仪器设备	15		
	操作过程合理规范	15		
	操作熟练	5		
	无不安全、不文明操作	5		
记录填写 （10分）	准确性	5		
	规范性	5		
现场整理 （5分）	原料瓶、仪器等清洁、放回原位	2.5		
	桌面、水池清洁	2.5		
小组合作 （5分）	分工明确	2.5		
	配合默契	2.5		
实验反思 （10分）	准确性	5		
	清晰度	5		

任务十四
配制发油

一、任务描述

完成一款发油样品的配制任务，该发油旨在使头发易于梳理，同时提供滋润效果并赋予良好光泽度。

二、能力目标

1. 掌握发油的制备工艺和制备关键点，能制备发油样品。
2. 能对发油样品进行质量检验。
3. 能对发油产品进行原料成本评估。

三、设备与工具

确认搅拌器、天平、冰箱、密度计能正常使用。

四、任务实施

1. 认识原料

现需要制备300g发油产品的小样，请在表14-1传统护发发油配方信息表中填写"法规用量限制""原料外观和特性""计划加入量"这三列信息。

表14-1　传统护发发油配方信息表

组相	原料名称	用量 /%	法规用量限制	原料外观和特性	计划加入量 /g	实际加入量 /g
A	异构十二烷	加至 100				
	环五聚二甲基硅氧烷、聚二甲基硅氧烷醇	28.00				
	苯基聚三甲基硅氧烷	2.00				
	聚二甲基硅氧烷醇、聚二甲基硅氧烷	30.00				
B	0.1% 油溶紫	0.03				
C	生育酚（维生素 E）	0.50				
D	香精	0.50				

称样人：　　　　　　　　　　复核人：　　　　　　　　　　时间：

2. 分析配方结构

评价该产品配方组成是否合理。

3. 配制样品

配方号：_____　　配制人：_____　　配制日期：_____

（1）空烧杯重：_____ g；室温：_____℃。

（2）按计划称取各原料，并及时将称样量记录在表14-1"实际加入量"这一列。

（3）记录样品制备过程，注意如实记录温度、搅拌的速度和时间。

_____

_____

_____

_____

_____

_____

_____

（4）烧杯总重：_____ g；产品净重：_____ g。

（5）操作异常情况记录与分析：_____

_____

4. 检验样品质量

按照QB/T 1862—2011《发油》的质量标准，对发油样品进行检验，填写表14-2。

表14-2　传统护发发油质量检验报告

配方号			检验人	
项目		指标要求	检验结果	单项检验结论
感官指标	清晰度	室温下清晰，无明显杂质和黑头		
	色泽	符合规定色泽		
	香气	符合规定香型		
理化指标	相对密度（20℃）	0.810～0.980		
	耐寒	－10℃～－8℃保持24h，恢复至室温后与试验前无明显差别		
检验结论				
样品使用效果				

五、评估产品原料成本

填写表14-3　1kg传统护发发油原料成本评估表。

表14-3　1kg传统护发发油原料成本评估表

商品名	用量/%	原料用量/kg	原料价格/（元/kg）	原料成本/元	供应商
异构十二烷	加至100				
QF-1606	28.00				
QF-656	2.00				
DC-1403	30.00				
0.1%油溶紫	0.03				
VE	0.50				
香精	0.50				
合计					

六、任务反思

1. 发油的检测项目包含哪些内容？需要检测微生物吗？

2. 配方中异构十二烷可以用什么原料替代？

七、任务评价

1. 学生自我评价

学生填写表14-4传统护发发油配制任务自我评价表。

表14-4　传统护发发油配制任务自我评价表

工位号（组员姓名）：　　　　　　　　　　　　　　　　　成绩：

序号	项目	操作及技能要求	配分	得分	备注
1	知识准备（15分）	能正确分析传统护发发油的配方组成	5		
		能判断原料合规性，能判断原料中的风险物质	5		
		能正确写出各原料的性能和作用	5		
2	样品制备（45分）	计划加入量计算正确。称量、取样动作规范，及时记录数据	10		
		正确使用搅拌器、电炉等实验设备。搭建实验装置要求：垂直、不摇晃、烧杯高度恰当	10		
		制备前，确认烧杯等工具干燥	5		
		投料顺序正确，不散落原料	5		
		每一步搅拌分散完全后再加入下一步物料	5		
		原始数据记录包括室温、烧杯皮重和总重、产品净重计算正确	10		
3	质量检验（20分）	密度瓶使用正确	10		
		产品感官指标、理化指标合格，使用效果符合预期	10		

续表

序号	项目	操作及技能要求	配分	得分	备注
4	工作素养（20分）	有效数字位数保留正确或修约正确，保留小数点后2位，没有篡改（如伪造、凑数据等）测量数据	5		
		操作过程中及结束后台面保持整洁	5		
		仪器及时清洗干净并摆放整齐、及时切断电源；将药品归位并确保玻璃仪器完好	5		
		具备团队精神，与队友合作完成任务，90min内完成任务	5		

2. 教师评价

教师填写表14-5传统护发发油配制任务教师评价表。

表14-5　传统护发发油配制任务教师评价表

评价要素	项目	分值	得分	备注
实验室安全（10分）	着装符合要求	5		
	遵守实验室守则	5		
任务准备（20分）	熟悉原料	10		
	熟悉配方架构	10		
工作过程（40分）	正确使用仪器设备	15		
	操作过程合理规范	15		
	操作熟练	5		
	无不安全、不文明操作	5		
记录填写（10分）	准确性	5		
	规范性	5		
现场整理（5分）	原料瓶、仪器等清洁、放回原位	2.5		
	桌面、水池清洁	2.5		
小组合作（5分）	分工明确	2.5		
	配合默契	2.5		
任务反思（10分）	准确性	5		
	清晰度	5		

配制粉底液

一、任务描述

完成一款遮瑕提亮粉底液的样品配制任务。

二、能力目标

1. 掌握粉底液的制备工艺和制备关键点，能配制粉底液。
2. 能对粉底液样品进行质量检验。
3. 能对粉底液产品进行原料成本评估。

三、设备与工具

确认电炉、搅拌器、均质器、三辊研磨机、天平、电热恒温鼓风干燥箱、冰箱、pH 计能正常使用。

四、任务实施

1. 认识原料

需要制备 300g 遮瑕提亮的粉底液样品，请在表 15-1 遮瑕提亮粉底液配方信息表中填写"法规用量限制""原料外观和特性""计划加入量"这三列信息。

表 15-1　遮瑕提亮粉底液配方信息表

组相	商品名	用量/%	法规用量限制	原料外观和特性	计划加入量/g	实际加入量/g
A	水	加至 100				
	丁二醇	5.0				
	黄原胶	0.1				
	羟苯甲酯	0.1				
	丙烯酸（酯）类共聚物（SF-1）	0.5				
B	硬脂醇聚醚 -21	1.5				
	硬脂醇聚醚 -2	1.5				
	季戊四醇四（乙基己酸）酯（PTIS）	4.0				
	棕榈酸乙基己酯（2-EHP）	5.0				
	鲸蜡硬脂醇	1.0				

续表

组相	商品名	用量/%	法规用量限制	原料外观和特性	计划加入量/g	实际加入量/g
B	聚二甲基硅氧烷	2.0				
	异十三醇异壬酸酯	5.0				
	云母（三乙氧基辛基硅烷处理）	4.0				
	一氮化硼（三乙氧基辛基硅烷处理）	2.0				
C	$C_{12} \sim C_{15}$ 醇苯甲酸酯	5.0				
	二氧化钛（CI 77891）（三乙氧基辛基硅烷处理）	12.0				
	氧化铁类（三乙氧基辛基硅烷处理）	适量				
	聚羟基硬脂酸	0.5				
D	三乙醇胺	适量				
E	苯氧乙醇，乙基己基甘油	适量				
	香精	适量				

称样人：　　　　　　　　　复核人：　　　　　　　　　时间：

2. 分析配方结构

评价该产品配方组成是否合理。

3. 配制样品

配方号：＿＿＿＿＿＿　　配制人：＿＿＿＿＿＿　　配制日期：＿＿＿＿＿＿

（1）空烧杯重：＿＿＿＿＿ g；室温：＿＿＿＿＿ ℃。

（2）按计划称取各原料，并及时将称样量记录在表16-1"实际加入量"这一列。

（3）记录样品制备过程，注意如实记录温度、搅拌和均质的速度和时间。

＿＿＿＿＿＿＿＿＿＿＿＿＿＿＿＿＿＿＿＿＿＿＿＿＿＿＿＿＿＿＿＿＿＿＿＿＿＿

＿＿＿＿＿＿＿＿＿＿＿＿＿＿＿＿＿＿＿＿＿＿＿＿＿＿＿＿＿＿＿＿＿＿＿＿＿＿

＿＿＿＿＿＿＿＿＿＿＿＿＿＿＿＿＿＿＿＿＿＿＿＿＿＿＿＿＿＿＿＿＿＿＿＿＿＿

＿＿＿＿＿＿＿＿＿＿＿＿＿＿＿＿＿＿＿＿＿＿＿＿＿＿＿＿＿＿＿＿＿＿＿＿＿＿

（4）烧杯总重：＿＿＿＿＿ g；产品净重：＿＿＿＿＿ g。

（5）操作异常情况记录与分析：＿＿＿＿＿＿＿＿＿＿＿＿＿＿＿＿＿＿＿＿＿＿＿＿

＿＿＿＿＿＿＿＿＿＿＿＿＿＿＿＿＿＿＿＿＿＿＿＿＿＿＿＿＿＿＿＿＿＿＿＿＿＿

4. 检验样品质量

按照 T/GDCA 002—2020《粉底液》测定样品感官指标、理化指标，填写表15-2遮瑕提亮粉底液检验报告。

表 15-2　遮瑕提亮粉底液检验报告

配方号				检验人	
项目		指标要求		检验结果	单项检验结论
		乳 / 液状			
感官指标	外观	均匀的乳 / 液体（使用前需摇匀的产品，摇匀后再进行观察）			
	色泽	符合规定色泽，颜色均匀一致（为美观而形成的花纹除外）			
	气味	符合规定气味，无异味			
理化指标	pH 值（25℃）	4.0～8.5（水包油型）			
	耐热	（45±1）℃保持 24h，恢复至室温后与试验前无明显差异、无出油、无分层、无颗粒析出（使用前需摇匀的产品，恢复室温后，摇匀再进行观察）			
	耐寒	－15（±1）℃保持 24h，恢复至室温后与试验前无明显差异、无出油、无分层、无颗粒析出（使用前需摇匀的产品，恢复室温后，摇匀再进行观察）			
	相对密度				
检验结论					
样品使用效果					

五、评估产品原料成本

填写表 15-3 1kg 遮瑕提亮粉底液原料成本评估表。

表 15-3　1kg 遮瑕提亮粉底液原料成本评估表

商品名	用量/%	原料用量/kg	原料价格/（元/kg）	原料成本/元	供应商
丁二醇	5.0				
黄原胶	0.1				
羟苯甲酯	0.1				
丙烯酸（酯）类共聚物（SF-1）	0.5				
硬脂醇聚醚 -21	1.5				
硬脂醇聚醚 -2	1.5				
季戊四醇四（乙基己酸）酯（PTIS）	4.0				
棕榈酸乙基己酯（2-EHP）	5.0				
鲸蜡硬脂醇	1.0				
聚二甲基硅氧烷	2.0				
异十三醇异壬酸酯	5.0				

续表

商品名	用量/%	原料用量/kg	原料价格/（元/kg）	原料成本/元	供应商
云母（三乙氧基辛基硅烷处理）	4.0				
一氮化硼（三乙氧基辛基硅烷处理）	2.0				
$C_{12} \sim C_{15}$ 醇苯甲酸酯	5.0				
二氧化钛（CI 77891）（三乙氧基辛基硅烷处理）	12.0				
氧化铁类（三乙氧基辛基硅烷处理）	适量				
聚羟基硬脂酸	0.5				
三乙醇胺	适量				
苯氧乙醇，乙基己基甘油	适量				
香精	适量				
合计					

六、任务反思

1. 遮瑕提亮效果主要是哪种原料产生的？
2. 实验过程中如何防止色粉的沉降？

七、任务评价

1. 学生自我评价

学生填写表15-4修护遮瑕提亮粉底液配制任务自我评价表。

表15-4 遮瑕提亮粉底液配制任务自我评价表

工位号（组员姓名）：   成绩：

序号	项目	操作及技能要求	配分	得分	备注
1	知识准备（15分）	能正确分析遮瑕提亮粉底液的配方组成	5		
		能正确审核原料合规性	5		
		能正确写出原料的作用及性能	5		
2	样品制备（45分）	计划加入量计算正确。称量、取样动作规范，及时记录数据	5		
		正确使用搅拌器、电炉等实验设备。搭建实验装置要求：垂直、不摇晃、烧杯高度恰当	5		
		投料顺序正确，不散落原料	5		

序号	项目	操作及技能要求	配分	得分	备注
2	样品制备 （45分）	加热温度、搅拌速度设定正确，不将空气搅拌入样品	5		
		正确使用三辊研磨机、均质器	10		
		加入热敏性物质时，物料冷却至正确温度后再加料	5		
		产品质量不低于投料总量的95%	5		
		原始数据记录包括室温、烧杯皮重和总重、产品净重计算正确	5		
3	质量检验 （20分）	pH计使用正确	5		
		恒温培养箱使用正确	5		
		密度瓶使用正确	5		
		产品感官指标和理化指标合格，使用效果符合预期	5		
4	工作素养 （20分）	有效数字位数保留正确或修约正确，保留小数点后2位，没有篡改（如伪造、凑数据等）测量数据	5		
		操作过程中及结束后台面保持整洁	5		
		仪器及时清洗干净并摆放整齐、及时切断电源，将药品归位并确保玻璃仪器完好	5		
		具有团队精神，与队友合作完成任务，90min内完成任务	5		

2. 教师评价

教师填写表15-5遮瑕提亮粉底液配制任务教师评价表。

表15-5　遮瑕提亮粉底液配制任务教师评价表

评价要素	项目	分值	得分	备注
实验室安全 （10分）	着装符合要求	5		
	遵守实验室守则	5		
任务准备 （20分）	熟悉原料	10		
	熟悉配方架构	10		
工作过程 （40分）	正确使用仪器设备	15		
	操作过程合理规范	15		
	操作熟练	5		
	无不安全、不文明操作	5		
记录填写 （10分）	准确性	5		
	规范性	5		
现场整理 （5分）	原料瓶、仪器等清洁、放回原位	2.5		
	桌面、水池清洁	2.5		
小组合作 （5分）	分工明确	2.5		
	配合默契	2.5		
任务反思 （10分）	准确性	5		
	清晰度	5		

课堂
笔记

任务十六
配制腮红

一、任务描述

完成一款腮红样品的配制任务，该腮红膏体细腻，具备良好的遮盖效果与帖服性，同时持妆效果佳，适合全年四季使用。

二、能力目标

1. 掌握腮红的制备工艺和制备关键点，能制备腮红样品。
2. 能对腮红样品进行质量检验。
3. 能评估腮红产品的原料成本。

三、设备与工具

确认电炉、搅拌器、天平、打粉机、压粉机、pH计能正常使用。

四、任务实施

1. 认识原料

现需要制备15g O/W腮红的小样，请在表16-1 O/W腮红配方信息表中填写"法规用量限制""原料外观和特性""计划加入量"这三列信息。

表16-1 腮红配方信息表

组相	原料名称	用量 /%	法规用量限制	原料外观和特性	计划加入量 /g	实际加入量 /g
A	滑石粉	加至100				
	硅处理氧化锌	10.0				
	硬脂酸锌	5.0				
	碳酸镁	6.0				
	高岭土	10.0				
B	凡士林	2.0				
	液体石蜡	2.0				
	硅油	1.0				
	无水羊毛脂	1.0				
C	二氧化钛	3.0				
	Red 6钡色淀	2.5				
D	苯氧乙醇	适量				
E	香精	适量				

称样人：　　　　　　　　复核人：　　　　　　　　时间：

2. 分析配方结构

评价该产品配方组成是否合理。

3. 配制样品

配方号：_____　　配制人：_____　　配制日期：_____

（1）空烧杯重：_____g；室温：_____℃。

（2）称取各原料，将称样量记录在表16-1"实际加入量"这一列。

（3）记录样品制备过程吗，注意如实记录温度、压力。

_____

_____

_____

_____

_____

_____

（4）烧杯总重：_____g；产品净重：_____g。

（5）操作异常情况记录与分析：_____

_____

4. 检验样品质量

按照 QB/T 1976—2004《化妆粉块》测定样品的耐寒、耐热稳定性，根据检验结果，填写表16-2腮红样品检验报告。

表16-2　腮红样品检验报告

配方号			检验人	
项目		指标要求	检验结果	单项检验结论
感官指标	外观	颜料及粉质分布均匀，无明显斑点		
	香气	符合规定香型		
	块型	表面应完整，无缺角、裂缝等缺陷		
理化指标	pH 值（25℃）	6.0～9.0		
	涂擦性能	油块面积≤1/4 粉块面积		
	跌落试验	破损≤1		
	疏水性	粉质浮在水面保持 30min 不下沉		
检验结论				
样品使用效果				

五、评估产品原料成本

填写表16-3 1kg腮红产品原料成本评估表。

表 16-3　1kg 腮红产品原料成本评估表

商品名	用量 /%	原料用量 /kg	原料价格 /（元 /kg）	原料成本 / 元	供应商
滑石粉	加至 100				
硅处理氧化锌	10.0				
硬脂酸锌	5.0				
碳酸镁	6.0				
高岭土	10.0				
凡士林	2.0				
液体石蜡	2.0				
硅油	1.0				
无水羊毛脂	1.0				
二氧化钛	3.0				
Red 6 钡色淀	2.5				
苯氧乙醇	适量				
香精	适量				
合计					

六、任务反思

1. 硬脂酸锌可以用什么原料替代？

2. 压粉时有什么注意事项？

七、任务评价

1. 学生自我评价

学生填写表 16-4 腮红配制任务自我评价表。

表 16-4　腮红配制任务自我评价表

工位号（组员姓名）：　　　　　　　　　　　　　　成绩：

序号	项目	操作及技能要求	配分	得分	备注
1	知识准备（15 分）	能正确分析腮红的配方组成	5		
		能正确审核原料合规性	5		
		能正确写出原料的作用和性能	5		
2	样品制备（45 分）	计划加入量计算正确。称量、取样动作规范，及时记录数据	5		
		正确使用粉碎机实验设备	5		
		投料顺序正确，不散落原料	5		
		加热温度设定正确，油脂不冒烟、烧焦	5		
		油脂分批喷入粉体中	5		
		加入油脂、防腐剂和香精时搅拌均匀	5		

序号	项目	操作及技能要求	配分	得分	备注
2	样品制备 （45分）	压粉机使用正确，压力选择恰当	10		
		原始数据记录及时、真实	5		
3	质量检验 （20分）	pH计使用正确	5		
		涂擦性能、跌落试验操作正确	5		
		产品感官指标和理化指标合格，使用效果符合预期	10		
4	工作素养 （20分）	有效数字位数保留正确或修约正确，保留小数点后2位，没有篡改（如伪造、凑数据等）测量数据	5		
		操作过程中及结束后台面保持整洁	5		
		仪器及时清洗干净并摆放整齐、及时切断电源，将药品归位并确保玻璃仪器完好	5		
		具备团队精神，与队友合作完成任务，90min内完成任务	5		

2. 教师评价

教师填写表16-5腮红配制任务教师评价表。

表16-5　腮红配制任务教师评价表

评价要素	项目	分值	得分	备注
实验室安全 （10分）	着装符合要求	5		
	遵守实验室守则	5		
任务准备 （20分）	熟悉原料	10		
	熟悉配方架构	10		
工作过程 （40分）	正确使用仪器设备	15		
	操作过程合理规范	15		
	操作熟练	5		
	无不安全、不文明操作	5		
记录填写 （10分）	准确性	5		
	规范性	5		
现场整理 （5分）	原料瓶、仪器等清洁、放回原位	2.5		
	桌面、水池清洁	2.5		
小组合作 （5分）	分工明确	2.5		
	配合默契	2.5		
实验反思 （10分）	准确性	5		
	清晰度	5		

任务十七

配制口红

一、任务描述

完成一款丝绒口红样品的配制任务。

二、能力目标

1. 掌握唇膏的制备工艺和制备关键点，能制备唇膏。
2. 能对唇膏样品进行质量检验。
3. 能对唇膏产品进行原料成本评估。

三、设备与工具

确认三辊研磨机、温度计、电炉、搅拌器、天平、口红模具、电热恒温鼓风干燥箱、冰箱能正常使用。

四、任务实施

1. 认识原料

需要制备300g丝绒口红样品，请在表17-1口红配方信息表中填写"法规用量限制""原料外观和特性""计划加入量"这三列信息。

表17-1　丝绒口红配方信息表

组相	商品名	原料名称	用量/%	法规用量限制	原料外观和特性	计划加入量/g	实际加入量/g
A	COSMWAX 505	地蜡	17.50				
B	2-EHP	棕榈酸乙基己酯	7.00				
	ININ	异壬酸异壬酯	19.20				
	COSMOL™ 222	二异硬脂醇苹果酸酯	12.20				
	植物羊毛脂 S-649	双 - 二甘油多酰基己二酸酯 -2	7.00				
	PMX-200-5cSt	聚二甲基硅氧烷	10.50				
	维生素 E 醋酸酯	生育酚乙酸酯	0.20				
C	5000 目高岭土	高岭土	10.50				
	Sun-Silica SS90	硅粉 & 聚二甲基硅氧烷	3.50				

续表

组相	商品名	原料名称	用量/%	法规用量限制	原料外观和特性	计划加入量/g	实际加入量/g
C	DC9701	乙烯基聚二甲基硅氧烷交联聚合物 & 硅粉	1.30				
	绢云母 BAILI®BL-9013	云母	2.20				
D	C19-7711	RED 7 LAKE（CI 15850）	1.75				
	C33-128	CI 77491	2.70				
	CR-50AS 硅处理钛白粉	CI 77891& 三乙氧基辛基硅烷	0.87				
	黄色 5 号	CI 19410	0.88				
	C33-8073	CI 77491	1.75				
	YPC33-112	CI 77499/CI 77492/CI 77491	0.35				
E	Euxyl PE 9010	苯氧乙醇、乙基己基甘油	0.60				

称样人：　　　　　　　　　复核人：　　　　　　　　　时间：

2. 分析配方结构

评价该产品配方组成是否合理。

3. 配制样品

配方号：_____　　配制人：_____　　配制日期：_____

（1）空烧杯重：_____ g；室温：_____ ℃。

（2）称取各原料，及时将称样量记录在表17-1"实际加入量"这一列。

（3）记录样品制备过程，注意如实记录温度、搅拌的速度和时间。

_____

_____

_____

_____

_____

_____

_____

（4）烧杯总重：_____ g；产品净重：_____ g。

（5）操作异常情况记录与分析：_____

_____

4. 检验样品质量

按照QB/T 1977—2004《唇膏》测定样品的质量，填写表17-2丝绒口红检验报告。

唇膏的制备工艺

表17-2 丝绒口红检验报告

配方号			检验人	
项目		指标要求	检验结果	单项结论
感官指标	外观	表面平滑无气孔		
	色泽	符合规定色泽		
	香气	符合规定香型		
	耐热	（45±1）℃保持24h，恢复至室温后无明显变化，能正常使用		
	耐寒	－10～－5℃保持24h，恢复至室温后能正常使用		
	折断力/N			
检验结论				
样品使用效果				

五、评估产品原料成本

填写表17-3 1kg丝绒口红原料成本评估表。

表17-3 1kg丝绒口红原料成本评估表

商品名	用量/%	原料用量/kg	原料价格/（元/kg）	原料成本/元	供应商
COSMWAX 505	17.50				
2-EHP	7.00				
ININ	19.20				
COSMOL™ 222	12.20				
植物羊毛脂 S-649	7.00				
PMX-200-5cSt	10.50				
维生素 E 醋酸酯	0.20				
5000 目高岭土	10.50				
Sun-Silica SS90	3.50				
DC9701	1.30				
绢云母 BAILI®BL-9013	2.20				
C19-7711	1.75				
C33-128	2.70				
CR-50AS 硅处理钛白粉	0.87				

续表

商品名	用量/%	原料用量/kg	原料价格/（元/kg）	原料成本/元	供应商
黄色 5 号	0.88				
C33-8073	1.75				
YPC33-112	0.35				
Euxyl PE 9010	0.60				
合计					

六、任务反思

1. 如果想要得到一定硬度和一定韧性的口红，需要注意什么？
2. 你认为口红制备工艺的重点是什么？

七、任务评价

1. 学生自我评价

学生填写表 17-4 丝绒口红配制任务自我评价表。

表 17-4 丝绒口红配制任务自我评价表

工位号（组员姓名）：　　　　　　　　　　　　　　　　成绩：

序号	项目	操作及技能要求	配分	得分	备注
1	知识准备 （15 分）	能正确分析丝绒口红的配方组成	5		
		能正确审核原料合规性	5		
		能正确写出原料的作用和性能	5		
2	样品制备 （45 分）	计划加入量计算正确。称量、取样动作规范，及时记录数据	5		
		正确使用三辊研磨机、粉碎机、电炉等实验设备	5		
		投料顺序正确，不散落原料	5		
		加热温度设定正确	5		
		研磨色浆均匀细腻	10		
		加入热敏性物质时，物料冷却至正确温度后再加料	5		
		产品质量不低于投料总量的95%	5		
		原始数据记录包括室温、烧杯皮重和总重、产品净重计算正确	5		
3	质量检验 （20 分）	规范评判外观、色泽、香气	5		
		电热恒温鼓风干燥箱使用正确	5		
		产品感官指标和理化指标合格，使用效果符合预期	10		

序号	项目	操作及技能要求	配分	得分	备注
4	工作素养 （20分）	有效数字位数保留正确或修约正确，保留小数后2位，没有篡改（如伪造、凑数据等）测量数据	5		
		操作过程中及结束后台面保持整洁	5		
		仪器及时清洗干净并摆放整齐、及时切断电源；将药品归位并确保玻璃仪器完好	5		
		具备团队精神，与队友合作完成任务，90min内完成任务。	5		

2. 教师评价

教师填写表17-5丝绒口红配制任务教师评价表。

表17-5　丝绒口红配制任务教师评价表

评价要素	项目	分值	得分	备注
实验室安全 （10分）	着装符合要求	5		
	遵守实验室守则	5		
任务准备 （20分）	熟悉原料	10		
	熟悉配方架构	10		
工作过程 （40分）	正确使用仪器设备	15		
	操作过程合理规范	15		
	操作熟练	5		
	无不安全、不文明操作	5		
记录填写 （10分）	准确性	5		
	规范性	5		
现场整理 （5分）	原料瓶、仪器等清洁、放回原位	2.5		
	桌面、水池清洁	2.5		
小组合作 （5分）	分工明确	2.5		
	配合默契	2.5		
任务反思 （10分）	准确性	5		
	清晰度	5		

任务十八

配制唇釉

一、任务描述

完成一款不沾杯唇釉样品的配制任务。

二、能力目标

1. 掌握唇釉的制备工艺和制备关键点，能制备唇釉。

2. 能对唇釉样品进行质量检验。

3. 能对唇釉产品进行原料成本评估。

三、设备与工具

确认三辊研磨机、不锈钢打粉机、温度计、电炉、搅拌器、天平、电热恒温鼓风干燥箱、冰箱能正常使用。

四、任务实施

1. 认识原料

现需要制备300g不粘杯唇釉样品，请在表18-1不沾杯唇釉配方信息表中填写"法规用量限制""原料外观和特性""计划加入量"这三列信息。

表18-1　不沾杯唇釉配方信息表

组相	商品名	原料名称	用量/%	法规用量限制	原料外观和特性	计划加入量/g	实际加入量/g
A	异构十二烷	异十二烷	37.613				
	G1701	氢化（苯乙烯/异戊二烯）共聚物	3.174				
	白蜂蜡	蜂蜡	5.290				
	DC 749	环五聚二甲基硅氧烷 & 三甲基硅烷氧基硅酸酯	17.406				
B	C19-7711	Red 7 Lake（CI 15850）	6.348				
	C39-4433	Blue 1 Lake（CI 42090）	0.053				
	C19-6619	Red 6（CI 15850）	0.317				
	CR-50AS 硅处理钛白粉	CI 77891& 三乙氧基辛基硅烷	0.529				

续表

组相	商品名	原料名称	用量/%	法规用量限制	原料外观和特性	计划加入量/g	实际加入量/g
C	HPIB-6	氢化聚异丁烯	5.290				
	绢云母 BAILI®BL-8063AS	云母 & 三乙氧基辛基硅烷	5.290				
	BAILI®BL-9023AS	合成云母 & 三乙氧基辛基硅烷	5.290				
	DC9701	乙烯基聚二甲基硅氧烷交联聚合物 & 硅粉	2.116				
	Sun-Silica SS90	硅粉 & 聚二甲基硅氧烷	10.581				
D	Euxyl PE 9010	苯氧乙醇、乙基己基甘油	0.600				
E	维生素 E 乙酸酯	生育酚乙酸酯	0.100				

称样人：　　　　　　　　　复核人：　　　　　　　　时间：

2. 分析配方结构

评价该产品配方组成是否合理。

3. 配制样品

配方号：_____　　配制人：_____　　配制日期：_____

（1）空烧杯重：_____ g；室温：_____ ℃。

（2）称取各原料，将称样量记录在表18-1"实际加入量"这一列。

（3）记录样品制备过程，注意如实记录温度、搅拌的速度和时间。

_____

_____

_____

_____

_____

_____

_____

（4）烧杯总重：_____ g；产品净重：_____ g。

（5）操作异常情况记录与分析：_____

4. 检验样品质量

按照 GB/T 27576—2011《唇彩、唇油》测定样品的感官指标、理化指标，填写表18-2不沾杯唇釉检验报告。

不沾杯唇釉的制备工艺

表18-2　不沾杯唇釉检验报告

配方号				检验人	
项目		指标要求		检验结果	单项结论
感官指标	外观	细腻均一的黏稠液体（灌装成特定花纹的产品除外）			
	色泽	符合规定色泽，颜色均匀一致			
	香气	符合规定香气，无油脂气味			
	耐热	（45±1）℃，24h，恢复至室温后，无浮油、无分层，性状与原样保持一致			
	耐寒	－10～－5℃，24h，恢复至室温后性状与原样保持一致			
检验结论					
样品使用效果					

五、评估产品原料成本

填写表18-3不沾杯唇釉原料成本评估表。

表18-3　1kg不沾杯唇釉原料成本评估表

商品名	用量/%	原料用量/kg	原料价格/（元/kg）	原料成本/元	供应商
异构十二烷	37.613				
G1701	3.174				
白蜂蜡	5.290				
DC 749	17.406				
C19-7711	6.348				
C39-4433	0.053				
C19-6619	0.317				
CR-50AS 硅处理钛白粉	0.529				
HPIB-6	5.290				
绢云母 BAILI®BL-8063AS	5.290				
BAILI®BL-9023AS	5.290				
DC9701	2.116				
Sun-Silica SS90	10.581				
Euxyl PE 9010	0.600				
维生素 E 乙酸酯	0.100				
合计					

六、任务反思

1. 唇釉需要做微生物检验吗？

2. 唇釉配方要求有较高的上色度，着色剂添加量较多，而高含量的着色剂、珠光剂会导致配方不稳定，你的解决办法是什么？

七、任务评价

1. 学生自我评价

学生填写表18-4不沾杯唇釉配制任务自我评价表。

表18-4 不沾杯唇釉配制任务自我评价表

工位号（组员姓名）： 成绩：

序号	项目	操作及技能要求	配分	得分	备注
1	知识准备（15分）	能正确分析唇釉的配方组成	5		
		能正确审核原料合规性	5		
		能正确写出原料的作用和性能	5		
2	样品制备（45分）	计划加入量计算正确。称量、取样动作规范、及时记录数据	5		
		正确使用搅拌器、电炉等实验设备。搭建实验装置要求：垂直、不摇晃、烧杯高度恰当	5		
		投料顺序正确，不散落原料	5		
		加热温度、搅拌速度设定正确	5		
		研磨色浆均匀细腻	10		
		加入热敏性物质时，物料冷却至正确温度后再加料	5		
		产品质量不低于投料总量的95%	5		
		原始数据记录包括室温、烧杯皮重和总重，产品净重计算正确	5		
3	质量检验（20分）	规范地评判外观、色泽、香气	5		
		电热恒温鼓风干燥箱使用正确	5		
		产品感官指标和理化指标合格，使用效果符合预期	10		
4	工作素养（20分）	有效数字位数保留正确或修约正确，保留小数点后2位，没有篡改（如伪造、凑数据等）测量数据	5		
		操作过程中及结束后台面保持整洁	5		
		仪器及时清洗干净并摆放整齐、及时切断电源，药品归位并确保玻璃仪器完好	5		
		具备团队精神，与队友合作完成任务，90min内完成任务	5		

2. 教师评估

教师填写表18-5不沾杯唇釉配制任务评价表。

表18-5　不沾杯唇釉配制任务教师评价表

评价要素	项目	分值	评价记录
实验室安全（10分）	着装符合要求	5	
	遵守实验室守则	5	
任务准备（20分）	熟悉原料	10	
	熟悉配方架构	10	
工作过程（40分）	正确使用仪器设备	15	
	操作过程合理规范	15	
	操作熟练	5	
	无不安全、不文明操作	5	
记录填写（10分）	准确性	5	
	规范性	5	
现场整理（5分）	原料瓶、仪器等清洁、放回原位	2.5	
	桌面、水池清洁	2.5	
小组合作（5分）	分工明确	2.5	
	配合默契	2.5	
任务反思（10分）	准确性	5	
	清晰度	5	

课堂
笔记

任务十九
配制乳化型睫毛膏

一、任务描述

完成一款乳化型睫毛膏样品的配制任务，该睫毛膏应易于涂抹，无黏结感，且具备快干的特性。

二、能力目标

1. 掌握乳化型睫毛膏的制备工艺和制备关键点，能制备乳化型睫毛膏。
2. 能对制备的乳化型睫毛膏样品进行质量检验。
3. 能对乳化型睫毛膏产品进行原料成本评估。

三、设备与工具

确认三辊研磨机、电炉、搅拌器、均质器、天平、电热恒温鼓风干燥箱、冰箱能正常使用。

四、任务实施

1. 认识原料

要制备300g乳化型睫毛膏样品，请在表19-1乳化型睫毛膏配方信息表中填写"法规用量限制""原料外观和特性""计划加入量"这三列信息。

表19-1 乳化型睫毛膏配方信息表

组相	商品名	原料名	用量/%	法规用量限制	原料外观和特性	计划加入量/g	实际加入量/g
A	去离子水	水	41.60				
	Natrosol™ 250 HHR	羟乙基纤维素	0.50				
	1,3-丁二醇	丁二醇	4.60				
	三乙醇胺	三乙醇胺	1.10				
B	氧化铁黑	CI 77499	20.00				
C	A165	甘油硬脂酸酯，PEG-100硬脂酸酯	3.00				
	Eumulgin® S21	鲸蜡硬脂醇醚-21	3.00				
	Eumulgin® S2	鲸蜡硬脂醇醚-2	3.00				
	EDENOR ST05M MY	硬脂酸	2.00				
	白蜂蜡	蜂蜡	5.00				

续表

组相	商品名	原料名	用量/%	法规用量限制	原料外观和特性	计划加入量/g	实际加入量/g
C	巴西棕榈蜡 T3	巴西棕榈蜡	5.00				
	DC 749	环五聚二甲基硅氧烷 & 三甲基硅烷氧基硅酸酯	2.00				
	DC 200/100sct	聚二甲基硅氧烷	0.50				
D	聚氨酯 -35	聚氨酯 -35	8.00				
E	Euxyl PE 9010	苯氧乙醇、乙基己基甘油	0.60				
	维生素 E 乙酸酯	生育酚乙酸酯	0.10				

称样人：　　　　　　　　复核人：　　　　　　　　时间：

2. 分析配方结构

评价该产品配方组成是否合理。

3. 配制样品

配方号：_____　　配制人：_____　　配制日期：_____

（1）空烧杯重：_____ g；室温：_____ ℃。

（2）称取各原料，将称样量记录在表19-1"实际加入量"这一列。

（3）记录样品制备过程，注意如实记录温度、搅拌和均质的速度和时间。

_____

_____

_____

_____

_____

_____

_____

_____

（4）烧杯总重：_____ g；产品净重：_____ g。

（5）操作异常情况记录与分析：_____

_____

4. 检验样品质量

按照 GB/T 27574—2011《睫毛膏》检验样品的感官指标、理化指标，填写表 19-2 乳化型睫毛膏检验报告。

文档扫一扫

乳化型睫毛膏的
制备工艺

表 19-2　乳化型睫毛膏检验报告

配方号			检验人	
项目		指标要求	检验结果	单项检验结论
感观指标	外观	均匀细腻的膏体		
	色泽	符合规定色泽，颜色均匀一致		
	气味	无异味		
	外观	均匀细腻的膏体		
性能指标	牢固度	无脱落		
	防水性能（防水型）	无明显印痕		
理化指标	耐热	（40±1）℃保持24h，恢复至室温后能正常使用		
	耐寒	－10～－5℃保持24h，恢复至室温后能正常使用		
	pH 值			
检验结论				
样品使用效果				

五、评估产品原料成本

填写表 19-3 1kg 乳化型睫毛膏原料成本评估表。

表 19-3　1kg 乳化型睫毛膏原料成本评估表

商品名	用量 /%	原料用量 /kg	原料价格 /（元 /kg）	原料成本 /元	供应商
Natrosol ™ 250 HHR	0.50				
1,3- 丁二醇	4.60				
三乙醇胺	1.10				
氧化铁黑	20.00				
A165	3.00				
Eumulgin® S21	3.00				
Eumulgin® S2	3.00				
EDENOR ST05M MY	2.00				
白蜂蜡	5.00				
巴西棕榈蜡 T3	5.00				

商品名	用量/%	原料用量/kg	原料价格/（元/kg）	原料成本/元	供应商
DC 749	2.00				
DC 200/100sct	0.50				
聚氨酯-35	8.00				
Euxyl PE 9010	0.60				
维生素 E 乙酸酯	0.10				
合计					

六、任务反思

1. 制备的睫毛膏产品颗粒感强，膏体粗糙，可能原因有哪些？

2. 制备 O/W 型睫毛膏样品，水相原料和油相原料的加入顺序是怎样的？

七、任务评价

1. 学生评价

学生填写表19-4乳化型睫毛膏配制任务自我评价表。

表19-4 乳化型睫毛膏配制任务自我评价表

工位号（组员姓名）：　　　　　　　　　　　　　　　　成绩：

序号	项目	操作及技能要求	配分	得分	备注
1	知识准备（15分）	能正确分析唇釉的配方组成	5		
		能正确审核原料合规性	5		
		能正确写出原料的作用和性能	5		
2	样品制备（45分）	计划加入量计算正确。称量、取样动作规范、及时记录数据	5		
		正确使用搅拌器、电炉等实验设备。搭建实验装置要求：垂直、不摇晃、烧杯高度恰当	5		
		投料顺序正确，不散落原料	5		
		加热温度、搅拌速度设定正确	5		
		研磨色浆均匀细腻	10		
		加入热敏性物质时，物料冷却至正确温度后再加料	5		
		产品质量不低于投料总量的95%	5		
		原始数据记录包括室温、烧杯皮重和总重，产品净重计算正确	5		

序号	项目	操作及技能要求	配分	得分	备注
3	质量检验 （20分）	有无规范地评判外观、色泽、香气	5		
		电热恒温鼓风干燥箱使用正确	5		
		产品感官指标和理化指标合格，使用效果符合预期	10		
4	工作素养 （20分）	有效数字位数保留正确或修约正确，保留小数点后2位，没有篡改（如伪造、凑数据等）测量数据	5		
		操作过程中及结束后台面保持整洁	5		
		仪器及时清洗干净并摆放整齐、及时切断电源，将药品归位并确保玻璃仪器完好	5		
		具备团队精神，与队友合作完成任务，90min内完成任务	5		

2. 教师评价

教师填写表19-5乳化型睫毛膏配制任务教师评价表。

表19-5 乳化型睫毛膏配制任务教师评价表

评价要素	项目	分值	得分	备注
实验室安全 （10分）	着装符合要求	5		
	遵守实验室守则	5		
任务准备 （20分）	熟悉原料	10		
	熟悉配方架构	10		
工作过程 （40分）	正确使用仪器设备	15		
	操作过程合理规范	15		
	操作熟练	5		
	无不安全、不文明操作	5		
记录填写 （10分）	准确性	5		
	规范性	5		
现场整理 （5分）	原料瓶、仪器等清洁、放回原位	2.5		
	桌面、水池清洁	2.5		
小组合作 （5分）	分工明确	2.5		
	配合默契	2.5		
实验总结与反思 （10分）	准确性	5		
	清晰度	5		

课堂
笔记

任务二十
配制驱蚊花露水

一、任务描述

完成一款驱蚊花露水的样品配制任务。

二、能力目标

1. 掌握驱蚊花露水的制备工艺和制备关键点，能配制驱蚊花露水。
2. 能对驱蚊花露水样品进行质量检验，树立实事求是、一丝不苟的工作作风。
3. 能对驱蚊花露水产品进行原料成本评估，树立安全生产、清洁生产、经济生产的意识。

三、设备与工具

确认天平、电热恒温鼓风干燥箱、冰箱、气相色谱仪能正常使用。

四、任务实施

1. 认识原料

现需要制备50mL驱蚊花露水的小样，请先在表20-1驱蚊花露水配方信息表中填写"法规用量限制""原料外观和特性""计划加入量"这三列信息。

表20-1　驱蚊花露水配方信息表

组相	原料名称	用量/%	法规用量限制	原料外观和特性	计划加入量/g	实际加入量/g
A	脱醛乙醇	60				
	冰片	0.5				
	薄荷脑	0.1				
	香茅油	0.5				
	吐温—80	0.05				
	香精	3				
	避蚊胺	3.85				
B	去离子水	25				
	色素	2				
	甘油	5				

称样人：　　　　　　　　　复核人：　　　　　　　　　时间：

2. 分析配方结构

评价该产品配方组成是否合理。

3. 配制样品

配方号：＿＿＿＿＿　　　配制人：＿＿＿＿＿　　　配制日期：＿＿＿＿＿

（1）空烧杯重：＿＿＿＿＿ g；室温：＿＿＿＿＿℃。

（2）称取各原料，将称样量记录在表20-1"实际加入量"这一列。

（3）记录样品制备过程，注意如实记录陈化的时间、温度和过滤速度。

_____

_____

_____

_____

_____

_____

（4）烧杯总重：＿＿＿＿＿ g；产品净重：＿＿＿＿＿ g。

（5）操作异常情况记录与分析：＿＿＿＿＿＿＿＿＿＿＿＿

_____

4. 检验样品质量

按照 QB/T 4147—2019《驱蚊花露水》检验样品质量，填写表20-2驱蚊花露水检验报告。

表20-2　驱蚊花露水检验报告

配方号			检验人	
项目		指标要求	检验结果	单项检验结论
感官指标	外观	均匀、清澈，不浑浊，不应有明显杂质。		
	香气	与明示香型相符合		
理化指标	pH 值（25℃）	4.0～8.5		
	色泽稳定性	按企业标准要求测试后色泽应无明显变化		
	低温稳定性	按企业标准要求测试后应澄清，不应有絮状沉淀、浑浊现象		
	相对密度			
	热贮稳定性	有效成分含量的降解率≤15%		
检验结论				
样品使用效果				

五、评估产品原料成本

填写表20-3 1kg驱蚊花露水原料成本评估表。

表20-3　1kg驱蚊花露水原料成本评估表

商品名	用量 /%	原料用量 /kg	原料价格 /（元 /kg）	原料成本 / 元	供应商
脱醛乙醇	60				
冰片	0.5				
薄荷脑	0.1				
香茅油	0.5				
吐温－80	0.05				
香精	3				
避蚊胺	3.85				
色素	2				
甘油	5				
合计					

六、任务反思

1. 请说出花露水制备过程中的陈化步骤，包括陈化的意义、时间长短的影响因素以及陈化后的产品特点。

2. 请说出花露水中驱蚊成分DEET的作用原理以及其在制备过程中的注意事项。

七、任务评价

1. 学生自我评价

学生填写表20-4驱蚊花露水配制任务自我评价表。

表20-4　驱蚊花露水配制任务自我评价表

工位号（组员姓名）：　　　　　　　　　　　　　　　　成绩：

序号	项目	操作及技能要求	配分	得分	备注
1	知识准备（15 分）	能正确分析驱蚊花露水的配方组成	5		
		能正确审核原料合规性	5		
		能正确写出原料的作用、性能	5		
2	样品制备（40 分）	计划加入量计算正确。称量、取样动作规范，及时记录数据	5		
		投料顺序正确，不散落原料	5		
		温度设定正确	5		
		陈化3h以上	10		
		陈化后进行冷冻处理，物料冷却至正确温度后再过滤	5		
		根据需要补足酒精，以达到产品的理想浓度	5		
		原始数据记录包括室温、烧杯皮重和总重、产品净重计算正确	5		

续表

序号	项目	操作及技能要求	配分	得分	备注
3	质量检验（25分）	气相色谱仪使用正确	10		
		pH计使用正确	5		
		密度瓶使用正确	5		
		产品感官指标和理化指标合格，使用效果符合预期	5		
4	工作素养（20分）	有效数字位数保留正确或修约正确，保留小数点后2位，没有篡改（如伪造、凑数据等）测量数据	5		
		操作过程中及结束后台面保持整洁	5		
		仪器及时清洗干净并摆放整齐、及时切断电源，将药品归位并确保玻璃仪器完好	5		
		具备团队精神，与队友合作完成任务，90min内完成任务	5		

2. 教师评价

教师填写表20-5驱蚊花露水配制任务教师评价表。

表20-5 驱蚊花露水配制任务教师评价表

评价要素	项目	分值	得分	备注
实验室安全（10分）	着装符合要求	5		
	遵守实验室守则	5		
任务准备（20分）	熟悉原料	10		
	熟悉配方架构	10		
工作过程（40分）	正确使用仪器设备	15		
	操作过程合理规范	15		
	操作熟练	5		
	无不安全、不文明操作	5		
记录填写（10分）	准确性	5		
	规范性	5		
现场整理（5分）	原料瓶、仪器等清洁、放回原位	2.5		
	桌面、水池清洁	2.5		
小组合作（5分）	分工明确	2.5		
	配合默契	2.5		
实验反思（10分）	准确性	5		
	清晰度	5		

配制漱口水

一、任务描述

完成一款温和漱口水的样品配制任务，该漱口水需具备抗菌及减轻牙龈炎的作用。

二、能力目标

1. 掌握漱口水的制备工艺和制备关键点，能配制漱口水。
2. 能对漱口水样品进行质量检验。
3. 能对漱口水产品进行原料成本评估。

三、设备与工具

确认电炉、搅拌器、天平、电热恒温鼓风干燥箱、冰箱、pH计能正常使用。

四、任务实施

1. 认识原料

现需要制备300g无醇漱口水样品，请先在表21-1无醇漱口水配方信息表中填写"法规用量限制""原料外观和特性""计划加入量"这三列信息。

表21-1　无醇漱口水配方信息表

组相	原料名称	用量/%	法规用量限制	原料外观和特性	计划加入量/g	实际加入量/g
A1	去离子水	加至100				
	糖精钠	0.05				
	西吡氯铵	0.05				
	磷酸二氢钠	0.03				
	磷酸氢二钠	0.05				
A2	泊洛沙姆407	1.5				
B	山梨（糖）醇	12				
	甘油	8				
C1	丙二醇	4				
C2	羟苯甲酯	0.3				

续表

组相	原料名称	用量/%	法规用量限制	原料外观和特性	计划加入量/g	实际加入量/g
C3	香精	0.2				
	N-乙基-对薄荷基-3-甲酰胺（WS-3）	0.03				
D	CI 42090	0.00005				

称样人：　　　　　　　　　复核人：　　　　　　　　　时间：

2. 分析配方结构

评价该产品配方组成是否合理。

3. 配制样品

配方号：_____　　　配制人：_____　　　配制日期：_____

（1）空烧杯重：_____ g；室温：_____ ℃。

（2）称取各原料，将称样量记录在表21-1"实际加入量"这一列。

（3）记录样品制备过程，注意如实记录温度、搅拌的速度和时间。

_____

_____

_____

_____

_____

（4）烧杯总重：_____ g；产品净重：_____ g。

（5）操作异常情况记录与分析：_____

_____

4. 检验样品质量

按照QB/T 2945—2012《口腔清洁护理液》检验样品质量，填写表21-2无醇漱口水检验报告。

表21-2　无醇漱口水检验报告

配方号				检验人	
项目		指标要求		检验结果	单项检验结论
感官指标	香型	符合标识香型			
	澄清度（5℃以上）	溶液澄清，无机械杂质			
理化指标	pH值（25℃）	3.0～10.5			
	耐热	无凝聚物或浑浊			
	耐寒	不冻结、色泽稳定			
检验结论					
样品使用效果					

五、评估产品原料成本

填写表21-3 1kg无醇漱口水原料成本评估表。

表21-3　1kg无醇漱口水原料成本评估表

商品名	用量 /%	原料用量 /kg	原料价格 / (元 /kg)	原料成本 / 元	供应商
糖精钠	0.05				
西吡氯铵	0.05				
磷酸二氢钠	0.03				
磷酸氢二钠	0.05				
泊洛沙姆 407	1.5				
山梨（糖）醇	12				
甘油	8				
丙二醇	4				
羟苯甲酯	0.3				
香精	0.2				
N-乙基-对薄荷基-3-甲酰胺（WS-3）	0.03				
CI 42090	0.00005				
合计					

六、任务反思

泊洛沙姆407可以用什么原料替代？

七、任务评价

1. 学生自我评价

学生填写表21-4无醇漱口水配制任务自我评价表。

表21-4　无醇漱口水配制任务自我评价表

工位号（组员姓名）：　　　　　　　　　　　　　　　　　成绩：

序号	项目	操作及技能要求	配分	得分	备注
1	知识准备（15分）	能正确分析无醇漱口水的配方组成	5		
		能正确审核原料合规性	5		
		能正确写出原料的作用、性能	5		
2	样品制备（45分）	计划加入量计算正确。称量、取样动作规范，及时记录数据	5		
		正确使用搅拌器、电炉等实验设备。搭建实验装置要求：垂直、不摇晃、烧杯高度恰当	5		
		投料顺序正确，不散落原料	5		
		加热温度、搅拌速度设定正确	5		

续表

序号	项目	操作及技能要求	配分	得分	备注
2	样品制备 （45分）	准确控温	5		
		缓慢加入泊洛沙姆407	5		
		加入热敏性物质时，物料冷却至正确室温后加料	5		
		产品质量不低于投料总量的95%	5		
		原始数据记录包括室温、烧杯皮重和总重、产品净重计算正确	5		
3	质量检验 （20分）	pH计使用正确	5		
		澄清度检验操作正确	5		
		产品感官指标和理化指标合格，使用效果符合预期	10		
4	工作素养 （20分）	有效数字位数保留正确或修约正确，保留小数点后2位，没有篡改（如伪造、凑数据等）测量数据	5		
		操作过程中及结束后台面保持整洁	5		
		仪器及时清洗干净并摆放整齐、及时切断电源，将药品归位并确保玻璃仪器完好	5		
		具备团队精神，与队友合作完成任务，90min内完成任务	5		

2. 教师评价

教师填写表21-5无醇漱口水配制任务教师评价表。

表21-5　无醇漱口水配制任务教师评价表

评价要素	项目	分值	得分	备注
实验室安全 （10分）	着装符合要求	5		
	遵守实验室守则	5		
任务准备 （20分）	熟悉原料	10		
	熟悉配方架构	10		
工作过程 （40分）	正确使用仪器设备	15		
	操作过程合理规范	15		
	操作熟练	5		
	无不安全、不文明操作	5		
记录填写 （10分）	准确性	5		
	规范性	5		
现场整理 （5分）	原料瓶、仪器等清洁、放回原位	2.5		
	桌面、水池清洁	2.5		
小组合作 （5分）	分工明确	2.5		
	配合默契	2.5		
实验反思 （10分）	准确性	5		
	清晰度	5		